配位化合物的立体化学

[瑞士] 亚历山大 · 冯 · 兹莱夫斯基（Alexander von Zelewsky）◎ 著

张建国　杨　婷　张同来　白林轶 ◎ 译

STEREOCHEMISTRY OF COORDINATION COMPOUNDS

北京理工大学出版社
BEIJING INSTITUTE OF TECHNOLOGY PRESS

WILEY

图书在版编目（CIP）数据

配位化合物的立体化学/（瑞士）亚历山大·冯·兹莱夫斯基著；张建国等译.—北京：北京理工大学出版社，2018.6

书名原文：Stereochemistry of Coordination Compounds

ISBN 978-7-5682-5774-9

Ⅰ.①配…　Ⅱ.①亚…②张…　Ⅲ.①络合物-立体化学-研究　Ⅳ.①O641.4

中国版本图书馆CIP数据核字（2018）第135210号

出版发行／北京理工大学出版社有限责任公司
社　　址／北京市海淀区中关村南大街5号
邮　　编／100081
电　　话／(010) 68914775（总编室）
　　　　　(010) 82562903（教材售后服务热线）
　　　　　(010) 68948351（其他图书服务热线）
网　　址／http://www.bitpress.com.cn
经　　销／全国各地新华书店
印　　刷／保定市中画美凯印刷有限公司
开　　本／710毫米×1000毫米　1/16
印　　张／16
字　　数／284千字
版　　次／2018年6月第1版　2018年6月第1次印刷
定　　价／68.00元

责任编辑／封　雪
文案编辑／封　雪
责任校对／周瑞红
责任印制／李志强

图书出现印装质量问题，请拨打售后服务热线，本社负责调换

译 者 序

早在1893年，Werner公开发表的配位理论被认为是配位化学起源的标志，“配合物的立体化学”从那时起就已被系统地阐述。近年来配合物的立体化学在现代生物无机化合物、手性反应催化剂、超分子组装的构筑模块，以及功能配位单元（分子器件）等方面都得到了很好的应用和展现。

本书主要涉及配位化合物立体化学基础知识、金属离子的配位几何理论、配位化合物的拓扑立体化学、金属配合物反应的立体化学过程等内容。

该书可供化学、化工相关专业工程技术人员使用，也可供化学、材料科学等专业高年级本科生、研究生阅读参考。

本书的翻译出版得到了爆炸科学与技术国家重点实验室出版基金的资助。

本书在翻译过程中，研究生章固丹同学和曾经选学过《配位化学》课程的部分研究生参与了部分章节的翻译工作，在此一并表示感谢。原书中一些明显的笔误或印刷错误，改正后并未加以说明。全书由张建国统稿，限于译者水平，加上本书涉及知识面较广，译文中难免存在不妥甚至错误之处，恳请广大读者批评指正。译者电子信箱：zjgbit@ bit. edu. cn。

前　言

配位化合物的立体化学与配位化学一样有着悠久的历史，1893年问世的、由Werner公开发表的配位理论被认为是配位化学起源的标志，其中就“立体化学”这一观点做了系统的介绍。虽然没有达到像有机立体化学那么细致、精确的程度，但配位数和几何学方面的研究也使“立体配位化学”获得了相当的发展。近年来在涉及配位化学的一些领域内所取得的进展表明，立体化学逐渐受到越来越多的重视。它在现代生物无机化合物、手性反应催化剂、超分子组装的构筑模块，以及功能配位单元（分子器件）等方面都得到了很好的应用和展现。

当我遇到光化学分子器件的结构设计这一问题时，我对配位化合物的立体化学产生了很大的兴趣。随后对教科书中的文献检索让我找到了一系列相关的标题，它们的内容都与我在这本书中称为“度量的立体化学”的内容密切相关。无机化学教科书通常会从另一个角度给予解释，我称之为“拓扑立体化学”，但在大多数情况下它仅仅给出了基本概念。由此我们可以得出，对于这个领域进行专门的探讨，势必对学生和从事配位化学研究的人员都是十分有益的。

在立体化学的度量方面已经有了一些很权威的著作，因此本书就“度量立体化学”仅做了简略的介绍，没有再详细地探讨，而是将配位数和构型的拓扑立体化学作为主要研究内容。因此，我们以一种金属中心最常见的配位几何构型——六配位八面体构型（OC-6），作为典型代表，进行了详细的介绍。本书以立体化学性质为主线进行系统的编写，而没有单独地根据化学性质分类，因此本书不能被视为是一本基于立体化学观点的配位化学的教科书。第1章到第6章主要是从静态角度对立体化学进行研究，而第7章则是以拓扑立体化学观点概括地论述了一些化学反应和分子重排。显然，完整地阐述立体化学理论是一项非常复杂的工作，而且可以被作为主题独立成书。

本书主要探讨了经典的配位化合物。我并没有试图更大范围地涉及金属有机化学（包括簇合物），因为我觉得以立体化学观点系统研究上述问题将需要涉及更多的连通性问题，即拓扑问题。拓扑立体化学应该是以高度概括和公式的形式进行研究，并且需要相应的数学方法。我们在本书中以对分子模型的文字理解演绎为诸多立体化学事实作为基础，此外，对于分子模型的观察也是一种通过训练能够达到很高水平的技巧，本书的目的也是希望帮助读者发展对分子立体结构的直观且系统的研究方法。

让读者在进行更深入的研究时也能全面地利用本书，无疑是本书编写的目的。但是无论如何，我不能以任何形式自诩本书对配合物立体化学的重要贡献。教科书的选材是必要的，但总是有很大的随机性，我感到非常遗憾的是有些同行的研究成果或他们认为有价值的文献没能被我引用。我相信那些自己编著过书的人会谅解我，因为他们也曾体会过其中的困难。我非常高兴出版商同意把该书的说明放在互联网上，在 http://sgichl. unifr. ch/ac/avzbook. html 有一个网页介绍本书。

虽然这本书由我一个人写成，但这仍与很多同行的帮助密不可分，没有这些人的帮助这本书是不可能完成的。我由衷地感谢加利福尼亚大学（简称加州大学）伯克利分校的 Ken Raymond 教授，我在 1994 年到加利福尼亚度假时受到他的热情接待，这本书的绝大部分就是在那里成形的；我也感谢澳大利亚库克大学的 Richard Keene 教授，他仔细地阅读了本书的原稿，并作了有价值的注释和订正。还有，弗里堡大学的 Liz Kohl 博士从一开始就负责所有计算机文稿和文献。即使当这些文稿因为在加州大学伯克利分校和弗里堡大学两所大学间传递而变得凌乱不堪时，他也都能及时地整理出来。此外，还有我的学生 Veronique Monney，特别是 Marco Ziegler 在绘图方面给了我很大帮助，我感谢他们认真而有价值的工作。另外，Marco 也认真地通读了全稿，我非常感谢他指出了书中的一些不妥和错误，以及提出的建设性改进意见。无疑这本书凝聚了许多人的心血和贡献，对于本书中可能遗留的错误、疏漏和不完美之处将由我个人负责。热情地期盼广大读者对本书提出宝贵的建议和评论，如果世界同行们能把各自的观点告诉我，将不胜感激。大家可以发电子邮件和我联系，邮件请发往 Alexander.Vonzelewsky@ unifr.ch。

亚历山大·冯·兹莱夫斯基

1995 年春于瑞士弗里堡

目录
CONTENTS

第1章

引　言

1.1 配位化合物立体化学的起源以及在化学中的角色

1893 年，Alfred Werner 在出版物[1]中提出的具有划时代意义的配位理论在很大程度上是基于立体化学的观点。它是继 Le Bel 和 van't Hoff 在有机化学领域引用结构观念 19 年后，第一次在化学领域系统概括了立体化学的概念。Werner 利用一个非常通俗易懂的事例，以铬（Ⅲ）、钴（Ⅲ）、铂（Ⅳ）和铂（Ⅱ）的几种配合物的异构体数目，从中推测出许多金属的八面体配位几何构型。化学文献中所报道的第一个八面体结构代表物如图 1.1 所示。S. M. Jorgensen 基于一元价键理论（每一种元素拥有一个固定的价态，该价态就是该原子与其他相同的或不同元素的原子成键的数目），提出所谓的高阶化合物经验式，无论怎么讲，并没有包括真正的立体化学信息。Werner 清楚地认识到中心原子的八面体配位环境可以很好地解释配合物［$M(NH_3)_4X_2$］和［$M(NH_3)_3X_3$］的两种异构体（图 1.1）。实际上人们已经认识到，这一切早在发现原子的任何内部结构之前就已经发生了。

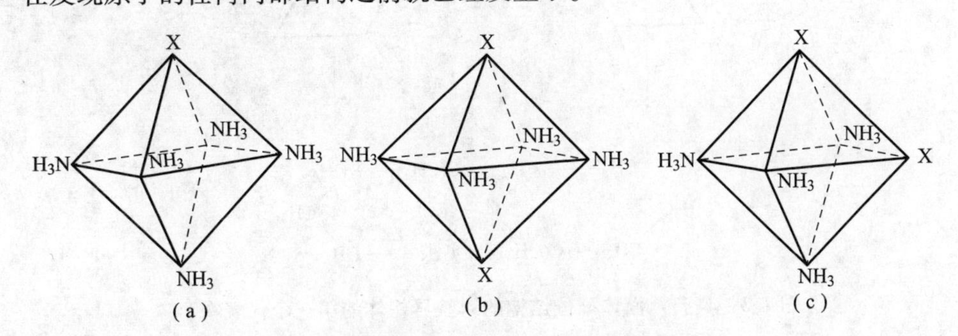

图 1.1　化学文献中第一个八面体结构的代表物

（出自 Alfred Werner 在配位理论方面的重要出版物[1]）

Werner 于 1904 年出版了第一本完全致力于立体化学的书[2]，尽管它主要涉及非金属元素，但它表明了立体化学的重要性。在随后的第二本书中，Werner 更全面地介绍了配位理论[3]。

Werner 在他第一个出版物中提出的除八面体结构以外还有正方形几何构型（图 1.2），清楚地表明了他的宏观思维方式。[ma_2x_2] 化合物在某些情况下有两种异构体形式，可以推测出其具有正方形几何构型。

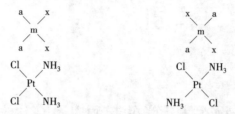

图 1.2　化学文献中的第一个平面正方形配位结构的代表

（出自 Alfred Werner 在配位理论方面的重要出版物[1]）

非常有趣的是，在 Werner 提出具有平面正方形配位的几何构型的化合物 80 年后，这个化合物成了抗癌药物的先导[4]。

在第一次发表后，Werner 陆续报道了大量其他的配合物，对配位理论的基本观点进行了更详尽的阐述，并应用于许多具体的实例。1899 年，在 Werner 的一篇论文[5]中，首次提到了手性配位个体的理论存在可能性。他称这类异构体为“Spiegelbildisometrie”（图 1.3），即镜像异构现象。尽管 Lord Kelvin 已于几年前就创造了“手性”这个词[6]，然而，Werner 并没有采用这个命名，并且在很久之后才正式用于化学领域。

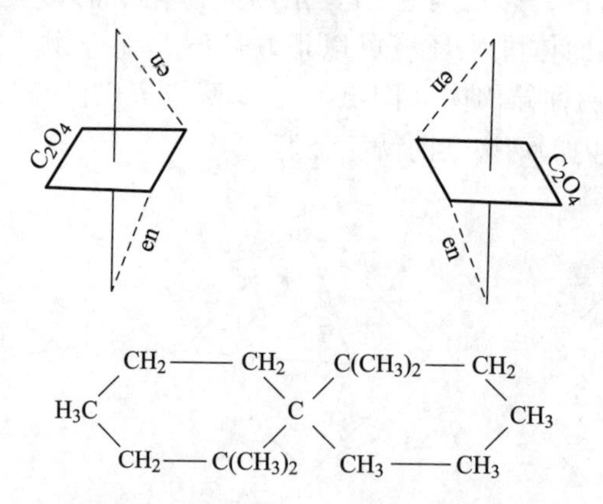

图 1.3　具有八面体配位结构的对映异构体的第一个代表物[5]

正如 Bernal 和 Kauffman 所指出的[7]，Werner 没有注意到他实验室里的手性配合物通过自发分离结晶形成对映异构体，如 [$Co(en)_2(NO_2)_2$]Br（图 1.4），Edith Humphrey 参考 Werner 在 1900 年发表的文献，在其学位论文中完成了该配合物的制备。在英国皇家化学学会柏林顿展览室，可以看到 $[Co(en)_2(NO_2)_2]Br$ 的原始样品及其晶体溶液的 CD 光谱，它是 1991 年瑞士化学会送给英国皇家化学会纪念其成立 150 周年的礼物。

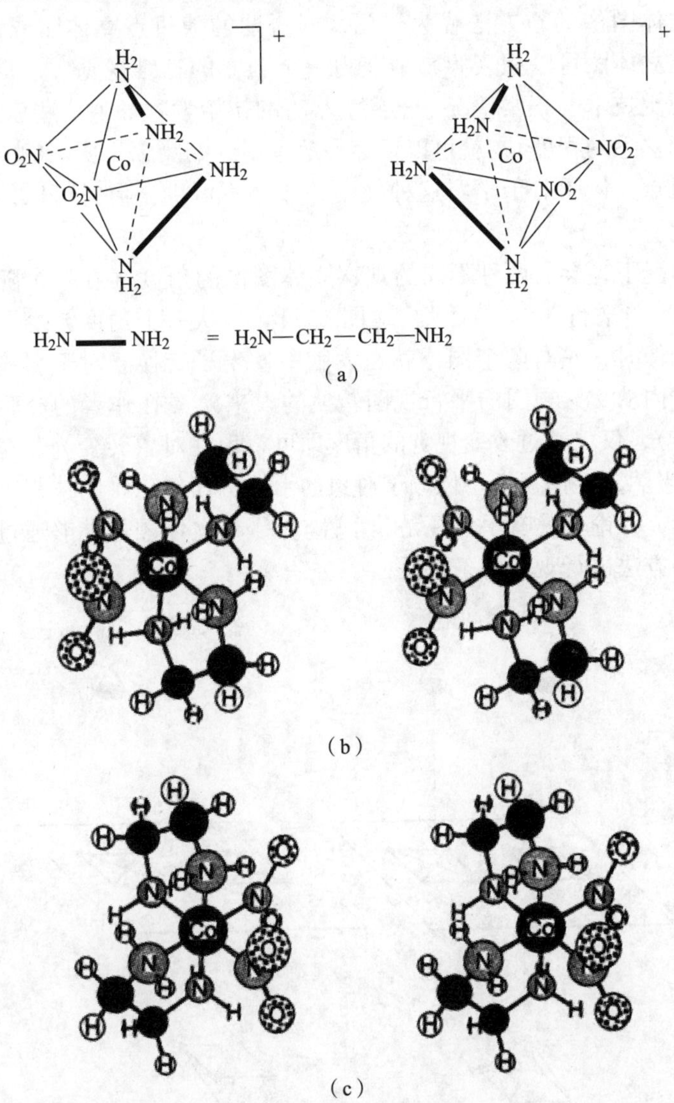

图 1.4　由计算机生成的手性配合物的一对对映异构体，*cis* - $[Co(en)_2(NO_2)_2]^+$

（a）该分子和它的非一致镜像结构；（b），（c）两个对映异构体的立体结构

立体观测：图 1.4 包含一对由计算机生成的手性配合物的对映异构体。我们可以通过两只眼睛感知视角不同的两个图像，再通过大脑对这两个图像构建相似的三维（3D）模型。在一对透镜的帮助下，大多数人都能够从这对

立体图像中重新构建一个与这个分子模型类似的三维图。这对于理解立体化学非常有用，因为用纯粹抽象的思维理解这门学科非常困难。因此，人们能够在表面感官上直接看出一个模型的事实是很重要的。最近，在图形艺术中一种代表立体图像的新方法成为热门，即所谓的随机点立体图或体视图[8]。利用随机点立体图可以相当容易地获得一个独立的三维视觉。一旦学会了独立的三维视觉技术（正常情况下不到1小时的初始学习加上一些后续的训练，就能够达到熟悉的程度），就可以很容易地应用到如图1.4所示的立体像对类型中。随机点立体图对于学习这种技术并非必不可少，但它可以使任务得到相当的简化。

一般情况下，会有两种不同的观察立体图像的角度（在一个随机点立体图中）方式："平行"与"交叉"（图1.5）。当从一个角度转变到另一个角度去观察图像时，左右两个图像就在大脑中发生了交换。对于那些已经掌握了在几秒钟内从交叉视图向平行视图转换的人来说（在作者的经验中逆向转换更为困难），仅仅通过改变视觉的角度即可将手性对象转变为其对映异构体的结构。（当然，立体视觉不依赖于对象的手性。任何三维物体都可以在立体视觉中看到，无论其是有手性还是非手性。）一个立体图像能够通过平行视图和交叉视图方法进行观察的条件是：

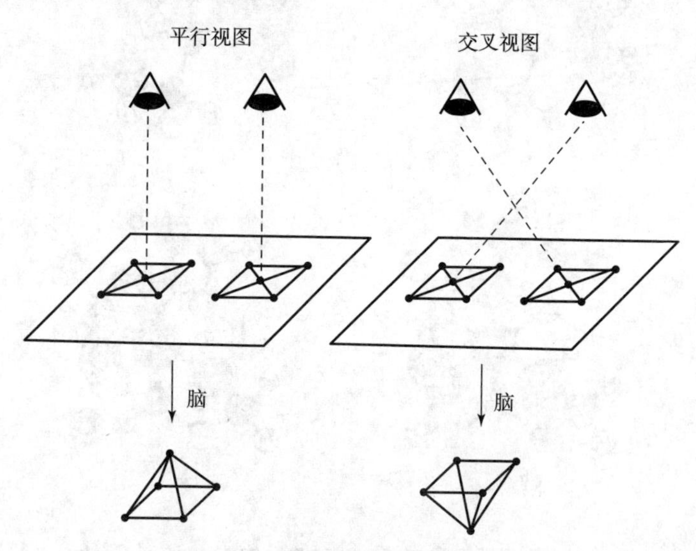

图1.5　观察立体图的两种不同视角

（大脑组合两个单一的图像成为一个三维物体。从平行观察转到交叉观察，可以使图像反转。通过聚焦于图片前的一些小的物体（如：手指、铅笔），交叉观察也可以很容易实现）

- 没有部分或完全隐藏的原子；

- 相同原子的大小相等而且嵌入深度也相对独立。

图1.6中给出了满足这些条件的例子，本书中其他的立体像对均以平行视图体现。特别建议那些对立体化学感兴趣的人尝试一下这两种独立立体视图的方法。此外，建立物理模型对理解立体化学内容也是非常有用的。

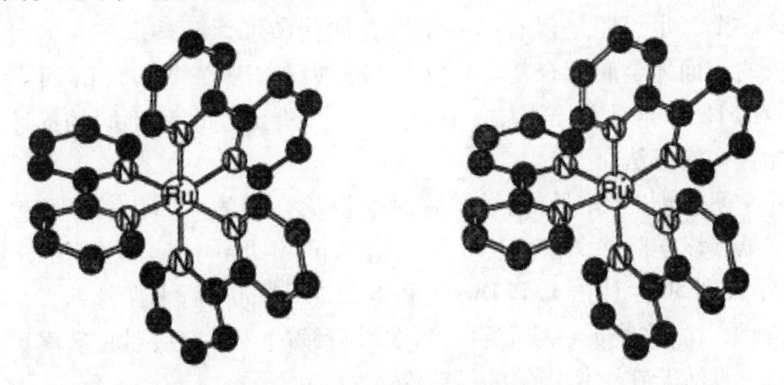

图1.6 到底是左右哪种手性?

(配体 $[Ru(bpy)_3]^{2+}$的立体像对在平行视图下是右手螺旋结构，而在交叉视图下又变为左手螺旋结构。因此，如果满足一定条件，三维手性对象的两个对映体均可以由一个单一的二维立体像对表示，结果只取决于视角的相对位置)

这种化合物形成了非中心对称的空间群 $P2_1$ 的聚集晶体（见4.3.1节），即它可以自发结晶。1991年Werner与V. L. King一起首次实现了配合物对映异构体的分离[9,10]。三年后，Werner和他的同事又首次完成了无机化合物(无碳) 对映异构体的分离[11]。

$$[Pt(py)(NO_2)(HOH_2N)(NH_3)]^+ \quad [Pt(py)(NH_3)(HOH_2N)(NO_2)]^+ \quad [Pt(py)(NH_3)(O_2N)(NH_2OH)]^+ \tag{1.1}$$

并且在Werner之后，许多立体化学的成果在配位化学的发展过程中都达到了里程碑式的效果。俄罗斯科学家是第一次应用Werner理论的人，Kurnakov提出了区分 Pt^{II} 的顺反异构体的常规反应[12,13]。Chugaev在1907年描述了非对称配体的配位方式[14]。1925年Chernyaev合成了 $[Pt(NH_3)(NH_2OH)(py)(NO_2)]^+$ 的三种异构体（1.1）[15]，进一步证明了 Pt^{II} 的正方形平面几何构型，同时建立了反位效应体系。

美国的配位化学之父John C. Bailar，Jr，在他的职业生涯中很早就对立体化学问题感兴趣。Bailar和Auten研究了钴配合物在反应时的结构转化（见第7.1.3.2节）[16]。Bailar对配位化学中的立体化学问题的研究持续了50余年，这期间他连同许多同事发表了 50 余篇关于配位化学中立体化学问题的论文[17]。

Mills 和 Quibell 通过制备内消旋二氨芪二氨基异丁烯合铂（Ⅱ）盐[18]，为 Pt^{II} 的正方形平面配位的几何构型做出了进一步的证明。Essen 和 Gel'man 合成了第一个，也可能是仅有的一个以金属代替非对称碳原子、通过不同的配体形成的八面体金属配合物 $[Pt(Cl)(Br)(I)(NH_3)(NO_2)(py)]$[19,20]，得到了可能的 15 种非对映异构体。在（1.2）中介绍了两种不同的描述这样的八面体配合物的方法。

此外，澳大利亚的配位化学学院对配位化合物的立体化学领域也做出了特别的贡献。该学院在 20 世纪 30 年代由 D. P. Mellor 主持工作，并分别于 20 世纪 40 年代到 50 年代由 F. P. Dwyer 和 R. S. Nyholm（后来在伦敦大学学院任教）所传承[21]。这些贡献被证明是高度可持续的，因为从那时起澳大利亚的科学家们一直活跃在配位化学的最前沿。

在 Bijvoet 等人的经典实验被报道[22]后不久，Saito 等人阐述了 $[Co(en)_3]^{3+}$ 对映异构体的完整构型[23]。1959 年 Corey 和 Bailar 首次提出了配位化合物的构象分析[24]。Eisenberg 和 Ibers 在 1965 年发现了三棱柱几何构型的配合物[25]。1,4,8,11－四氮杂环十四烷配体的发现开启了大环配位化学时代[26]，之后随着冠醚配体的发展[27]进入了碱金属的配位化学时期。Lehn[28] 和 Boston、Rose[29] 发现笼状配体与碱金属能够形成配合物，之后 Sargeson 又发现笼状配体可与过渡金属形成配合物[30,31]。配位化合物及其立体化学行为也是合成索类结构及其他更复杂结构的关键部分，如分子结[32－35]。即使是相对简单的配合物也能表现出新的立体化学特征。例如，1990 年首次描述了正方形平面构型的 Pt^{II} 呈现出的螺旋状的配体结构[36]。

在配位化学历史的形成初期，立体化学观点对验证 Werner 理论起到了重要作用。后来，许多其他内容，如热力学性质、多种光谱性质、电子结构、催化活性和动力学行为等，成了主要的研究对象。配合物的立体化学经常采取假设的方式以达到本质上的理解。然而，从一个完整的发展状态看，配体的几何构型与配位数大于 4 的配合物在立体化学中具有很大的潜力。那些以配位数为 4 的碳为主要研究对象的有机化学家，能够非常熟练地从分子层面上描述立体化学。这个问题在经典教材中已经给出[37－39]，而且最近进行了再版[40]。可以说，有机和无机立体化学之间还是存在差异的，因为碳元素在周期表中是独一无二的，它能够形成大量的（事实上，可能存在的有机分子的数量是无限的）四面体配位的惰性取代分子。虽然一些金属元素也具有四面体配位，但它们很少能真正取代惰性元素，而大多数取代惰性元素的金属配合物为正方形平面或八面体配位几何构型。

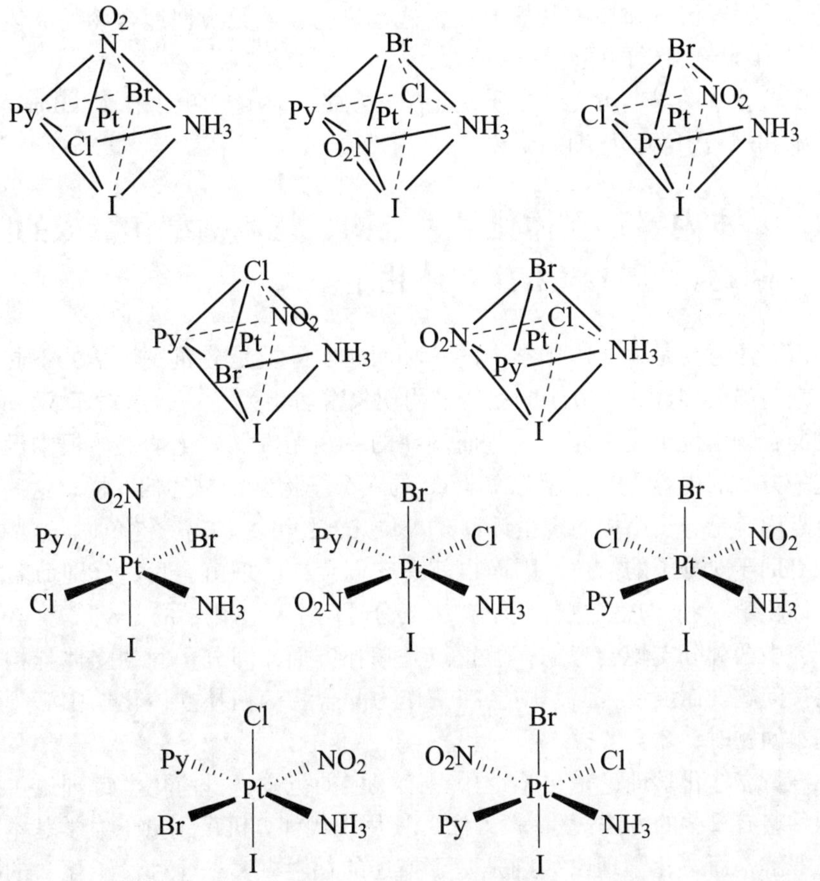

(1.2)

金属有机化学在分子立体化学中是一个扑朔迷离的领域。无论是在稀土配合物、金属茂配合物中，还是在原子簇化合物中，金属元素形成的多中心键合能力将结构特性提升到了一个新的层面。尽管立体化学概念不应局限于化学的某些领域，但很难将一大类金属有机化合物作为配合物的立体化学进行一般性讨论。本书中的相关概念适用于金属有机化合物，但并不能完全描述它们的立体化学特性。书中的方法仅限应用于 Werner 型化合物，即一个或多个配位中心有确定的配位数是明确可辨的。其中包括一些金属有机配合物，如环金属化配合物和有三个电子对配位的四面体配合物，以及环戊二烯（CP）型的 π 键环状配体，但不包括别的其他分子，特别是那些以金属键键合的所谓的原子簇化合物。

最近，配位化合物的立体化学出现了新的热门领域，并且已经取得了重要的新成果。一些发展促进了该领域的形成，其中最重要的是：不对称催化[41,42]、生物无机化学[43,44]和超分子化学[45]。结合非常翔实的实验方法，特别是 X－射线衍射和核磁共振光谱，这些热门领域无疑把配合物的立体化学推上了 21 世纪科学的强势话题。

配位化学的早期历史，本质上是配合物的立体化学史，在 Kauffman 的许多文献和书籍中都有详细的论述[46]。

1.2 基本内容：立体化学、结构、几何构型和合成的一般问题，度量和拓扑立体化学

需要注意的是，立体化学中的各种问题实际上是分布在化学的不同领域的。它与绝大多数有机分子的立体异构现象密切相关[37,40]，这对于 Werner 时期的配合物来说也是一样的。然而现在的一些无机立体化学书籍根本没有考虑这一方面的内容[47,48]。就像 Burdett 的《分子构型》描述的一样，这些书中的重点内容是分子结构的定量计算（配位几何构型、距离、键角）。这些观点显然有助于对分子的描述，因而也就有它们存在的理由。我们分别命名“拓扑立体化学”和“度量立体化学”来区分这两个立体化学的分支[49]。在目前的研究中两种分支均会考虑，但重点是拓扑方面，即分子间的立体异构现象和连接问题。而度量方面，则会在它作为配合物的拓扑立体化学中必须讨论的基本问题时，才会考虑。

度量立体化学理论是化学键中一个很大的范围，目前化学键理论主要应用两种略有重叠的方法：“计算方法”使用现代计算机得到量子力学基本方程的近似解，而“化学理论”则是基于描述的化学事实，通过量子化学的推理而得出基本概念。一些类似的理论能够应用于度量立体化学问题。特别建议那些想更深入研究这个领域的人可以参考 Burdett 对包括大量配合物的无机分子的研究。这些“化学”理论（VSEPR、CF、MO、AOM 等）提出的一些基本概念，能够以合适的方式应用于全部化合物。另外，计算理论可以为不太复杂的系统提供一些令人感兴趣的结果。

拓扑立体化学可根据它们之间的关联性分为三类问题：对称性、拓扑结构和列举性能。乍一看，它们似乎都可以用数学方法解决。事实上，对于所有这些内容，确实存在这样的用数学方法来解决化学问题的情况。

化学家，特别是无机化学家，已经能够应用群论解决对称性问题。毫无疑问，群论有助于根据对称性给对象分类，对某些分子性质的推导，如电子态简并的确定和振动模式的分配也有很大的作用。

拓扑立体化学的基本概念已经在一些作者的文章中得到了应用[50-52]。一般情况下，化学家不需要依赖于数学拓扑，但对分子拓扑的基本考虑可以产生新颖的观点。

组合计数，如复杂的问题往往不是异构体的数目，而是动力学问题，原则上也可以通过数学方法处理[53]。然而，正式的描述又会变得难以理解[54-56],[57,p216]，至少在实际应用中不太实用。这本书是写给实验化学家而不是数学化学家的。那些解决立体化学问题，如寻找一个分子可能的异构体数目的化学家们，一般不会去用深奥的数学方法。在化学和其他诸多领域（例如，遗传密码所包含的遗传信息）中的许多基本概念证明，理解和解决科学问题并不意味着有必要把一个理论抽象成一个数学形式。数学方法对立体化学概念的发展是有用的，但实验化学家总是会找到比数学推导更有用且定义更准确的简单概念。

然而，按照合理的理论基础尽可能清楚地定义所使用的概念是很重要的。一个使用超过100年的、看似定义准确的概念，应用在不同的对象上时也不得不被改写，如“不对称的”碳原子和分子的手性之间的关系。自从Hoff和Le Bel发现四面体碳原子后，有机化学家就对所谓的“伪不对称”碳原子(1.3)进行了不懈的研究（见4.2.2节）。伪不对称碳原子有四个不同的配体，但都分布在一个对称的平面上。Mislow和Siegel[58]在1984的一篇文献中提出，不对称碳原子由于其与分子手性的关系，导致了如“伪不对称”的反常情况。

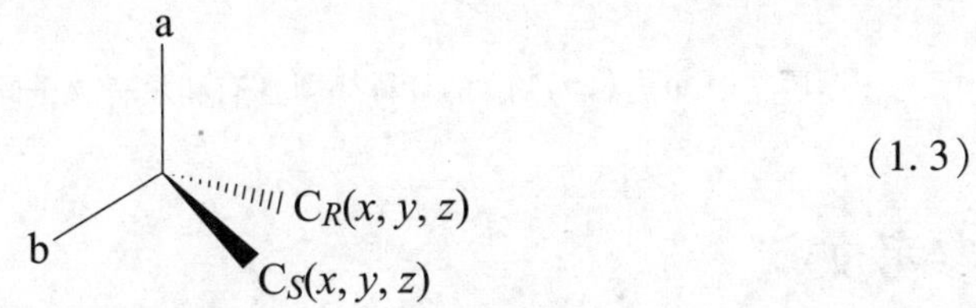

(1.3)

拓扑立体化学在化学中是无处不在的。过去有机化学家对其中的概念进行了大量的研究和发展。然而对于配位数大于4的配合物分子，由于其大量的立体化学变化，需要配位化学家付出更多的努力。

立体化学中的大多数概念是基于分子及其结构的考虑。每个化学家都很清楚这两个概念的直观意义，但以确切的方式定义并不容易。当然，重要的问题是：什么是化学键？化学键的能量有多少（kJ/mol）？定义氢键或通常称为分子间相互作用的界限是多少？一种聚合物是不是其单体统一的异构体？对所有化学结构来说，任何给定的分子排布，其原子之间的连接方式对分析分子结构都是极其重要的。设计一个不太复杂的分子是一个有趣的经历，如$[CoCl_2(en)_2]^+$，在计算机程序的屏幕上分别以球形和短棒状表示原子和化学键，然后去掉所有的连接符号，即短棒状。这样即使是一个经验丰富的配位化学家也会很难识别分子的结构（图1.7）。分子内连接方式的建立条件通常是很明显的，但并不是自然规律。这在金属有机化学和原子簇化学的建立过程中往往会产生问题。另外，立体化学中一些看似清晰的本质概念也很难具有严格意义上的定义。例如，异构体和激发态之间的区别。一个电子的激发态能够认为是其基态的异构体吗？原子排列要持续多久才能称其为分子结构？在本书的后面，我们将尝试尽可能清楚地阐明给定分子结构的各种异构体，但不会以简单的逻辑方式定义基础的概念，如分子、结构或异构体的一般意义。如果一种现象或行为已被给予了一个无意义甚至误导的命名，则会产生问题。例如，“光学活性”在化学中有良好的定义（或多或少），但从一般的角度来看，它本身并没有丰富的意义。此外，“光学活性”经常被广泛地使用。同样如此，甚至被拓展到更大的范围，如几何异构体的概念。后者仍经常被配位化学家使用，尽管事实上它早已是一个公认的误称[59]。

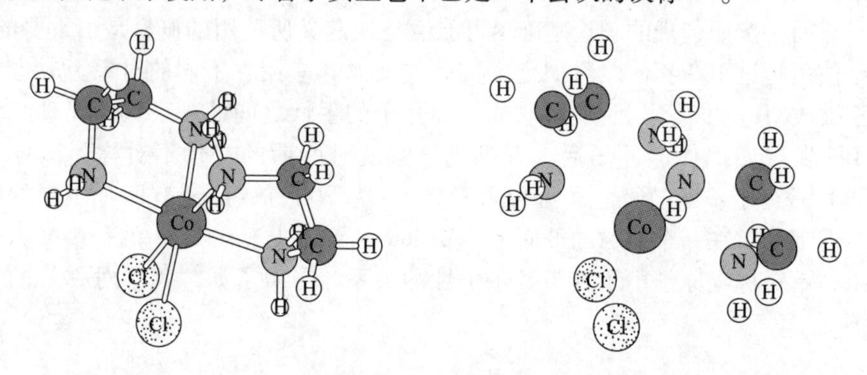

图 1.7 $[CoCl_2(en)^2]^+$的计算模型（有和没有原子间连接符号的两种情况）

参考文献

[1] Werner, A. (1893), *Z. Anorg. Chem.*, **3**, 267 - 330.

[2] Werner, A., *Lehrbuch der Stereochemie*, Verlag von Fischer G., Jena, 1904, pp. 317 - 350.

[3] Werner, A., *Neuere Anschauungen auf dem Gebiete der Anorganischen Chemie*, 3. Auflage, F. Vieweg & Sohn, Braunschweig, 1913.

[4] Rosenberg, B., VanCamp, L., Trosko, J. E. and Mansour, V. H. (1969), *Nature*, **222**, 385 - 386.

[5] Werner, A. and Vilmos, A. (1899), *Z. Anorg. Allg. Chem.*, **21**, 145 - 164.

[6] Lord Kelvin, in *Baltimore Lectures*, Cambridge University press, Cambridge, 1904.

[7] Bernal, I. and Kauffman, G. B. (1993), *Struct. Chem.*, **4**, 131 - 138.

[8] Thing Enterprises, N. E., *The Magic Eye: A New Way of Looking at the*

World, Andrews and McMeel, Kansas City, 1993.

[9] King, V. L. (1942), *J. Chem. Educ.*, **19**, 345.

[10] Werner, A. (1911), *Chem. Ber.*, **44**, 1887 - 1890.

[11] Werner, A. (1914), *Chem. Ber.*, **47**, 3087 - 3094.

[12] Kauftinan, G. B. and Beck, A. (1962), *J. Chem. Educ.*, **39**, 44 - 49.

[13] Kumakov, N. S. (1893), *J. Russ. Phys. Chem.* [2], **50**, 481 - 507.

[14] Chugaev, L. (1907), *J. Prakt. Chem.* [2], **76**, 88 - 93.

[15] Chemyaev, I. I. (1926), *Izv. Inst. Izuch. Plat. Drugikh Blagoron. Metal*, **4**, 243 - 275.

[16] Bailar, J. C., Jr, and Auten, R. W. (1934), *J. Am. Chem. Soc.*, **56**, 774 - 776.

[17] Bailar, J. C., Jr (1990), *Coord. Chem. Rev.*, **100**, 1 - 27.

[18] Mills, W. H. and Quibell, T. H. H. (1935), *J. Chem. Soc.*, 839 - 846.

[19] Essen, L. N. and Gel'man, A. D. (1956), *Zh. Neorg. Khim.*, 1, 2475.

[20] Essen, L. N., Zakharova, F. A. and Gel'man, A. D. (1958), *Zh. Neorg. Khim.*, **3**, 2654 - 2661.

[21] Livingstone, S. E., in *The Contributions of David P. Mellor, Frank P. Dwyer, and Ronald S. Nyholm to Coordination Chemistry*, *G. B. Kauffinan (Ed.)*, *ACS Sympoaium Series*, *No.* 565: *Coordination Chemistry*: *A Century of Progress 1893—1993*, American Chemical Society, Washington, DC, 1994, Chap. 10, pp. 126 - 135.

[22] Bijvoet, J. M., Peerdeman, A. F. and Van Bommel, A. J. (1951), *Nature*, **168**, 271 - 272.

[23] Saito, Y., Nakatsu, K., Shiro, M. and Kuroya, H. (1955), *Acta Crystallogr.*, **8**, 729 - 730.

[24] Corey, E. J. and Bai1ar, J. C., Jr (1959), *J. Am. Chem. Soc.*, **81**, 2620 - 2629.

[25] Eisenberg, R. and Ibers, J. A. (1965), *J. Am. Chem. Soc.*, **87**, 3776 - 3778.

[26] Curtis, N. F. (1960), *J. Chem. Soc.*, 4409 - 4413.

[27] Pedersen, C. J. (1967), *J. Am. Chem. Soc.*, **89**, 7017 - 7036.

[28] Lehn, J. M. (1988), *Angew. Chem.*, *Int. Ed. Engl.*, **27**, 89 - 112.

[29] Boston, D. R. and Rose, N. J. (1968), *J. Am. Chem. Soc.*, **90**, 6859 - 6890.

[30] Sargeson, A. M. (1979), *Chem. Br.*, **15**, 23 - 27.

[31] Sargeson, A. M. (1991), *Chem. Aust.*, **58**, 176 - 178.

[32] Chambron, J. C., Dietrich - Buchecker, C. and Sauvage, J. - P. (1993). *Top. Curr. Chem.*, **165**, 131 - 162.

[33] Dietrich - Buchecker, C. O., Guilhem, J., Pascard, C. and Sauvage, J. - P. (1990), *Angew. Chem.*, *Int. Ed. Engl.*, **29**, 1154 - 1156.

[34] Dietrich - Buchecker, C. O. and Sauvage, J. - P. (1987), *Chem. Rev.*, **87**, 795 - 810.

[35] Sauvage, J. - P. (1985), *Nouv. J. Chim.*, **9**, 299 - 310.

[36] Deuschel - Cornioley, C., Stoeckli - Evans, H. and Von Zellewsky, A. (1990), *J. Chem. Soc.*, *Chem. Commun.*, 121 - 122.

[37] Eliel, E. L., *Stereochemistry of Carbon Compounds*, 1st edn, McGraw - Hill, New York, 1962.

[38] Potapov, P. A., *Stereochemistry*, Mir, Moscow, 1979.

[39] Testa, B., in *Principles of Organic Stereochemistry*, *Studies in Organic Chemistry*, Vol. 6, P. G. Gassman (Ed.), Marcel Dekker, New York, 1979.

[40] Eliel, E. L and Wilen, S. H, *Stereochemistry of Organic Compounds*, Wiley - Interscience, New York, 1994.

[41] Brunner, H. and Zettlmeier, W., *Handbook of Enantioselective Catalysis with Transition Metal Complexes Ligands—References*, Vol. 11, VCH, Weinheim, 1993.

[42] Brunner, H. and Zettlmeier, W., *Handbook of Enantioselective Catalysis with Transition Metal Complexes—Products and Catalysts*, Vol. 1, VCH, Weinheim, 1993.

[43] Frausto da Silva, J. J. R. and Williams, R. J. P., *The Biological Chemistry of Elements—The Inorganic Chemistry of Life*, Clarendon Press, Oxford, 1993.

[44] Kaim, W. and Schwederski, B., *Bioinorganic Chemistry*: *Inorganic Elements in the Chemistry of life. An Introduction and Guide*, Wiley, Chichester, 1994.

[45] Balzani, V. and De Cola, L. (Eds), *Supramolecular Chemistry*, *NATO ASI Series*, Kluwer, Dordrecht, 1992.

[46] Kauffman, G. B. *Inorganic Coordination Compounds. Nobel Prize Topics in Chemistry*, *A Series of Historical Monographs on Fundamentals of Chemistry*, Heyden, London, 1981.

[47] Burdett, J. K., *Molecular Shapes – Theoretical Models of Inorganic Stereochemistry*, Wiley, New York, 1980.

[48] Kepert, D. L., *Inorganic Stereochemistry*, *Inorganic Chemistry Concepts*, Vol. 6, Springer, Berlin, 1982.

[49] Walba, D. M., in *Chemical Applications of Topology and Graph Theory*, R. B. King (Ed.), Elsevier, New York, 1983.

[50] Frisch, H. L. and Wassermann, E. (1961), *J. Am. Chem. Soc.*, **83**, 3789 – 3795.

[51] King, R. B. (1991), *J. Math. Chem.*, **7**, 51 – 68.

[52] Sauvage, J. – P. (Ed.), *Topology in Molecular Chemistry*, in *New J. Chem.* 1993, **17**, 617 – 757.

[53] Ugi, I., Dugundij, J., Kopp, R. and Marquarding, D., *Perspectives in Theoretical Stereochemistry*, Springer, Berlin, 1984.

[54] Polya, G. and Read, R. C., *Combinatorial Enumeration of Groups*, *Graphs and Chemical Compounds*, Springer, New York, 1987.

[55] Schumacher, E. (1994), *Chimia*, **48**, 26 – 29.

[56] Shinsaku, F., *Symmetry and Combinatorial Enumeration in Chemistry*, Springer, Berlin, 1991.

[57] Sokolov, V. I., *Introduction to Theoretical Stereochemistry*, translated from Russian by Standen, N. F., Gordon and Breach, New York, 1991.

[58] Mislow, K. and Siegel, J. (1984), *J. Am. Chem. Soc.*, **106**, 3319 – 3328.

[59] Prelog, V., in *Van't Hoff – Le Bel Centennial*, B. Ramsey (Ed.), *ACS Symposium Series*, Vol. 12, American Chemical Society, Washington, DC, 1975, pp. 179 – 188.

第2章

关于配位化合物立体化学的方法研究

对分子立体化学，需要用多种方法配合来研究原子在三维空间的排布方式。原子较小的尺度范围使其很难在分子结构与我们日常生活的宏观世界之间建立直接联系，所以这样的方法是间接的。直到大约1950年，利用化学方法阐述分子的拓扑立体化学成为一种主流的方法。同分异构体的数量和种类以及在某些情况下的反应性，如与正方形平面配合物的反位效应实验，为分子结构提供了线索。虽然X射线衍射方法的发现和理论上理解得更早，但直到20世纪中期它才应用于实际复合物的分子结构研究。解决多种化合物的晶体和分子结构的能力是计算机对化学科学，特别是立体化学的发展产生的第一个也是最重要的影响。Wyckoff和Posnjak[1]以及Dickinson[2]早期报道了将X射线方法直接应用于八面体和正方形平面构型的情况（$[PtCl_6]^{2-}$、$[PdBr_6]^{2-}$、$[SnCl_6]^{2-}$、$[PtCl_4]^{2-}$、$[PdCl_4]^{2-}$、$[Co(NH_3)_6]^{3+}$、$[Ni(NH_3)_6]^{3+}$）。结果表明其对配位理论和衍射方法都很有效。

两种很早应用的物理方法是偏振测定法（即线性偏振光旋转的测量）和偶极矩测定法。它们对有机和无机化学的发展做出了巨大贡献。手性配位化合物的发现者Werner将偏振测定应用在很大范围内的各种波长中［旋光色散(ORD)］，这可能是较早开发的光学技术世纪的开端。

后来，出现在下半个世纪的一些更有效的方法必须依赖于现代电子技术和计算方法。现今存在多种非常有用的阐述分子结构的方法，这些方法一般可分为两类：衍射方法和光谱方法，而在每一类中又都存在一种方法，其应用远比其他的更普遍。前者是X射线衍射法，后者则为核磁共振光谱法。就意义而言，它们是互补的，X射线衍射主要用于结晶物质，而核磁共振光谱最适合于溶液中的物质。此外，X射线衍射能得到完整的结构信息，即原子坐标，而核磁共振光谱，直到今天，也主要是作为一种产生拓扑立体化学信息的方法。这两种方法应用的普遍性并不意味着它们对所有结构问题的分析都优于其他方法。有些体系需要采用其他方法，如中子衍射、紫外－可见分光光度法、振动光谱、电子顺磁共振光谱、穆斯堡尔谱等，最近的一本书全面地介绍和讨论了在无机结构化学中常用的一些方法[3]。

衍射方法是能直接给出原子在三维空间中位置信息的唯一方法，留给化学家（或晶体学家）去建立分子间的连接方式。X 射线衍射能够产生一个与原子位置直接相关的分子电子密度的映射，这种一般用于解决结构问题的方法，只能确定分子中原子的相对排布，不能区别一个分子和其镜像的结构。对于结构和其镜像不相同的手性分子，利用 Bijvoet 等人[4,5]的方法（X 射线反常衍射）可以消除这种歧义，使测定绝对构型成为可能。如今，许多对映异构体的绝对构型是已知的，通过连接一个分子的相对构型与已知的绝对构型，往往可以给出这个分子的绝对构型。此外，高质量的衍射数据使得 Bijvoet 等人的反常衍射法得到更为广泛的应用。

尽管 X 射线衍射方法具有“让化学家建立分子结构所需的相应信息”这一非常吸引人的特点，但值得注意的是，X 射线衍射是一种抽样方法，其中的样品是所制备或分离的物质中总体的一小部分，在大多数情况下，样品是经过相变过程（结晶）特殊制备的。衍射数据的收集通常使用体积约 10^{-11} m^3，质量约 10 μg，约 10 nmol 的晶体，这一般是整个制备中极小的一部分。即使化合物通过其他方法进行了表征，通过衍射方法所决定的化合物结构也并不能确定。配位化合物往往存在许多不同的异构体，只能通过结构敏感的方法区分开来，而不是普通的分析程序。我们不知道已发表在化学文献中的结构中有多少属于这种只代表了物质本身的一小部分的现象。

虽然核磁共振大多数情况下仅用于拓扑立体化学，但它可以通过实验产生原子核的相对位置参数，这些参数依赖于已建立好的核之间的相互作用，如磁偶极子间的相互作用。这些方法已成功地应用于溶液中的有机分子或生物有机分子的结构[6]，以及配合物的结构[7,8]。大多数情况下，拓扑立体化学信息是通过核磁共振谱中极其简单和明确的对称性质得到的。核磁共振光谱中没有直接类比于 X 射线衍射的、能够阐明绝对构型的信息。但是，如果使一个手性分子置于非外消旋环境，如通过添加合适的光学纯手性位移试剂，一些绝对的结构信息也可以通过核磁共振光谱获得。除了旋光方法（圆二色谱和旋光散射）能够通过理论或类比方法给出相对的或绝对的结构解析，其他大多数结构方法并不能给出分子内原子间的位置参数或绝对的结构信息[9-11]。

作为一个完整的方法，核磁共振采用代表一种物质的整个溶液样品，不存在如 X 射线衍射那样可能确定的是或不是代表性结构的问题。核磁共振通常产生的是结构、同分异构体的纯度和一般纯度的信息。因此，对于完整的结构信息，只要 X 射线衍射和核磁共振研究可行就应同时进行。

研究分子结构的所有方法，包括衍射和光谱方法，依赖于电磁辐射与物质的相互作用。在这种相互作用中，时间是研究其他信息的一个非常重要的参数。通过普朗克公式和不确定性原理

$$E = h\nu$$

$$\Delta E \cdot \Delta t \geqslant \hbar$$

可以得到非量子力学的表达式（不含普朗克常数 h）：

$$\Delta \nu \cdot \Delta t \geqslant 1$$

因此，使用高频辐射的方法，特别是 X 射线衍射法，本质上给出的是瞬时的结构信息，甚至是分子振动的模型。对于紫外可见分光光度法同样如此。由于这样的实验在宏观样品中进行，即含有大量分子，因此得到的是结构参数的总体分布。从中能够产生原子在分子中的平均振幅的重要信息，如在 X 射线衍射的情况下。虽然对于振动位移产生的所谓热参数的详细分析甚少，但原则上它们可以包含有趣的立体化学信息[12]。

使用低频方法，尤其是 NMR 和 EPR 光谱法（NMR 比 EPR 更常用），在结构变化快于所用方法的频率分辨率时，获得的是时间平均化的信息。典型的例子是五配位化合物 ML_5 的核磁共振光谱表明配体 L 的原子核是完全等价的[13]，然而从几何角度看并不存在使五个配体等价的球形配位构型。核磁共振光谱的频率分辨率通常在 10 ~ 100 Hz。因此，快的或即使不是非常快的过程，如构象变化或某些类型的异构化，可能产生完整的时间平均化的结构信息。在许多情况下，这样的过程只发生在产生弛豫效应的速度范围内，可以通过特定的光谱线展宽观察到。这种情况下，分子内立体化学变化的动力学信息可以直接从这些光谱中得到。EPR 光谱可以进行同样的观察，但光谱线展宽的过程更快，这是因为该方法具有更低的频率分辨率（一般 $\Delta\nu > 1$ MHz）。

总之，现在在某些特殊情况下理论方法可以应用于分子立体化学的预估。有一些适用情况是已知的，理论方法在实验结果之前给出了正确的分子结构（参见第 5 章：d^0 配合物中的 TP－6 对 OC－6 配位几何构型）。但是必须指出，在一般情况下，现代的从头计算方法还不是很可靠，因为这种方法处理相互作用如溶剂化作用是非常困难的。一般化学，特别是立体化学，很大程度上是一门实验科学而且将保持这样很长一段时间。然而作为补充和支持信息的来源，计算方法将变得越来越重要。

总结这个对结构方法的简短总结，可以说配位化学总是需要使用结构方法的。强调的两种方法是应用较为广泛的：核磁共振光谱往往容易产生拓扑立体化学信息（在抗磁系统中）。X 射线衍射能产生度量和拓扑两种类型的信息，但它需要晶体存在，而且它比核磁共振光谱应用得更广泛。紫外可见光谱和红外光谱通常也可用来获得一些立体化学信息。更多专业的方法，如

EPR、NQR 和 Mössbauer[14]光谱应像旋光法一样在特定的情况下考虑。

参考文献

[1] Wyckoff, R. W. G. and Posnjak, E. (1921), *J. Am. Chem. Soc.*, **43**, 2292 - 2309.

[2] Dickinson, R. G. (1922), *J. Am. Chem. Soc.*, **44**, 2404 - 2411.

[3] Ebsworth, E. A. V., Rankin, D. W. H. and Cradock, S., *Structural Methods in Inorganic Chemistry*, 2nd edn, Blackwell, Oxford, 1991.

[4] Bijvoet, J. M., Peerdeman, A. F. and Van Bommel, A. J. (1951), *Nature*, **168**, 271 - 272.

[5] Eliel, E. L. and Wilen, S. H, *Stereochemistry of Organic Compounds*, Wiley - Interscience, New York, 1994.

[6] Wüthrich, K., *NMR of Proteins and Nucleic Acids*, Wiley, New York, 1986.

[7] Albinati, A., Isaia, F., Kaufmann, W., Sorato, C. and Venanzi, L. M. (1989), *Inorg. Chem.*, **28**, 1112 - 1122.

[8] Haelg, W. J., Oehrstroem, L. R., Ruegger, H. and Venanzi, L. M. (1993), *Magn. Reson. Chem.*, **31**, 677 - 684.

[9] Jensen, H. P. and Woldbye, F. (1979), *Coord. Chem. Rev.*, **29**, 213 - 235.

[10] Mason, S. F., in *Fundamental* Aspects *and Recent Developments in Optical Rotatory Dispersion and Circular Dichroism*, P. Salvadori and F. Ciardelli (Eds), Proc. NATO Adv. Study Inst., Heyden, London, 1973, pp. 196 - 239.

[11] O'Brien, T. D., McReynolds, J. P. and Bailar, J. C., Jr (1948), *J. Am. Chem. Soc.*, **70**, 749 - 755.

[12] Dunitz, J. D., Maverick, E. F. and Trueblood, K. N. (1988), *Angew. Chem., Int. Ed. Engl.*, **27**, 880 - 895.

[13] Muetterties, E. L. (1970), *Acc. Chem. Res.*, **3**, 266 - 273.

[14] Gütlich, P., Link, R. and Trautwein, A., *Mössbauer Spectroscopy and Transition Metal Chemistry*, Springer, Berlin, 1978.

第3章
金属离子的配位几何学理论基础

3.1 配位几何学

这章将简要介绍一些关于度量立体化学的一般观点，因为在后面讨论拓扑立体化学时要以此为基础。为了更深刻地理解金属配合物的键参数，读者可以参考这章引用的文献。

一个“中心”原子处于中心，也就是我们认为或界定此原子处于中心(从某种意义上讲，单核配合物的中心原子可能位于分子的几何中心，可能位于或近似位于分子点群的对称中心或质心。当然，中心原子也可能位于分子中某一部分的中心)。当我们考察这个原子以及它的周围环境时，大多数已知分子通常都有一个很好界定的第一配位范围。这意味着，假设我们考虑的中心原子与其他的原子中心没有直接联系，一定数目的相邻原子中心可明确地同这些其他原子中心区别开。这个数被称为原子中心的配位数（CN)，相邻的原子称作配位原子。如果它们和其他原子以共价键结合，则整个分子单元(带电荷或不带电荷）称作一个配体（见附录Ⅲ)。即使配体从中心原子上脱离（在多数情况下可认为是异裂的结果)，通常仍可称作配体。为了更清楚地区分这两种情况，一个称作“配位体”，一个称作“自由配体”（配体“ligand”一词在前文中的解释已遭到严厉的批评[1]。由于早期由 A. Stock[2]引入配体“ligand”一词，这个词的用法已经从我们的建议中得到了明显的发展；如果只是为了语言上的纯洁，而引入一种新的、不易处理的表达方式是非常困难的。正如 G. J. Leigh 教授所担心的，我们不会觉得我们失去了一个单词。因为所谓的“不常用的用法”已经被证明是非常有效的，并被用了数百万次。Leigh 教授提议用“proligand”这个词来表示“自由配体”。有许多其他的例子是从最初的严格意义演变而来。譬如，我们从来没有觉得有必要称一个烹饪锅的锅盖为“prolid”，因为它有时并不盖在锅上)。

通常，确定了配位数就确定了一个几何排列。在简单情况下，这种几何排列是一个精确的几何多面体，而在其他情况下，这种几何排列或多或少近似于一个多面体。正如 Muetterties 和 Guggenberger[3] 的文献所述，配合物类型表现为或非常接近于理想的三角形几何多面体，虽然在一些例子中某些面不是三角形。这些作者建议，为了讨论配位类型的度量立体几何，可将由相邻多面体面的法线形成的二面角作为判定形状的定量方法。配位几何学（CG）和配位对称学（CS）存在不同，在 Muetterties 和 Guggenberger 的观点中，前者是由配体原子构成的极其近似多面体；而后者表现了分子骨架的实际对称性（由点群描述），如果考虑分子内的振动，分子骨架上的原子核（简称原子）将处于它可能的最高位置。例如，两种类型的化合物［Ma_6］和［Ma_4b_2］，其中 a，b 表示单原子配体，它们在 CG 上均呈现八面体状，但［Ma_4b_2］在 CS 上不呈现八面体状[4]。［Ma_6］可能有八面体形 CS，但它也可能是“变形”的。通过姜-泰勒效应（在 Cu^{2+} 化合物中），非键合电子对（在［XeF_6］中）影响或环境的影响可以偏离正八面体对称性。一个配位几何体通常可以由另一个具有相同 CN 的几何体不断转换它的相关原子位置而得到。

如果所有配位体是化学等价的，则把该配合物称为单一配合物；否则，称之为混配合物（图 3.1）。单一配合物和混配合物都是根据整个配位体定义的，并不是根据配位原子。不同配体的数目可以通过前缀来指定（2-、3-、杂等）。尽管［PF_5］中的配体氟在几何角度上不可能是等价的（不存在五个等效顶点的多面体），其中心磷仍是一个单一配位中心。反之，［PCl_3F_2］中的磷是一个二元混配位中心。

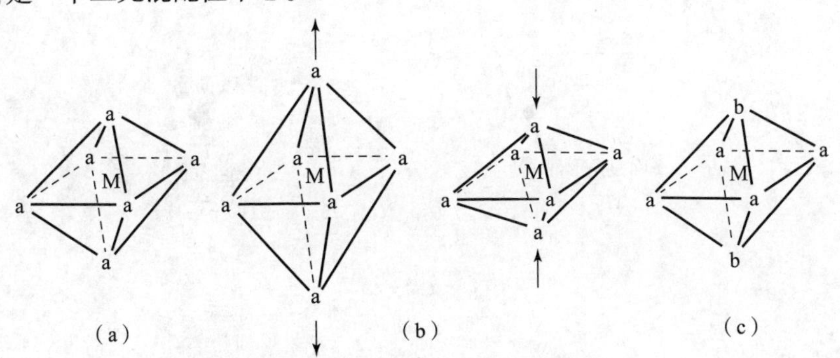

图 3.1　单一配合物与混合配合物

(a)［Ma_6］：单一配合物，CN=6；配位几何构型（CG）：八面体；配位对称性（CS）：八面体（O_h）；(b)［Ma_6］：单一配合物，CN=6；配位几何构型（CG）：八面体；配位对称性（CS）：四方锥（D_{4h}）；(c)［Ma_4b_2］：混合配合物，CN=6；配位几何构型（CG）：八面体；配位对称性（CS）：四方锥（D_{4h}）

从几何学观点看，即使是配位数较少的配合物也可以有许多不同的排列，但配位几何构型的种类[5-9]是有限的，通常必须从化学的角度考虑。正如之前提到的，这些经常对应于三角形几何多面体的 CG[3]。更重要的是，从实际的立体化学的角度出发，仅须考虑一些有限数量的多面体。国际纯粹与应用化学联合会（IUPAC）无机化合物命名委员会对这些经常出现的多面体提出了论述。而关于立体化学命名方法的详细说明将在以后与配合物同分异构现象联系起来进行进一步讨论。这里引用了 CG 的表示法，因为它的使用贯穿全篇。

这些 CG 描述符在 IUPAC 官方命名法[10]中被称作多面体符号（在其他文献[11]中，IUPAC 红皮书中这些符号被称作“点对称符号（site symmetry symbols)”，这是一个误导性术语，因为“点对称符号”常常不同于代表正多面体的全对称）。它们以简单几何构型的 1 ~ 3 个字母符号、破折号和配位数来表示。对于配位数为 2 ~ 8 的构型描述，将根据其不同的图形表示，参见立体图（图 3.2）和投影图（图 3.3）。计算机中化学式的绘图程序显示出强调了中心原子和配体之间连接关系的立体图。在能够产生这种显示的特定程序

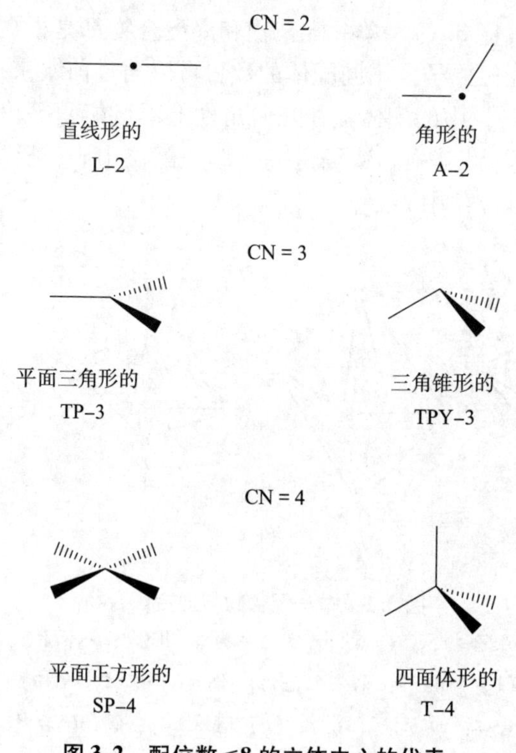

图 3.2　配位数≤8 的立体中心的代表

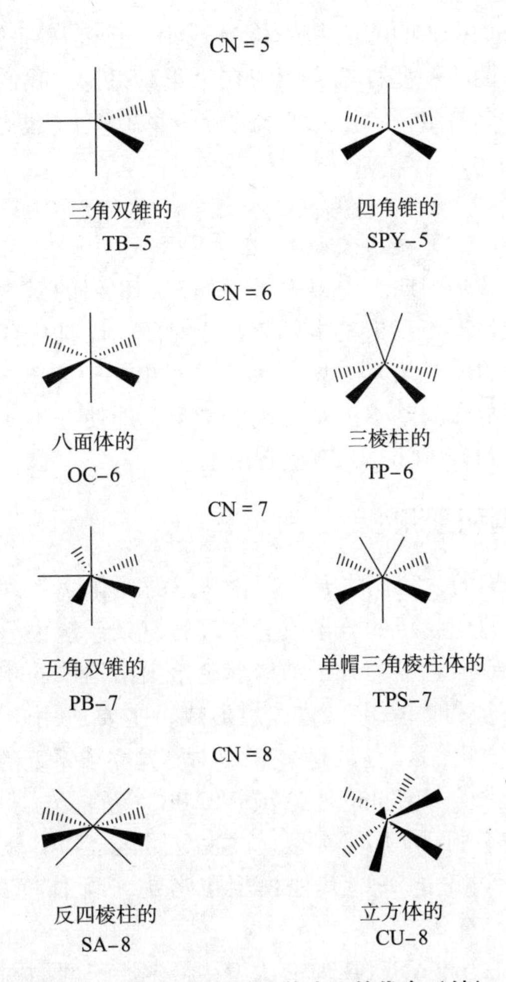

图3.2　配位数≤8的立体中心的代表（续）

中，配位几何构型被称为“立体中心”，这种表示方法非常实用。然而，有时其他一些更强调配位多面体的表示方法则会更胜一筹。在这里我们给出两个最重要的多面体：四面体和八面体的立体中心（图3.2）和投影图（图3.3），此后将会经常使用它们而不再用立体中心表示。为了定义立体化学表示法，其他形式的投影图将在以后介绍（详见4.3节）。

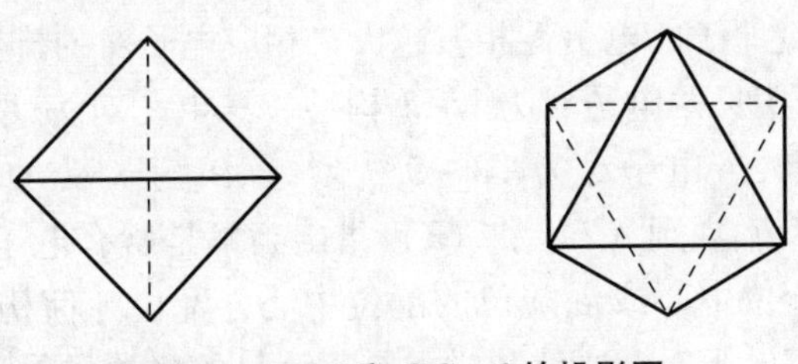

图3.3　T-4和OC-6的投影图

对于配位数为 9 ~ 12 的配位多面体，Kepert[8]已经从理论上讨论过。

关于配位对称性的一些详细介绍将在第 4 章讨论。我们想要关注的首要问题是：为什么一个给定特定化学元素的分子存在一个或两个配位几何构型。

3.2 主族元素

主族元素，也就是周期表中第 1、2 和 13 ~ 18 列的元素，极易形成闭壳层的分子（大多数情况下所有的电子都是成对的，而且化合物是反磁性的）。大多数这类化合物的配位几何构型（CG）可以由非常简单的理论模型得到定性预测。这些模型给出的基本上是正确的结果，即使在不成对电子存在的情况下也无例外，如 NO_2、ClO_2 和有机自由基。

3.2.1 理论模型和预测

正如前面所指出的，我们主要考虑化学键的“化学”理论，因为对于实验化学家来讲，他们合成新的分子或尝试理解复杂系统中分子的行为时，需要一个完善的定性或半定量的分子结构理论给出结构中的相互关系。这种理论最早基于 Sidgwick 和 Powell[12] 的构想形成，主要适用于主族元素。后来 Gillespie 和 Nyholm[13] 以及其他的化学家[14] 对其建立了系统的形式。现在这一理论被称为 Gillespie - Nyholm 理论或 VSEPR（价态电子对互斥）模型。Kepert 将其应用于多种配位几何构型、过渡金属化合物、螯合环结构和配位数的研究[8]。最近讨论的一些其他模型也考虑了配体间的吸引与排斥作用[15]。

从缩写中可以看出，VSEPR 理论认为在给定原子的周围，无论是成键或者未成键的两电子对间都存在排斥力。其物理基础遵循泡利不相容原理，即在非兼并的情况下电子倾向于通过电子间的库仑排斥作用结合成对。并遵循如下三条基本规则：

（1）配合物几何构型的价态电子对之间的排斥力最小；

（2）分子中的排斥力按照以下顺序减小：$lp/lp > lp/bp > bp/bp$，其中 lp 表示未成键电子对（孤对电子），bp 表示成键电子对；

（3）两个成键原子的电负性相差越大，相应电子对的排斥力就越小。

规则（1）表明：两电子对为 L - 2 构型，三电子对为 TB - 3 构型，四电子对为 T - 4 构型，五电子对为 TB - 5 构型，六电子对为 OC - 6 构型，八电子对为 SA - 8 构型。规则（2）和（3）指出当不是所有电子对都等价时，如携带孤电子对的配位中心或混配位的配位中心，配位几何构型是如何发生畸变的。如果未成键电子对在立体化学上是很明显的（通常是这样），那么这个电子对可以说是具有立体化学活性的。

虽然这些规则很简单，但它们给出的结论在大部分仅含有主族元素的分子中至少是定性正确的[14]，甚至对一些过渡金属化合物也适用[8]。关于这些理论模型的更详细的介绍，感兴趣的读者可以参考文献中所引用的两本书，以及 Burdett[16] 的论述。在此，仅对相关实验数据和它们与 VSEPR 模型的关系做出大概的描述。

另一个应用于模拟配合物立体构型的理论方法是分子力学。这个方法来源于对有机分子的构象分析，本质上存在于由于分子内部坐标改变而产生的势能函数中。这种参数化的函数的集合称为分子力场。对于简单的有机分子这种方法的应用已成为常规，它不需要由用户进行特殊的输入。另外，对于配合物，建立分子力场的问题仍然是相当多的。最近关于这个主题已经进行了深入的探讨[17]。

3.2.2　实验数据

CG L－2

这在主族元素中是比较少见的情况。它存在于一些气相的 Be 化合物（3.1）和 sp 杂化的 C 和 N 中心原子中。

$$\text{Cl—Be—Cl} \tag{3.1}$$

CG A－2

这种配位几何构型广泛存在于非金属元素，特别是第 16 族元素中（最典型的例子就是 H_2O），但对于金属配位中心知之甚少（3.2）。A－2 构型，不只是 H_2O，其他相关分子中 O 原子的 L－2 CG，是由于其氧原子中心存在两个未成键电子对而形成的。对于配合物来说，这类原子一般都是配合物的配体原子，所以充分考虑这类原子中心的立体化学是十分重要的。配合物中配体原子的 CG 结果将在后面进行讨论。sp^2 杂化的 N 和 C 中心通常为 A－2 CG，其在金属配合物中常作为配体原子。

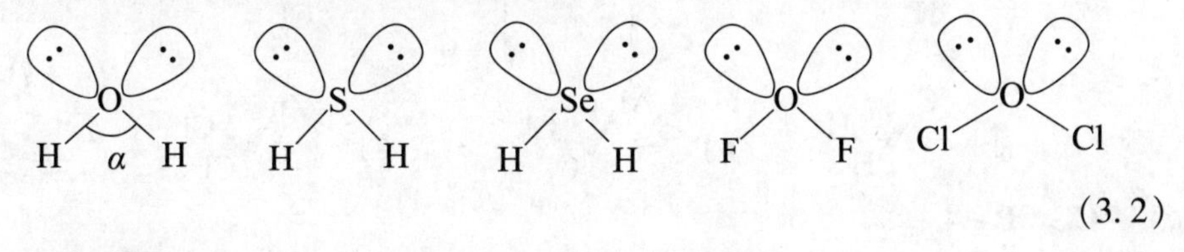

（3.2）

CG TP－3

这种构型存在于许多中心原子为第 13 族元素的分子中，特别是硼的化合物（3.3）。由于这类“不饱和”中心的电子对受体特性，这些分子一般都是强路易斯酸。

F—B F F (3.3)

CG TPY -3

类似于 A -2，这种配位构型对在配合物的配体中作为原子供电子体的元素（第 15 族元素）是十分重要的。这种锥型 CG（3.4）是由于存在一个未成键的电子对，除磷化氢外，NH_3 和它的几乎所有衍生物都呈现这种 CG。同样，当它们作为配合物的配体时，如在氨中，考虑这些中心的 TPY -3 配位方式是很重要的。

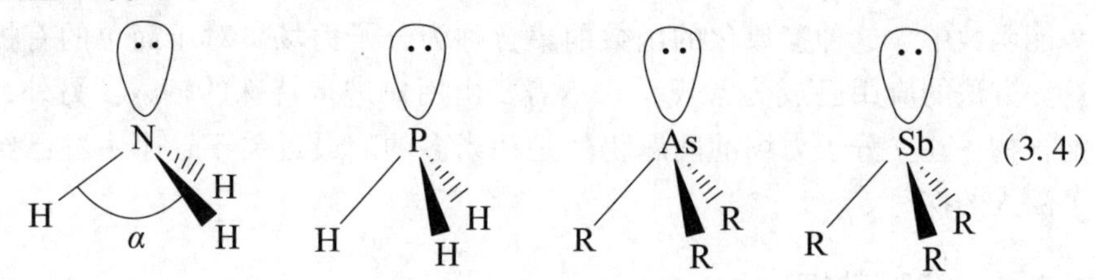

(3.4)

CG T -4

无数有机分子中的 C 原子均采用这种构型（3.5）。对 C 原子，T -4 常常是一种高刚性的几何构型，这种构型中配体的位置往往是恒定的。Hund（文献［18］）估算出甲烷中 H 原子的交换率为 10^{-20} 次/s。这个缓慢的交换过程和缓慢的取代过程一起，将 C 原子中心从其他存在 T -4 构型的元素中分离出来。第 15 族元素的未成键电子对在成键后，如当胺在配合物中作为配体时，或更简单地说当它在铵盐中发生质子化时，即可形成 T -4 构型。

T -4 CG 经常出现在配体含 O 或 S 的多重键配合物中（大多为离子键），如 $[SO_4]^{2-}$、$[S_2O_3]^{2-}$、$[ClO_4]^{-}$、$[PO_4]^{3-}$ 和许多它们的或相似种类的衍生物。

它也广泛存在于金属元素的配位中心，最值得注意的是配合物中的 Be^{II} ($Be[acac]_2$)、B^{III} (BF_4^- 等)、Al^{III} ($AlCl_4^-$)、Ga^{III}、In^{III} 和 Tl^{III} 以及第 14 族的 Si^{IV}、Ge^{IV}、Sn^{IV} 和 Pb^{IV}。

H C H H H　　[Cl Al Cl Cl Cl]$^-$　　[Cl Zn Cl Cl Cl]$^{2-}$ (3.5)

CG SP -4

SP -4 构型在过渡元素之外是很少见的。根据 VSEPR 模型，它存在于 AL_4E_2 型的分子中，其中 E 表示未成键电子对，一个为人熟知的例子就是 XeF_4（3.6）。化学家试图通过在分子内约束原子中心使其周围形成一个正方形，迫使原子特别是碳原子，形成这种配位几何构型，已经对此做了许多尝试。这些立体化学问题的讨论超出了本书的范围。

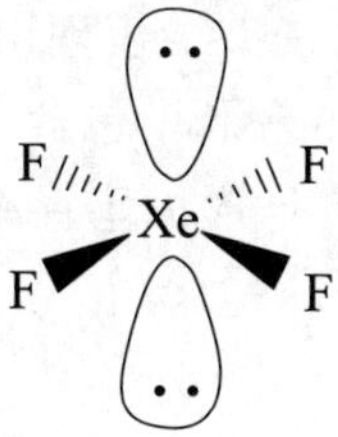

(3.6)

CG TB－5 和 SPY－5

主族元素中的五配位原子，特别是第 15 族中处于＋5 价氧化态的元素均为这种构型。一个常见的例子就是 PF_5。这种构型在立体化学上是非刚性的。基于 VSEPR 模型，PF_5 倾向于形成 TB－5 CG 构型。在五配位的化合物中，配体不能完全等价，它们分为两种：三个横向和两个轴向 F－配体，如图 3.4 所示。这种排布中，除了垂直于 ^1F_e…P 连线的轴不能（顺时针）旋转 90°以外，配体可以随意移动位置而分子并不会改变。在下面的变换方式中，分子并没有旋转但配体从横向变换到了轴向，反之亦然。

$$^1F\text{: } e\to a \quad ^2F\text{: } e\to e \quad ^3F\text{: } e\to a$$

$$^4F\text{: } a\to e \quad ^5F\text{: } a\to e$$

这种变换称为假旋转[19]（图 3.4）。密度泛函理论计算方法的结果表明，过渡态具有 SPY－5 CG，它仅比 TB－5 构型高不到 10 kJ · mol^{-1}（Schafer 和 Daul 的私人通信）。

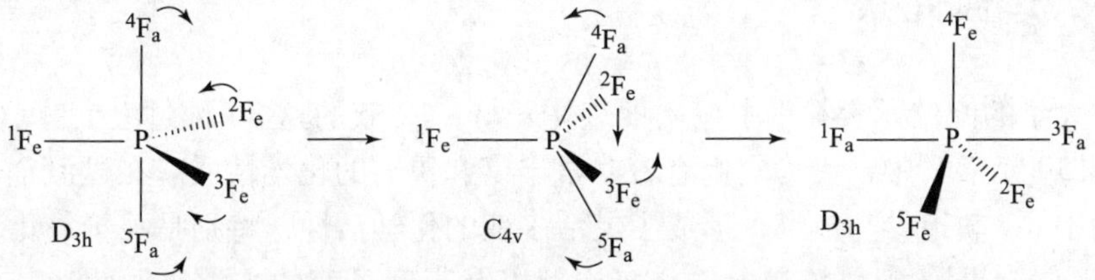

图 3.4　TB－5 分子：PF_5 及其假旋转

通过一个类似的能量兼并的构型变换，之前位于横向（e）的 ^2F 在经过图 3.4 所示的特定假旋转后，也将会变换到一个轴向（a）位置。任何慢于这些变化的时间尺度的物理方法给出的均是时间统计平均的观测值。这种情况下，如 ^{19}F NMR 光谱，表明在＋60℃到－197℃的温度范围内，磷的五个氟配体明显是等价的[18]，这是五配位中心的典型行为。

CG OC－6

这是迄今为止六配位化合物最常见的 CG，它发生在主族元素的非金属中心和金属中心，如 SF_6（3.7）、AlF_6^{3-} 等，以及第 2、13 和 14 族元素的大部分化合物中（除了 C 和 Si，它们主要为 T－4 配位）。配位数及其相应的配位几何构型通常是由配体和中心离子的离子半径比而确定的。如果离子半径比接近于临界值，不同的配位几何构型会表现出相似的稳定性，如 Al^{3+} 为中心离子和 Cl^- 为配体的情况。液态的 $AlCl_3$ 包含 Al_2Cl_6 分子，Al 中心为 T－4 构型，但固态时则为 OC－6 构型，且形成了一个三维晶格。Müller[20] 在最近的教科书中讨论了无机固体的结构。

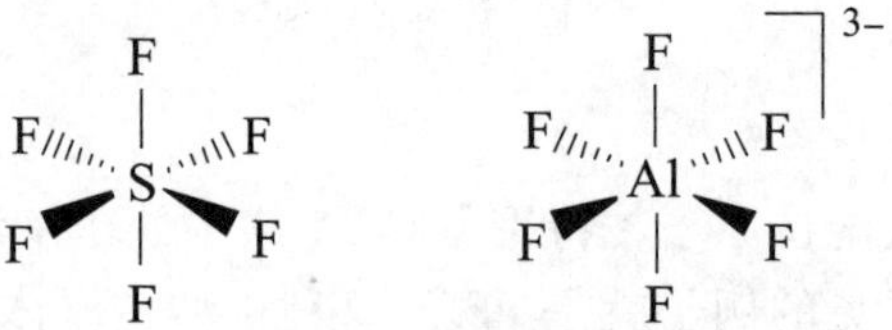

$$SF_6 \qquad [AlF_6]^{3-} \tag{3.7}$$

一个配位数为 6，但根据 VSEPR 模型不应该出现 OC－6 构型的情况，是 $[XeF_6]$。它有七个价态电子对，因此应该形成一个扭曲的八面体（参考文献[21]，第 590 页）。

配位数 >6

在许多情况下，主族元素形成的配合物其配位数大于 6。就配合物而言，这是碱金属和碱土金属元素的主要配位情况。这些元素的配体，如冠醚和穴醚，往往预先决定了中心原子的配位数和配位几何构型。特定配体与配位几何构型及配位对称性之间的关系是第 4 章的主题，一些这样的配合物例子将在那里讨论。

3.3　过渡元素

大量的配位元素都集中在周期表中第 3～12 族的这 30 种过渡元素（3d、4d 和 5d 元素）中，因为它们有着非常丰富和重要的化学性质。在过渡金属化合物中 d－轨道参与成键，形成了灵活多变的化学活性，特别是关于氧化－还原反应、不同的配位数和配位几何构型以及高度可变的光学、磁性和其他物理性质。因此，这些元素的配位化合物在许多化学领域内有着十分重要的意义，包括生物化学，过渡元素在其中的许多重要过程都起到了关键作用。目前研究这些元素的功能是一个新兴的研究领域，而且使用一些通常不存在于生物体系的元素用于诊断和治疗的目的已经吸引了越来越多的关注。在这些基础研究或应用研究中，许多都涉及了立体化学问题。

通常，对于 d^{10} 和 d^0 结构的氧化态，斥力模型能够产生与实验观察结果一致的配位几何构型。因此，以 Sc^{III}、Ti^{IV}、V^{V}、Cr^{VI}、Mn^{VII}、Cu^{I}、Zn^{II} 或第二和第三周期的对应元素为金属中心的配合物单元，一般可以用 VSEPR 模型处理。然而，有文献表明[23]，根据 VSEPR 几何学，与强 *s*－供配体配位的 d^0 金属配合物可能会经历一个所谓的二阶 Jahn－Teller 变形（参考文献 [22]，第95页）。

如Kepert[8]的文献所述，在过渡金属化合物的许多状态下，斥力模型能够给出有用的结构信息。电子配对是VSEPR模型的物理条件之一，然而一般不存在于过渡金属配合物中。由于d－轨道的简并或近似简并以及被部分占据，导致未配对电子在过渡金属化学中是一个常见的现象。对于分子的电子结构没有明确的解释，一些涉及立体化学的问题也就无法解决。这里我们主要关心的问题是配位数和配位几何构型的关系，如为什么Fe^{II}、Co^{III}、Ru^{II}、Rh^{III}、Os^{II}、Ir^{III}和Pt^{IV}的d^6离子主要形成OC－6构型的化合物，而Ni^{II}、Pd^{II}、Rh^{I}、Pt^{II}和Cu^{III}的d^8离子形成的化合物是SP－4构型化合物。

3.3.1　理论模型和预测

现在每一本无机化学教材中都会涉及配体场理论，因此学习化学的学生都明白过渡金属配合物普遍具有颜色的主要原因，以及这些化合物的磁性基础。不同配位几何构型和不同电子结构的配位场稳定化也得到了广泛的论述。配位场稳定化［（根据参考文献［16］，这可能是晶体场稳定化能（CFSE）或分子轨道稳定化能（MOSE）］可能是影响一个特定配合物配位几何构型的重要因素，但通常不是唯一的因素。其他的，如Jahn－Teller效应甚至直接的空间位阻效应，如庞大的配体，也可能很大程度上会影响一个给定配合物中的金属离子所采取的配位几何构型。

角重叠模型（AOM）是一个特别简单的配位场模型，非常适合用于探讨不同配位几何构型的相对稳定性[16]。例如，它揭示了低自旋d^6结构对OC－6构型的倾向性和d^8结构为SP－4构型的普遍性[24]。

之后的讨论，将假定读者熟悉配位场理论的基本概念。建议读者先了解AOM的要点，以便理解一个给定的中心金属对某种配位几何构型的偏好倾向，如表3.1所示。此表中所包含的信息仅仅是最常见的配位数和配位几何构型，它可以被用作对实际情况的粗略指导。

表3.1　配合物中过渡元素的配位几何多面体和最常见的配位几何构型

d^0					
Sc^{III}	Ti^{IV}	V^{V}	Cr^{VI}	Mn^{VII}	
OC－6	T－4	T－4	T－4	T－4	
	OC－6	OC－6			
Y^{III}	Zr^{IV}	Nb^{V}	Mo^{VI}	Tc^{VII}	Ru^{VIII}
SA－8	T－4	CN＝4～9	T－4	T－4	T－4
	OC－6	可变的构型	OC－6		

续表

d⁰					
La^{III} CN = 4 ~ 11	Hf^{IV} PBP − 7 + 可变的构型	Ta^{V} 可变的构型	W^{VI} T − 4 OC − 6	Re^{VII} T − 4 + 可变的构型	Os^{VIII} T − 4

d^1				
Ti^{III} OC − 6	V^{IV} T − 4 OC − 6 SPY − 5(VO^{2+})	Cr^{V} T − 4 OC − 6	Mn^{VI} T − 4	
	Nb^{IV} OC − 6	Mo^{V} CN = 8	Tc^{VI} OC − 6	Ru^{VII} T − 4
	Ta^{IV}	W^{V} CN = 8	Re^{VI} OC − 6	Os^{VII} T − 4

d^2				
Ti^{II} OC − 6	V^{III} T − 4 OC − 6	Cr^{IV} T − 4 OC − 6	Mn^{V} T − 4	Fe^{VI} T − 4
			Tc^{V} OC − 6	Ru^{VI} OC − 6
			Re^{VI} OC − 6	Os^{VI} T − 4

d^3				
	Cr^{III} OC − 6	Mn^{IV} OC − 6	(Fe^{V})	
	Mo^{III} OC − 6	Tc^{IV} OC − 6		
	W^{III} OC − 6	Fe^{IV} OC − 6		

d^4				
	Cr^{II} OC − 6（畸变的）	Mn^{III} OC − 6	(Fe^{IV}) OC − 6	
		Tc^{IV} OC − 6	Ru^{IV} OC − 6	

续表

		d⁴		
		Re^{IV} OC－6 TP－6	Os^{IV} OC－6	
		d^5		
	Cr^{I} OC－6	Mn^{II} T－4 OC－6	Fe^{III} T－4 OC－6	Co^{IV} OC－6
			Ru^{III} OC－6	Rh^{IV} OC－6
		Re^{II} OC－6	Os^{III} OC－6	Ir^{IV} OC－6
		d^6		
Cr^{0} OC－6	Mn^{I} OC－6	Fe^{II} T－4 OC－6	Co^{III} OC－6	Ni^{IV}
Mo^{0} OC－6		Ru^{II} OC－6	Rh^{III} OC－6	Pd^{IV} OC－6
W^{0} OC－6	Re^{I} TB－5 OC－6	Os^{II} OC－6	Ir^{III} OC－6	Pt^{IV} OC－6
		d^7		
	Fe^{I} OC－6	Co^{II} T－4 OC－6	Ni^{III} TB－5 OC－6（畸变的）	
		d^8		
	Co^{I} TB－5	Ni^{II} SP－4 OC－6	Cu^{III} SP－4 OC－6	
	Rh^{I} SP－4	Pd^{II} SP－4	Ag^{III} SP－4	
	Ir^{I} SP－4	Pt^{II} SP－4	Au^{III} SP－4	

续表

	d^9	
Ni^{I}	Cu^{II}	
T－4	T－4	
	SP－4	
	TB－5	
	OC－6（畸变的）	
Pd^{I}	Ag^{II}	
SP－4	SP－4	
	Au^{II}	
	SP－4	
	d^{10}	
Ni^{0}	Cu^{I}	Zn^{II}
T－4	T－4	T－4
		OC－6
	Ag^{I}	Cd^{II}
	L－2	OC－6
	T－4	
	Au^{I}	Hg^{II}
	L－2	L－2
		T－4

稀土元素和锕系元素形成配合物时存在大量不同的配位数和配位几何构型。配位数往往大于6。预测配位数和配位几何构型的半经验方法实际上是不存在的，而从头计算方法往往无结果。另外，这类金属的大多数金属－配体的配位键是高度不稳定的，所以稀土和锕系元素一般不存在异构现象。因此，其立体化学在很大程度上是度量立体化学，主要通过X－射线晶体学的实验方法确定。

参考文献

[1] Leigh，G. J.（1993），*Chem. Br.*，**29**，574.

[2] Kauffman，G. B.（1993），*Chem. Br.*，**29**，867－868.

[3] Muetterties，E. L. and Guggenberger，L. J.（1974），*J. Am. Chem. Soc.*，**96**，1748－1756.

[4] Eliel，E. L. and Wilen，S. H.，*Stereochemistry of Organic Compounds*，Wiley－

Interscience, New York, 1994.

[5] Berman, M. (1971), *J. Franklin Inst.*, **291**, 229 -260.

[6] Britton, D. and Dunitz, J. D. (1973), *Acta Crystallogr*, . *Sect. A*, **29**, 362 - 371.

[7] Federico, P. J. (1975), *Geometriae Dedicata*, **3**, 469 -481.

[8] Kepert, D. L., *Inorganic Stereochemistry*, *Inorganic Chemistry Concepts*, Vol. 6, Springer, Berlin, 1982.

[9] King, R. B. (1991), *J. Math. Chem.*, 7, 51 -68.

[10] Leigh, G. J., *Nomenclature of Inorganic Chemistry*, Blackwell, Oxford, 1990.

[11] Block, B. P., Powell, W. H. and Fernelius, W. C., *Nomenclature of Inorganic Chemistry Recommendation*, ACS Professional Reference Book, Blackwell, Washington, DC, 1990.

[12] Sidgwick, N. V. and Powell, H. M. (1940), *Proc. R. Soc.* (*London*), *Ser. A*, **176**, 153 -180.

[13] Gillespie, R. J. and Nyholm, R. S. (1957), *Q. Rev. Chem. Soc.*, **11**, 339 - 380.

[14] Gillespie, R. J. and Hargittai, I., *The VSEPR Model of Molecular Geometry*, Allyn and Bacon, Boston, 1991.

[15] Rodger, A. and Johnson, B. F. G. (1992), *Inorg. Chim. Acta*, **191**, 109 - 113.

[16] Burdett, J. K., *Molecular Shapes. Theoretical Models of Inorganic Stereochemistry*, Wiley, New York, 1980.

[17] Hay, B. P. (1993), *Coord. Chem. Rev.*, **126**, 177 -236.

[18] Muetterties, E. L. (1970), *Acc. Chem. Res.*, **3**, 266 -273.

[19] Berry, R. S. (1960), *J. Chem. Phys.*, **32**, 933 -938.

[20] Müller, U., *Inorganic Structural Chemistry*, *Inorganic Chemistry*: *A Textbook Series*, Wiley, Chichester, 1994.

[21] Cotton, F. A. and Wilkinson, G., *Advanced Inorganic Chemistry*, 5th. edn, Wiley, New York, 1988.

[22] Albright, T. A., Burdett, J. K. and Whangbo, M. -H., *Orbital Interactions in Chemistry*, Willey, New York, 1985, p. 95.

[23] Kang, S. K., Tang, H. and Albright, T. A. (1993), *J. Am. Chem. Soc.*, **115**, 1971 -1981.

[24] Purcell, K. F. and Kotz, J. C., *Inorganic Chemistry*, Saunders, Philadelphia, 1977.

第 4 章

配位化合物拓扑立体化学的基本概念

4.1 对称性

本章将详细讨论配合物中原子的排列，换言之，不仅对给定中心的配位几何构型进行介绍，而且会对异构体的数量和种类及其“确切的”对称性进行讨论。为此，需要定义一些基本概念。提出一种配体的分类方法，这将有利于更深一步的讨论。

由离散的分子单元（这些单元可以是带电的，即该“分子”单元可以是离子）组成的可结晶的化合物表现出两种对称性：晶体对称性和分子单元本身的对称性。并不是所有化合物都有这种性质，如简单晶格的化合物，像碱金属卤化物不是由分子单元构成的。晶体对称性和分子单元对称性之间存在某种关系，如一个对映异构的纯手性分子绝不会结晶为中心对称的空间群。但是，晶体和分子对称性是两个有明显区别的性质。这里主要讨论分子对称性，偶尔会涉及配合物晶体的对称性。

分子对称性与配位几何构型不同，因为它考虑了配位中心周围的配体的性质和它们的精确位置。例如，如果 T－4 构型的四个配体都是等价的，则该配位中心具有四面体对称性。即使这种条件也不满足完全的 T_d 对称性。以化合物［$M(H_2O)_4$］为例，为简化写法，如不是指定金属此处不标出电荷，如：［$Fe(H_2O)_6$］$^{2+}$，［$M(H_2O)_6$］或［ML_6］，由于配体 H_2O 不能满足 T_d 的所有对称要素，所以其不具有完全的 T_d 对称性（图 4.1）。配体 H_2O 使化合物呈现为 C_{2v} 的最大对称性。另外，［MF_4］具有完全的 T_d 对称性。然而为了更多的考虑，可以近似地认为［$M(H_2O)_4$］具有 T_d 对称性。

对称性可以用群论数学化处理。群论方法在化学中用以讨论各种分子性质，如电子能级排布图的引出和振动模型的分析，在很多优秀的教科书中都有所阐述[1]。这种方法在量子力学刚出现不久就被一些物理学家开发出来了[2]。现在配位化学家一般都比较熟悉群论概念和群论术语。这里仅会偶尔

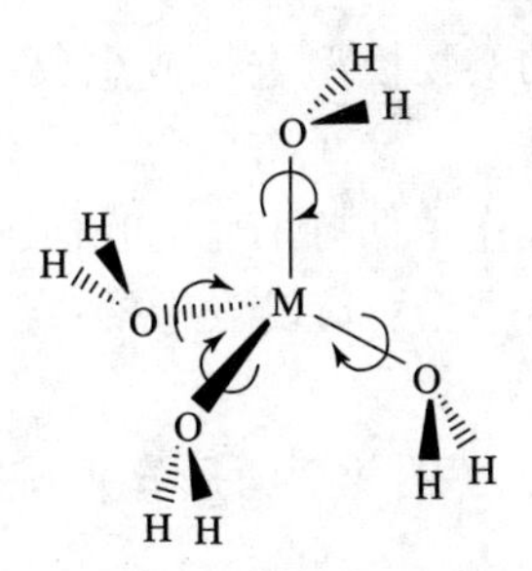

图4.1　配合物［$M(H_2O)_4$］，M中心是T-4构型，O中心是TPY-3构型

提及群论观点，因此不需要具备这种方法的完整知识。然而，读者有必要熟悉分子对称性的基本概念。下面给出一些术语的简单总结（图4.2）。

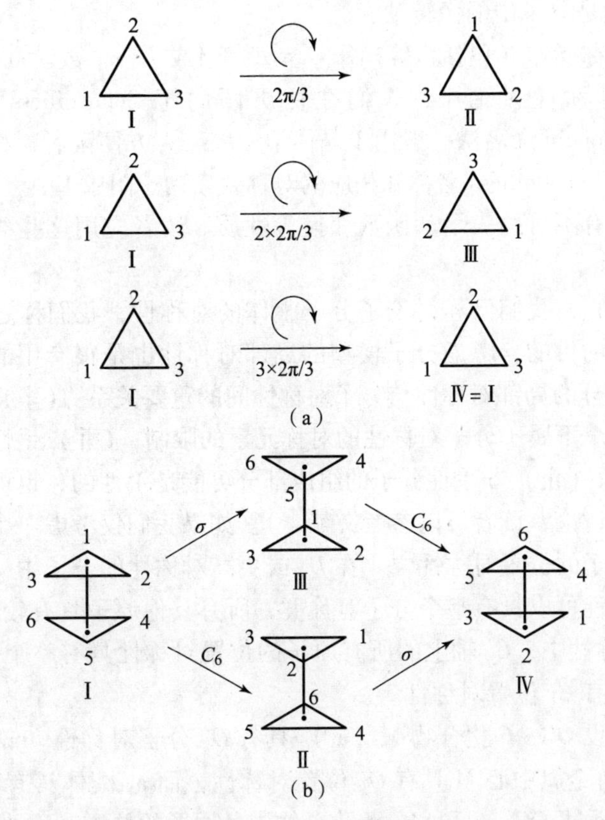

图4.2　旋转（a）和像转（b）的示意图（来源于文献［1］）

（a）旋转轴（C_3）：结构Ⅱ和Ⅲ与Ⅰ等价，因为如果没有标注（并不是真实的，只是我们内心的解释）它们是与Ⅰ没有区别的，特别是Ⅰ与Ⅳ，不管有没有标注都无法区分，因此它们不仅是等价的而且是相同的。（b）像转轴（S_6）：Ⅱ和Ⅲ是等价的，但它们都不与Ⅰ等价。仅有σ或C_6不能进行对称操作，必须将它们结合起来，任一结合顺序，称为S_6，形成的都是一个对称变换，因为它可以产生等价于Ⅰ的Ⅳ

• 对称操作：对分子的实物模型进行或想象一种变换，使模型在空间中处于全等的位置。

• 对称元素：在对称操作中保持不变的几何图形（点、轴、面）。

• 对称操作有两种基本类型：旋转和像转。旋转可以在实物模型上进行，像转只能凭想象进行。

• 旋转相应的对称要素（图 4.2）是 n 重旋转轴（C_n），转动 $2\pi/n$ 角度，即是一个对称操作。

• 像转相应的对称元素（图 4.2）是，当一个分子转动 $2\pi/n$ 角度，再经垂直于轴的平面想象一个镜像操作，即可使得几何图形复原。这些元素（像转轴）记为 S_n，S_1 就是一个镜面（符号 σ），S_2 是反转中心（符号 i），S_n（当 $n>2$ 时）是分子中的像转轴。

分子的对称操作（包括恒等操作 $C_1 \equiv E$）组成了一个数学意义上的群。

在分子对称性讨论中，人们往往更倾向于 Schoenfliess 命名法，而 Herrmann - Mauguin 命名法一般用于晶体学领域。为方便读者，将一些常见的分子对称群的 Schoenfliess 名称和相应的对称要素列于附录 I 中。

群论表具有不可约表示和函数变换等性质。读者应用这些群论时可以参阅该表[3]。

到现在为止，我们已经讨论了分子整体的对称性，我们称之为分子对称性。对于特定的目的，考虑分子模型的局部对称性也是很有用的，甚至是必要的（组成部分的局部对称性与分子对称性间的重要关系：（ⅰ）没有组成部分可能包含一个不属于分子对称性的对称元素的限制；（ⅱ）手性分子的所有部分是手性的；（ⅲ）非手性分子的组成部分可能是手性的，也可能是非手性的。更详细的讨论，读者可以参考文献[4]）。如果我们仅考虑一个原子所占的部分，即是原子的位置对称性[5]。在 D_n 或更高对称性的分子中，仅有一个原子的位置对称性可以具有整个分子对称群，所有其他原子具有较低的对称性。在 C_n 分子对称性中，C_n 轴上的所有原子的位置对称性具有整个分子对称性，其他的原子具有 C_1 位置对称性。

例如，假设 OC－6 化合物 $M(a_1)_6$ 具有 O_h 分子对称性（a_1 代表单原子配体），则只有金属中心 M 具有 O_h 位置对称性，而 a_1 配体具有 C_{4v} 位置对称性。图 4.3 展示了 OC－6 和 SP－4 化合物中各原子的位置对称性。

4.2 配体的分类

第 3 章所定义的配位中心是空间中的一点，如果没有配体，它是一个没有三维结构的实体。在一个配合物单元中，配体是配位结构的构成要素。因此介绍配体的分类方法对详述配合物的立体化学是非常有用的。这里介绍的分类方法对应于配位化学家的传统用法，并且补充了更精确的信息。

把配体分为相互独立的类别既没必要也不实用，因此某一配体可能出现在两个或更多的下面定义的类别中。由于我们不考虑金属簇，这里讨论的配体不会以金属元素作为配位原子。尽管我们的讨论排除了大部分有机金属化合物，但以C为配位原子仍在讨论范围内。

现今已知的配体数目是非常大的，而且每天还在不断增长［化学文摘（CA）中收录的约10^7种化学物质里至少有很大一部分是潜在的配体］，所以不可能把所有配体都广泛地列举出来。附录Ⅱ中列出了一小部分配体，目的是使读者熟悉现在常用的不同形式的配体，并介绍一些本书中所使用的缩写。

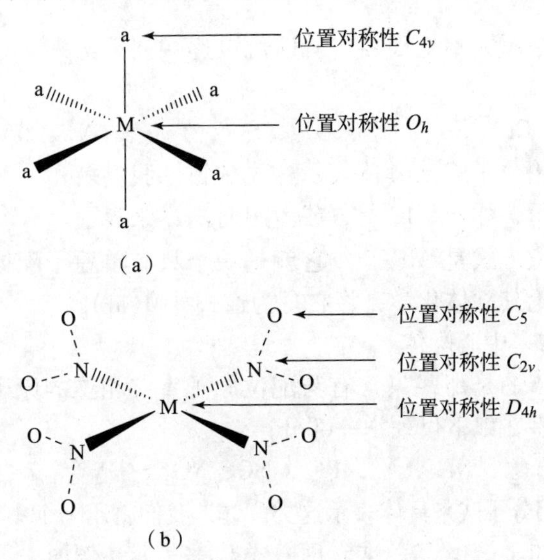

图4.3

(a) O_h 对称分子中的位置对称性；(b) AB_2 型（NO_2^-）四配体配位的 D_{4h}（SP－4）对称分子中的位置对称性

4.2.1 配位原子

我们将与配位中心直接相连的原子定义为配位原子，因此，一个配合物中的配位原子组成了内配位层。配合物中的配位原子是元素周期表中非金属元素的原子，一般都处于一个非常稳定的氧化态。然而，在后面的叙述中将有所保留，因为已经知道在许多情况下（例如以NO作配体），配位原子的氧化数并不能被精准确定[6]。

表4.1给出了一些配位原子，其中罗马数字表示其氧化态。

表4.1 配位化学中最重要的配位原子，括号中给出了其氧化态

族17：	F（－Ⅰ），Cl（－Ⅰ），Br（－Ⅰ），I（－Ⅰ），At（－Ⅰ）
族16：	O（－Ⅱ，Ⅰ，O），S（－Ⅱ～＋Ⅳ），Se（－Ⅱ～＋Ⅳ），Te（－Ⅱ，...）
族15：	N（－Ⅲ～＋Ⅲ），P（－Ⅲ～＋Ⅲ），As（－Ⅲ～＋Ⅲ）
族14：	C（－Ⅳ～＋Ⅱ）

4.2.2 配体中的原子数目

一个配体可以有任意多个原子中心。为了方便立体化学的研究，根据其复杂程度把它们分为三类：

1）单原子配体

这类配体的数量并不是很多，所以可以逐一列举出来（括号中是较少见的配体）：

F^-，Cl^-，Br^-，I^-，O^{2-}，S^{2-}，Te^{2-}，（N^{3-}，P^{3-}）

如果有必要用分子式来具体表示这类配体，我们就用一个小写的罗马字母加下标1来表示，如 a_1，b_1 等，或者用通式 l_1 来表示。

冰晶石的配位方式是 $AlF_6{}^{3-}$，它就是一个只有单原子配体的金属配合物的例子。为了讨论其立体化学，将它写为通式［$M(a_1)_6$］。

2）单中心与多中心配体

单中心配体指的是那些只含有与配位原子直接相连的原子的配体。常见的这类配体有很多，以下仅列举一部分：

H_2O，OH^-，O_2，NH_3，N_2，PF_3，NO，NO_2^-，CN^-等。

如果有必要用分子式来具体表示这类配体，我们就用一个小写的罗马字母加下标m来表示，如 a_m，b_m 等，或者用通式 l_m 来表示。例如，［$Co(NH_3)_6$］$^{3+}$，用通式应该写为［$M(a_m)_6$］。需要注意的是，OC－6［$M(a_1)_6$］有完整的 O_h 对称性，而OC－6［$M(a_m)_6$］通常没有完整的 O_h 对称性（除了 a_m 是像 CN^- 这样的线型配体的情况），因为在这种配体中不存在 O_h 对称性所需的对称要素。但是在许多情况下，这种与理想化的对称性之间产生的偏差是可以忽略不计的。

经常还会遇到更复杂的配体，如具有复杂连接性的多原子分子。例如：

R_2O，RO^-，NH_2R，NHR_2，NR_3

假如它们只有一个配位原子（见下文的单齿配体），如果有必要，我们就用 a_p，b_p 或者通式 l_p 来表示它们。

4.2.3 配体的配位性质

1）单齿配体

如果配体只有一个配位原子，或者只通过一个配位原子与配位中心相连

(即使在配体中还有其他的配位原子)，我们则称前者为单齿配体，后者为以单齿配体形式结合。这类配体通常只有一个配位原子。根据定义，所有 l_1 和大部分 l_m 型配体均是这种情况，尽管 l_m 配体 O_2 既可作为单齿配体又可作为双齿配体。在后者中配体与配位中心是通过“侧向”相键连的。

我们用小写的罗马字母 a，b，c…或者通式 l 来表示没有明确指出类型（l_1，l_m 或 l_p）的单齿配体。

2）螯合配体

螯合配体，简称为螯合物。当考虑原子之间的连接性时，如果配体的配位原子与配位中心至少形成一个封闭的环，则称这种配体为螯合物。因此螯合配体具有至少两个配位原子。同时与一个金属中心相连的配位原子总数称为配体的齿度。含有金属配位中心的闭合环称为螯合环。最小的螯合环有三个原子。为了立体化学的讨论，以一个具有连接符号（^）标识的大写字母表示螯合配体的一个配位原子，其中（^）表示通过一个或者多个键来连接。有时，如果是通过一个很长的原子链进行连接，则用^^来表示。

L 代表一个不确定的配位原子，而 A、B 代表具体的供电子体（如 N、O、P)。在过去的 20 年间，有一类螯合物受到了人们广泛的关注，这类螯合物中至少有一个 σ - 供电子体原子是 sp^2 杂化或 sp^3 杂化的碳原子。这就是通常所称的环金属化配体，由此形成的配合物也就是环金属化配合物。

如果双齿配体（图 4.4）有两个相同的配位原子，就用 A^A 表示；如果是两个不同的配位原子，就用 A^B 表示；如果是两个一般的供电子体，就用 L^L 表示。在具体的情况下，区分这两种分别形成平面螯合环和非平面螯合环的配体是很有用的。在这种情况下，我们用 A ═A 表示平面螯合环，而用 A≈A 表示非平面螯合环。例如，2,2′ - 双吡啶用 A ═A 表示，而 1,2 - 二氨基乙烷，即配位化学中的乙二胺，则用 A≈A 表示。

多齿螯合物有许多不同的拓扑结构，将所有情况用一般的符号表示是不可能的，也是不现实的。在任意的具体情况中，可以使用类似于上面元素的具体符号进行表示。例如，A^A^A 既可以表示三联吡啶（图 4.4（c)），也可以表示二乙烯三胺（图 4.4（d)）。然而，A ═A ═A 可以明确表示三吡啶，但不能表示二乙烯三胺，它应该表示为 A≈A≈A。在每个具体情况中，配体通常情况下是要通过它的结构分子式来确定，但是因为许多配体分子的系统命名相当烦琐，所以通常用缩写来表示。近年来，已经有一些关于特别为高配位数设计的配体的报道[7]。

3）大环和笼形配体

有一类重要的配体，其配体自身中的原子可以形成一个封闭的环，它至少含有两个，多数情况下超过两个配位原子。这些配体形成的就是大环配体。

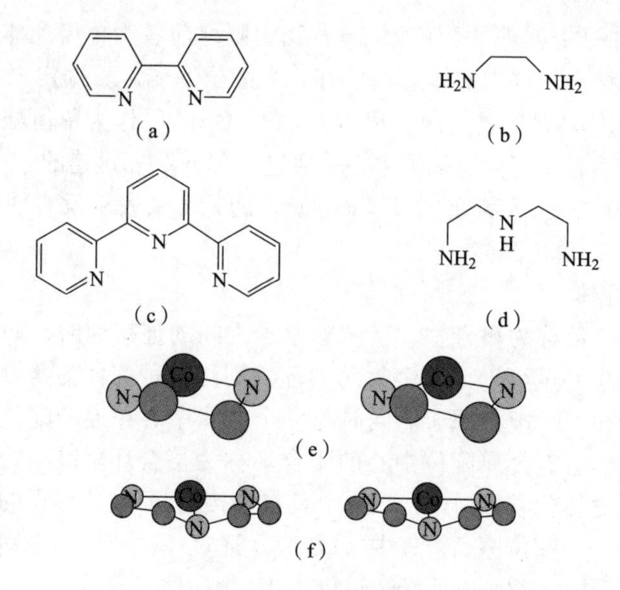

图 4.4　一些螯合物

(a) 2, 2′-双吡啶, bpy (A═A); (b) 1, 2-二氨基乙烷, 乙二胺, en (A≈A); (c) 2, 2′: 62″-三吡啶, terpy (A═A═A); (d) 二乙烯三胺, dien (A≈A≈A); 互为对映体对 (e) 和 (f) 分别显示了 [Co(en)] 和 [Co(dien)] 片段中螯合环的非平面性 (见 5.3.2 节)

常见的例子有亚铁血红素配体 (4.1)、冠醚类配体 (4.2) 和穴状配体 (4.3) 等。对于这些配体没有一个通用的表示方法。如果要明确指出环的大小，我们将在没有任何规范的情况下用缩写 ane 或 [n]ane 来表示大环配体 (4.4)。

有一类特殊的大环配体，这些配体的环中有一些直接与其配位原子相连的环。这类配体就叫作笼形配体。

如果笼形不是闭合的，则通常称这类配体为半笼形 (或者章鱼形，见第 5.7 节) 配体 (4.5)。

H_3C　$CHCH_2$　N　H_3C　CH_3　NH　HN　$HOOCH_2CH_2C$　$CHCH_2$　N　$HOOCH_2CH_2C$　CH_3

(4.1)

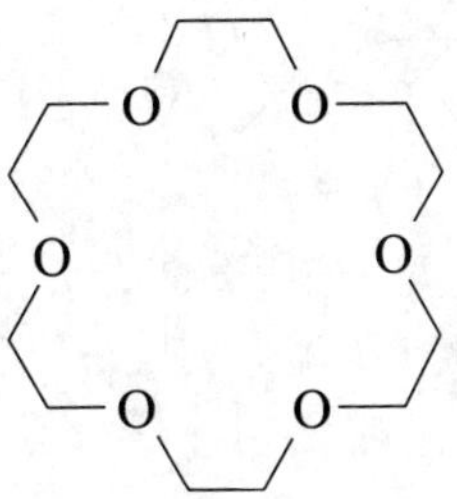

(4.2)

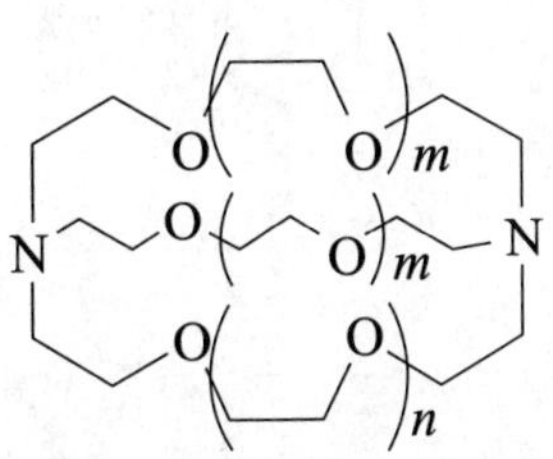

(4.3)

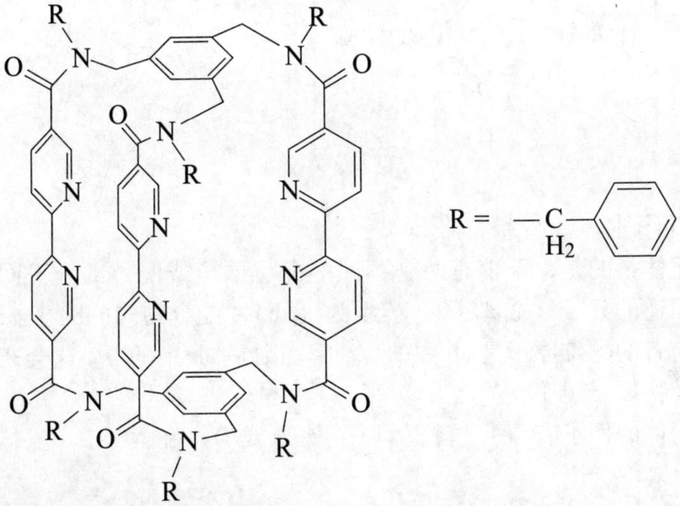

R = $-CH_2-C_6H_5$　(4.4)

4）桥联配体和多核配合物

如果一个配体同时与多个配位中心相连，我们称之为桥联配体。总体上说，它可以是上文提到的各种配体中的任何一种。根据命名法，在桥联配体分子式前面冠以字母 μ。含有超过一个金属配位中心的配合物称为多核配合物(双核、三核等)。(4.6) 给出了一些多核配合物的例子。

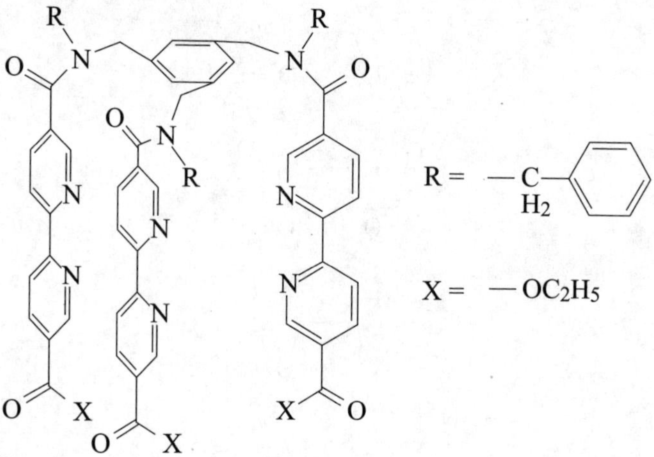

R = $—CH_2—C_6H_5$

X = $—OC_2H_5$

(4.5)

$$\left[(H_2O)_4Cr(\mu\text{-}OH)_2Cr(OH_2)_4\right]^{4+}$$

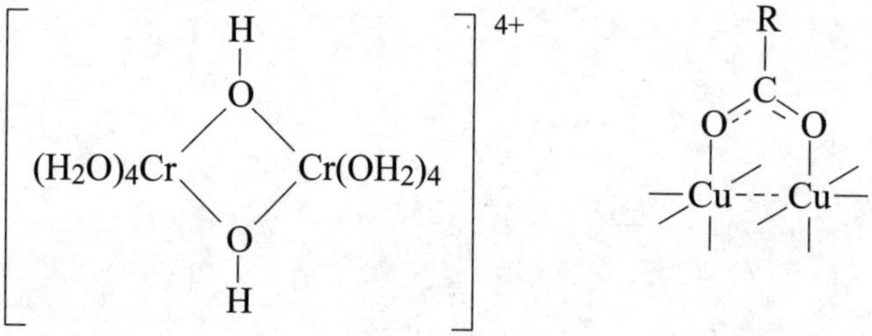

(a)

(b)

(4.6)

5）两可配体

两可配体指的是，至少有两个不同的配位原子或配位部分不同时与一个金属中心相连的分子（或离子），表示为（ab）。配合物 M(ab) 与 M(ba) 不同，因为前者的配位原子是 ab 中的 a，后者则是 ab 中的 b。这会产生一类特殊的同分异构体（见下文）。

两可配体的例子有 NO_2^-（配体原子是 N 或 O）和 NCS^-（配体原子是 N 或 S）(4.7)。

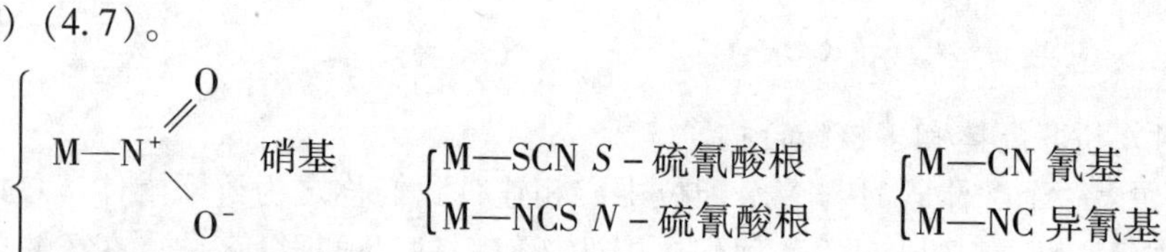

$M—N^+(=O)O^-$ 硝基
M—ONO 亚硝酸根

M—SCN *S*－硫氰酸根
M—NCS *N*－硫氰酸根

M—CN 氰基
M—NC 异氰基

(4.7)

6）变齿配体

变齿配体与两可配体的不同之处在于这类配体的两个配位部分是相同的。因此变齿配体可以用（aa）来表示。（Ⅰ）M(aa) 和（Ⅱ）(aa)M 这两类物质是很难区分的，但是可以观察到（Ⅰ）和（Ⅱ）之间的转变过程。(aa) 配体的例子有 O_2 和 N_3^- 这样的简单分子，以及茚三酮和四氧嘧啶这样的螯合物（4.8）。

三吡啶是另一种潜在变齿配体的例子，它既可以作为一种三齿螯合物又可以作为一种变齿配体（4.9），这两种配位方式都是已知的。

7）手性配体和非手性配体

以上提到的几类配体，除了 l_1（不可能是手性的）以外，当它们与金属配位中心分开时，不是非手性的就是手性的物种。除了特别说明以外，我们都默认配体是非手性的。如果配体是手性的，我们会用一个恰当的手性描述符号来表示它。

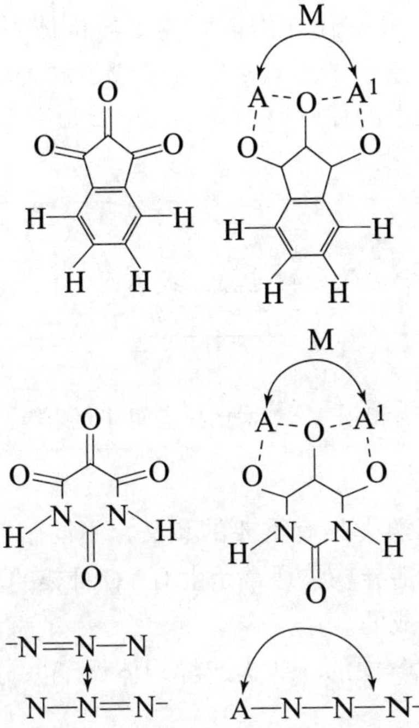

(4.8)

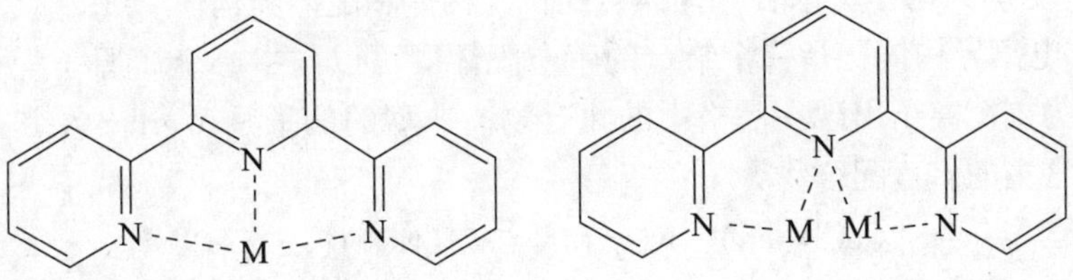

(4.9)

4.3　异构现象

4.3.1　概述

在分子学中，一个给定化合物的同分异构体通常定义如下：有相同的化学组成和分子质量，但是可以通过物理或化学方法加以区分的物质。这里所说的分子质量我们只考虑结构的单元质量。该定义把除了固体的多态性（同质多晶现象）以及由不同的同位素组成的分子以外的分子认为是同分异构体，后者可称为同位素分子。（更详尽的有关配合物化学中的异构化请参考 Harrowfield 和 Wild[8] 主编的 *Comprehensive Coordination Chemistry* 和更早期的 Buckingham[9] 处理类似问题的著作）

根据前边介绍的假定，即已经很好定义了考虑的分子单元（观察时间段是确定的）中的中心原子的连接方式。所有的同分异构体可以分为两类：结构异构体（构造异构体）和立体异构体（构型异构体）。构造异构体是原子的连接方式不同，如一些原子中心有不同数量或不同种类的配体（中心原子可以是所考虑的分子单元中的任意原子），而立体异构体有相同的结构，只是原子在空间的排列方式不同。

定义 4.1

构造异构体是分子中原子的键连接方式不同。

定义 4.2

立体异构体是指构造相同，但原子在空间中的排列方式不同。

构造异构体

构造异构体在配位化学中具有重要的意义，不同于在有机化学中的形成方式。在有机化学中，构造异构体通常是由 C—C 骨架的分支不同或官能团处于该骨架的不同位置而形成的。

Werner 已经对配位化学中的一些构造异构体做了区分（见参考文献［8］及其中引用的文献）。

1）电离异构体、水合异构体、配位异构体和配体异构体

• 电离异构体：指一个给定的带电配体既可以与中心金属原子配位，也可以作为抗衡离子出现在晶格中的化合物。典型的例子是 Werner 及其他人研究得非常多的 Co^{III} 配合物：

$$[CoCl_2(en)_2]NO_2 \text{ 和 } [CoCl(NO_2)(en)_2]Cl$$

或

$$[CoCl(NCS)(en)_2]NCS \text{ 和 } [Co(NCS)_2(en)_2]Cl$$

• 水合异构体：由于水在内配位层是常见的配体，但也很容易通过氢键作用键合在晶体中。众所周知的例子就是 Cr 配合物：

$$[CrCl_2(H_2O)_4]Cl \cdot 2H_2O \text{ 和 } [CrCl(H_2O)_5]Cl_2 \cdot H_2O$$

• 配位异构体：出现在配合物中的内配位层至少存在两种金属原子，它

们可以以不同的形式容纳至少两种不同的配体。举一个简单的例子：

$$[Cr(NH_3)_6][Co(CN)_6] \text{ 和 } [Co(NH_3)_6][Cr(CN)_6]$$

尽管化合物命名为电离、水合、配位同分异构体，但是从中得到的配位单元并没有相同的分子质量，因此从我们所定义的观点上来讲它们不是同分异构的。

• 配体异构体：这种异构的配体单元具有相同的化学组成和分子量，但配体之间的连接方式是不同的，（4.10）给出了配体异构体的例子[10]。

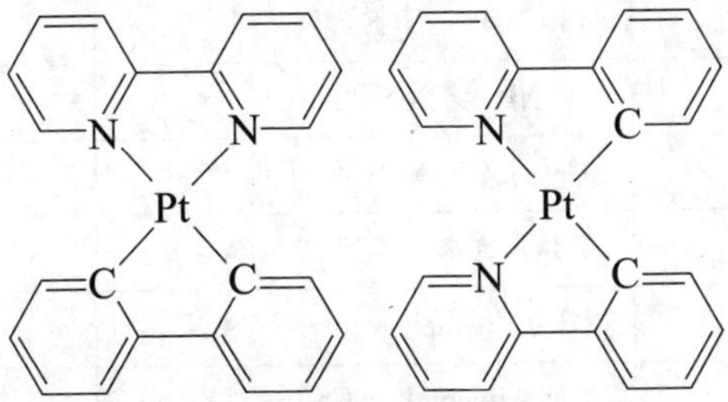

(4.10)

另一个配体异构的例子是三异构双核配合物，如（4.11）所示。

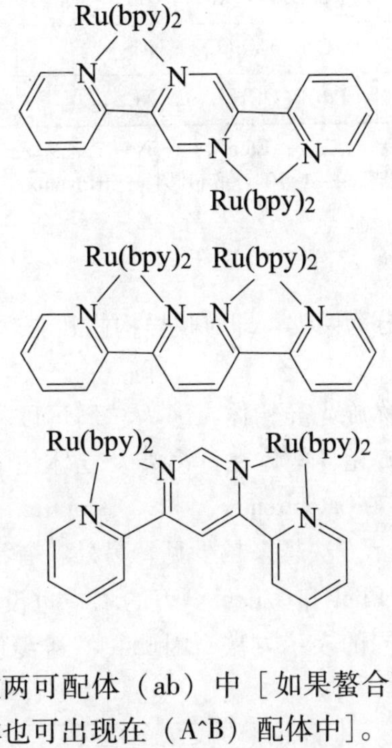

(4.11)

2）键合异构体

键合异构体出现在两可配体（ab）中［如果螯合配体仅以单齿配体形式参与配位，这种异构体也可出现在（A^B）配体中］。

已经有大量对不同两可配体形成的键合异构体的描述[11]，其中包括如下配体：NO_2^-、SCN^-、CN^-、DMSO、取代吡啶等。

这样的同分异构体往往能够产生关于金属与另一种配位原子的成键特性的重要信息。表4.2给出了一些例子。

表 4.2　关于配体 NO_2^-、SCN^-、CN^- 的键合异构体，详见文献 [11，12][a]

M—ONO and M—NO_2	M—SCN and M—NCS	M—NC and M—CN
$[Co(NH_3)_5NO_2]^{2+}$	$[Pd(As(C_6H_5)_3)_2(NCS)_2]$	$[Co(CN)_5CN]^{3-}$
$[Co(NH_3)_2(py)_2(NO_2)_2]^+$	$[Pd(bpy)(NCS)_2]$	$[Cr(H_2O)_5CN]^{2+}$
$[Co(en)_2(NO_2)_2]^+$	$[Cd(CNS)_4]^{2-}$	*cis*–a–$[Co(trien)(CN)_2]^+$
$[Rh(NH_3)_5NO_2]^{2+}$	$[Mn(CO)_5SCN]$	
$[Ir(NH_3)_5NO_2]^{2+}$	$[Ph(NH_3)_5NCS]^{2+}$	
$[Pt(NH_3)_5NO_2]^{3+}$	$[Ir(NH_3)_5NCS]^{2+}$	
$[Co(CH)_5NO_2]^{3-}$	$[Cr(H_2O)_5NCS]^{2+}$	
$[Ni(Me_2en)_2(ONO)_2]$	$[Pd(Et_4dien)NCS]^+$	
$[Ni(EtenEt)_2(ONO)_2]$	$[Pd(4,7-diphenylphen)(SCN)_2]$	
	$[Cu(tripyam)(NCS)_2]$	
	$[(C_5H_5)Fe(CO)_2NCS]$	
	$[(C_5H_5)Mo(CO)_3NCS]$	
	$[Pd(P(OCH_3)_3)_2(NCS)_2]$	

a：Me_2en：N,N－二甲基乙二胺；EtenEt：N,N－二乙基乙二胺；bpy：2,2′－联吡啶；4,7－diphenylphen：4,7－二苯基－1,10－邻菲啰啉；tripyam：三（2－吡啶基）胺（双齿配体）

立体异构体

立体异构体可明显分为两类，即对映异构体和非对映异构体。

1）对映异构体

对映异构体有时也称旋光异构体，因为它们可以将线型偏振光平面旋转在相反的方向。但是，旋光异构体在许多涉及立体化学的教材中总是显得用词不当[13]，因此提出了“Catoptromer”和“Catoptric”作为形容词的一种替代表述[14]，但是这种表示方法越来越少见。另外，有机化学中不用这种表示方法，在近期出版的由 Eliel 和 Wilen[15] 著的书中也没有出现这种表示方法。化学家应尽可能使用相同的表示方法，因此我们避免使用“Catoptromer”和“Catoptric”这两个词。

定义 4.3

对映异构体是指可以与其镜像的实现形式相互全等的一对分子中的一个分子。对映异构体不能与其自身的镜像的实现形式相全等。

从基本观点来看，通过空间反演得到的同分异构体不是真正的对映异构体，因为由于微弱的相互作用力打破了平衡，它们不是严格的简并。恰恰相反，在反物质世界中可以找到长期的对映体，如由反物质组成的空间倒置分子[16]。对化学而言这并不要紧，因为非简并性是极其小的，且反物质分子已经超过了化学家们在物质世界的研究范围。但这对生物体系中的同手型起源理论是很重要的（参考文献［15］，第209页），这种理论毫无疑问是非常有趣的，它提出了一个真正的智慧挑战。它们是，甚至可能一直是无法证实的假设，说明进化可能是一个独特的事件。

“手性的”，其同义词是Pasteur所使用的“不对称的”一词。其意义在于：“手性”是指对象与其镜像是可以通过镜面重叠的，而其无法与其镜像直接重叠[17-19]。我们更倾向于“手性”一词，因为它以一种积极的方式定义了目标的性质，而“不对称”的字面意思是“缺乏对称”。然而，手性物体可能会有某些对称元素。

对映异构体是一个二元现象，如果一个分子表现出对映异构性，就会存在一对对映异构体。这个概念与手性密切相关。

定义4.4

如果一个分子或者任何一个几何物体与它的镜像是不重合的，那么说它是手性的[20]。

因此，一个手性分子通常可存在两种形式，它本身和它的镜像形式。这两种形式互为对映异构体。之后将以不同的情况对手性描述符号进行讨论。由于一个手性分子的两个对映异构体通常将给定波长的线型偏振光平面向相对的两个方向偏转，可以把它们标记为（+）、（-）两种形式。因此如果对映异构体的绝对构型是已知的，可以用手性描述符标记，否则用（+）或（-）或两者一起表示。如果以具体方式使用（+）和（-），必须明确说明其所用的波长。

形容词“手性的”并不是指分子只呈现一种对映异构体形式。如果一种物质是由手性分子组成的，那么这两个对映异构体可以是$0\leqslant|ee|\leqslant1$（见下文）的任何组成，其中ee=0为外消旋体，ee=1为对映异构体纯的化合物。

2）非对映异构体

前面讲过，立体异构体不是非对映异构体就是对映异构体。因此，现在用否定句定义非对映异构体。

定义4.5

不是对映异构体的立体异构体是非对映异构体。

我们可以应用如下方案（4.12）（虚线连接表示肯定的决定）：分子中的

连接是相同的吗？分子的镜像与分子重合吗？

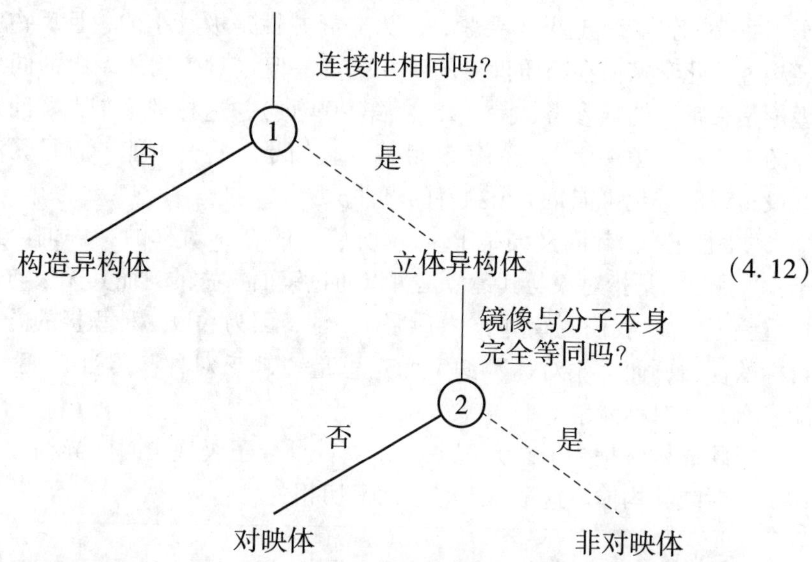

(4.12)

非对映异构体通常表现出很多不同的物理化学性质。因此，非对映异构体被定义为化学性质不同的化合物。非对映异构体经常被分为两类：构造异构体和几何异构体。如果不考虑几何异构体，其实它是一种不当的用词（因为“几何的”一词可以表示任何与几何学有关的意思，因此可以表示所有的立体化学），这种区别是很清晰的，因为它是以两种或多种异构体形式间的能垒不同为基础而区分的。尽管几何异构体仍是一个经常被配位化学家使用的术语，但它应该被更专业、更有意义的命名取代。在配位化合物中有许多不同种类的非对映异构体，我们将在随后的章节对其进行讨论。

在一些过渡金属络合物中存在一种相当特殊的非对映异构体类型，即多面体异构。有相同配位数的两个多面体具有相等的能量时，产生的异构体就称为多面体异构[21]或 allogons[8,22]。事实上，通常不容易确定是否存在多面体异构体，尤其是两个配合物的几何构型互变得很快时，特别是 TB－5/SPY－5 的情况，必须有充分的理由说明产生了多面体异构。但是在固体中，多面体异构是存在的，如 $[Ni(CN)_5]^{3-}$，它的固态中存在 TB－5 和 SPY－5[23]两种构型。这两种配合物中均连有 5 个 Ni—C 键，所以它们具有相同的连接方式，因此它们不是构造异构体，而是立体异构体。它们是非手性的，且显然是非对映异构体。

3）再次描述对映异构体

与非对映异构体相反，通常不认为一对对映异构体是不同的化学物质，因为它们在很多方面表现一致，可以分为以下三种不同情况：

- 对映异构体在手性环境中表现一致（同类分子不认为是环境的一部分）。
- 对映异构体在非外消旋手性环境中表现不同。
- 对映异构体在外消旋手性环境中对某一观测值给出相反的符号。一对对映异构体的任意一个分子都可以以不同的方式与外消旋手性环境的成分相互作用，这种相互作用服从两两一致的关系。

手性环境是一个具有手性组分的体系。如果它含有的手性相反的分子（若有多种手性分子，则是一类）的数目“完全”相同，它就是外消旋的；如果一个对映异构体占主导地位，则是非外消旋的。这种成分可以是分子或者是如圆偏振光子。

举例说明上述三种情况的含义：

(1) 假设一个手性化合物的一个或另一个（纯）对映异构体，它或以纯物质形式存在，或溶解在非手性分子组成的溶剂中（大多数溶剂均是这种情况）。然后将一个分子放在一个或是局部手性的（溶剂分子），或具有与分子本身（化合物的另一个分子）相同手性的环境中。很明显，在这些环境下，对一个手性化合物的两个对映异构体来说，它们的与手性指标无关的性质，如热力学性质、与非极化电磁场的相互作用（极化电磁辐射必须在一个特定的波长范围内，因为对它的极化有显著的影响），或者与非手性底物的化学反应性都是相同的。

(2) 手性化合物的两个对映异构体在非外消旋手性环境中表现出许多不同的性质。因此在非外消旋环境下，认为对映异构体是化学性质不同的化合物。最重要的非外消旋手性环境是生物界形成的。因此对映异构体通常在生物系统中有不同的表现，有时甚至会表现出极大的不同。药物检测机构已经意识到这个事实，他们认为对映异构体是化学性质不同的化合物，对映异构体混合物不是纯物质[24]。因此纯对映异构体的合成（EPC = 纯对映异构化合物）[25]是一项重要的任务，尤其是在制药工业中[26]更是如此。

在生命系统提供的非外消旋手性环境中，手性化合物的两个对映异构体的性质差异可表现为：不同的降解速率、不同的感官品质、偶发的诱变情况。目前，已知沙利度胺只存在一种对映异构体[15,27]。

(3) 最著名的对映体与外消旋环境的相互作用就是对映体与线型偏振光的相互作用，线型偏振光是左旋偏振和右旋偏振的外消旋体。一个对映体将光的偏振面（特定波长）旋转到一个方向，另一个对映体将相同数量的光的偏振面旋转到另一个方向。这就是著名的非外消旋手性化合物的光学活性。因此，一个纯对映异构体或者一个手性化合物的两个对映异构体的非外消旋混合物被称为光学活性物质。光学活性与手性是含义不同的。只有宏观样品具有光学活性（在给定的波长可能偶尔会失去旋转动力），它含有不同浓度的由手性分子组成的物质的（+）和（-）对映异构体。外消旋体不会旋转偏振光平面，因此它不能称为光学活性物质。

一个对映异构体与外消旋物的某一成分间具体的相互作用可能是化学反应性。成对的关系意味着下面的相互作用是相同的：$(+)_{溶质}/(+)_{环境} \equiv (-)_{溶质}/(-)_{环境}$，$(+)_{溶质}/(-)_{环境} \equiv (-)_{溶质}/(+)_{环境}$。

一个对映异构体相对于其具有相对的绝对构型的相应对映异构体的“污染”的纯度，通常由对映体过量值（ee）给出。它是一个量纲为1的值，定义为

$$\mathrm{ee} = \frac{X_{(+)} - X_{(-)}}{X_{(+)} + X_{(-)}}$$

或者如果以%给出ee，则将其值乘以100［$x_{(+)}$和$x_{(-)}$分别表示两个对映异构体的摩尔分数］。一般ee定义为$1 \geqslant \mathrm{ee} \geqslant 0$，即它往往指代主要的对映体。然而，有时需要给出整个组成范围内的ee值，这种情况下，ee值在-1［纯(-)形式］到0（外消旋体）再到+1［纯(+)形式］间变化。

对映异构体是互相之间有某些特殊关系的具有不同化学性质的化合物，这种特殊关系包括图像的对称性，该图像是把手性化合物在非手性环境中的可观测量的测量值作为ee的函数的图像。这种图像必须在ee=0时的外消旋体中才是对称的。这种图像的例子有对映异构体混合物的熔点和在非手性溶剂中的溶解度。这种对称性要求可以由三种不同形式满足。

(1) 外消旋混合物。

如果在对映异构体混合物的熔点图像和溶解性图像中有一个最低的熔点和最大溶解度（图4.5），则称这个外消旋体为外消旋混合物，它在ee=0时有低共熔点。

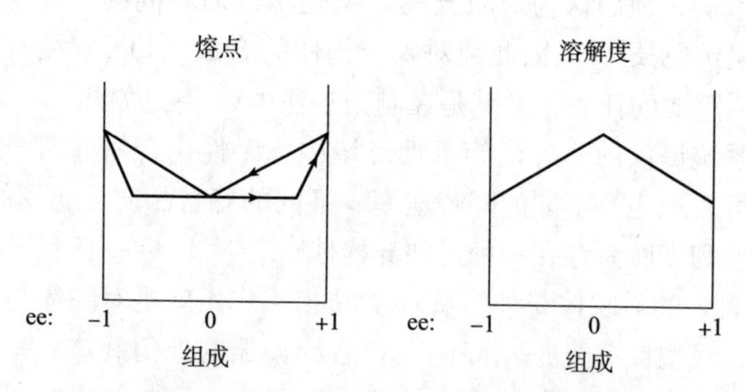

图4.5　外消旋混合物的相图和溶解度图（详细情况见参考文献［28］）

这种现象的热力学原因是外消旋体与对映体纯化合物（EPC）相比有较高的吉布斯自由能。在分子水平上，一个对映异构体的分子与相同的对映异

构体形成固体时，比其他的分子更易于相互作用。

外消旋体的结晶形式是（+）纯结晶和（-）纯结晶的宏观聚集体[29]，如 Pasteur 研究的著名的酒石酸铵钠。Bernal 等人[30,31]制备和研究了许多以聚集物形式结晶的配合物。1900 年 Edith Humpherey 制备的化合物就是一个代表物[32,33]。

(2) 外消旋化合物、外消旋变体。

如果将任一个对映体纯化合物加入到外消旋体时，体系的熔点降低，则认为后者是一种纯化合物，这种化合物常称为对映异构体的外消旋变体[28]。外消旋化合物和对映体纯化合物在同样的中间成分上形成两种低共溶混合物(图 4.6)，并且外消旋化合物的溶解度最小。

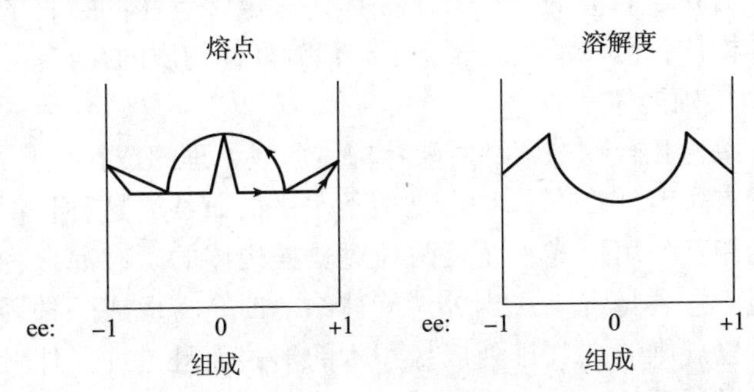

图 4.6　外消旋化合物的相图和溶解度图

在分子水平上，这意味着对映异构体与其自身之间的相互作用相比，它更容易和相反的绝对构型的分子形成相互作用。这种情况比在对映异构体的混合物中更常见。在外消旋化合物的晶体中，一个晶胞含有相同数目的两个对映异构体分子。

外消旋混合物和外消旋变体的规则晶体通常从含有外消旋体的溶液中结晶得到。外消旋体以晶体聚集物的形式结晶出来，该晶体属于非中心对称(或一般对映）空间群。然而属于对映空间群的手性物质的结晶并不一定表明该晶体中的分子是纯手性的[34]。如果一个晶胞中的分子数目是该空间群对称位置数目的偶数倍，那么该晶体可能含有一个外消旋化合物，即相等数目的两个对映异构体在该晶体中占据的是非对称等效位置[35]。即使对映空间群中晶胞中的分子数目是对称位置数目的奇数倍（>1)，也不能保证所有分子都是纯手性的。晶体中仍可能包含不同数目的手性相反的分子，这已在一些 Rh、Ir 和 Cu 等的配合物中观测到[36-38]。这种情况下，晶体中既不含外消旋化合物也不含对映体纯化合物，而是一个对映异构体的组合，因为它出现在了该晶体的晶胞中，即 $0 < ee < 1$。表现为上述方式的一种外消旋物质还是以聚集体的形式结晶，但不是由对映体纯化合物的晶体组成的结晶。表 4.3 给

出了固体状态下空间群的要求与化合物类型之间的关系。

表 4.3　手性分子固态空间群的特点之间的关系

体系类型	晶体状态空间群的要求
对映体纯化合物	对映空间群
外消旋混合物	两种对映异构体形成相同的空间群（聚集体）或者一种对映异构形式的所有分子是纯手性的，或者两种对映异构体的比值≠1
外消旋化合物	非对映空间群或对映空间群，晶胞中的分子数目是对称位置数目的偶数倍

但是，非对映空间群的手性分子晶体，一定含有相同数目的该手性分子的两种对映异构体，因此清楚地表明了外消旋变体物质的存在。

（3）外消旋固溶体。

如果一个手性化合物的两种对映异构体形成了理想或接近理想的固溶体，那么它们的熔点及溶解度图像将会是两条水平的直线。这种情况下，不存在某一种优先的相互作用形式，而且两种对映异构体的所有混合物具有相同的吉布斯自由能。这种情况下，当外消旋体结晶时，将形成一种固溶体。这类固溶体由晶胞以规则的方式排列成像积木的形式而且是纯晶体，但两种对映异构体的分布是错乱的。

4.3.2　配位化合物的手性和前手性

虽然手性的一般定义是直观明确的（在静态时，这种说法只与几何物体相关。如果考虑了时间相关现象，那么手性的定义就必须进一步细化[39]），但是许多与手性相关的概念并非那么简单。1874 年，van’t Hoff 和 Le Bel 对碳原子四面体模型的成功研究，为 1848 年 Pasteur 发现的手性化合物提供了简单的理论基础。自 1874 年以来，“不对称”碳原子（即根据定义，一个碳原子含有四个不同的配体）在手性有机化合物的研究中起到了关键的作用。在很长一段时间内，整个分子（手性）的特性与分子中心（不对称原子）的局部性质之间的联系引起了一些概念上的冲突。

早期已认识到一个相当明显的事实：在上述定义的意义上，分子手性绝不限于含有不对称原子的分子。不对称性，即除了恒等操作外不存在任何对称元素，并不是手性的必要条件。就分子对称性而言，必要条件可简述为：任何一个没有像转轴 S_n 的分子都是手性的，尽管可能存在任意阶的固有旋转轴。这在宏观模型中很容易观察到：n 叶螺旋桨（$n>1$）具有 n 重对称轴，它是一个手性结构。有实际重要意义的是 S_1 和 S_2 轴：具有镜像平面（$S_1=\sigma$）或反演中心（$S_2=i$）的分子不会是手性的。Werner 完全意识到了由不对称碳原子引起的手性和由八面体金属中心周围的螯合配体引起的手性之间的区别，因为在他的第一本关于手性金属配合物的刊物中谈及了该点。虽然一个 OC－6 配合物 $M(A\^A)_3$ 可能有（一般有）D_3 对称性，含有2个三重轴和3个二重对称轴，Werner 认为这样的金属配合物是“不对称原子”[40]。

如果考虑碳原子 $[C(a)(b)\{C_R(x,\ y,\ z)\}\{C_S(x,\ y,\ z)\}]$，就会产生一个很微妙的关于不对称原子的概念的难题，其中 R 和 S 是“不对称碳原子”常用的手性描述符（详见4.4节）。

虽然这种分子的中心碳原子是不对称的，根据通常的定义，一个不对称 T－4 原子有四个不同的配体，它位于一个包含配体 a 和 b 且平分 C_SCC_R 角的对称平面上，因此它不是一个手性中心。在这种情况下提出了假不对称碳原子的术语，但是真正可靠地说明这些问题，即所谓的“手性要素”直到1984年才出现。

Mislow 和 Siegel[41]认为立体异构与局部手性间的传统联系导致了概念的混淆。术语“立体中心”通常用来表示原来被称为不对称原子的 T－4 配位原子[42]。

“立体中心”概念比在有机化学中使用了很长时间的“不对称原子”概念更具有一般性。如果两个配体相互交换形成立体异构体，那么该分子的原子中心就是立体中心。若得到的立体异构体是一对对映异构体中的另一个，那么该原子就是一个手性中心。

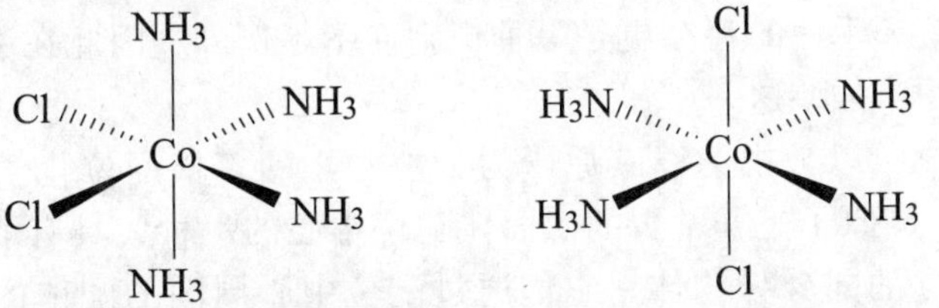

NH_3, Cl, NH_3, Co, Cl, NH_3, NH_3　　　　Cl, H_3N, NH_3, Co, H_3N, NH_3, Cl　　　　(4.13)

(4.13) 中位于中心的 Co 原子是立体中心[43]，但不是手性中心。交换 Cl^- 和 NH_3 分别形成顺式和反式非对映异构体[41]。为了区分这两种立体中心，提出了“手性位置性”概念。如果一个立体中心的对称点群中不包含对映旋转元素，则它是“手性位的”，否则就是“非手性位的”。(4.13) 中两个 Co 原子的位置对称性分别为 D_{4h} 和 C_{2v}，因此中心原子 Co 是“非手性位的”。任意真正的不对称 T－4 中心具有 C_1 位置对称性，所以它是“手性位的”。立体中心不一定是手性中心，但所有手性中心都是立体中心。

手性要素

产生对映异构现象的手性中心（空间中的点）的概念（分子中具有结构稳定的手性中心是分子具有对映异构现象的充分非必要条件），常常与 T－4 或 TPY－3 中心相联系（文献［15，P1194］）。它很容易被推广到高配位数

(CN)中心。所有只有单齿配体的手性单元都可认为是手性中心。换句话说，含有一个或几个螯合配体的配合物，可能存在任意阶的固有对称轴。

在有机化学中，手性的概念后来被推广到手性轴及手性平面，这些可以应用于没有手性中心的对映异构分子。图 4.7 给出了具有手性轴和手性平面的有机分子[15,1120-1121页]。

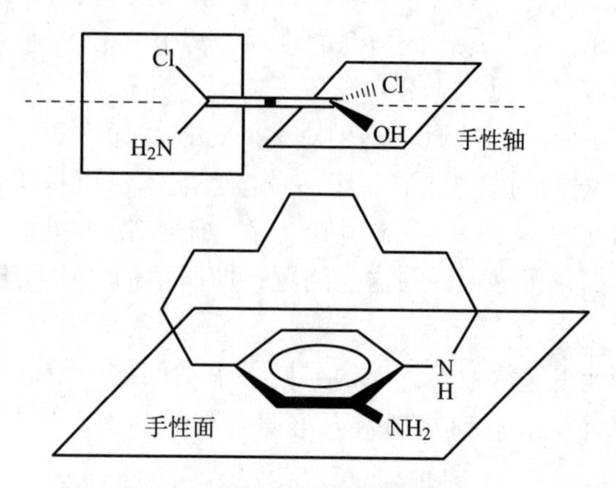

图 4.7 手性轴和手性平面的实例

三维空间（维数为 0、1、2）中的这三个手性要素在 Cahn、Ingold 和 Prelog 的经典出版物[44]，以及后来的出版物[45]中有所探讨。包含手性轴和手性平面的结构可被视为是螺旋形的。在配位化学中，大多数手性结构没有手性中心。螺旋形手性的存在更是一种规则而不是例外，因此在手性配合物的大多数研究中都强调这一点。

有机化学可以被视为以碳原子为配位中心的多核配位化学（一般为四面体配位）。碳原子是非常少的四面体配位中心的一种，具有取代惰性，能够形成可独立的同分异构体，它们通过配位中心周围的配体的分布加以区分。出于实际应用的目的，考虑手性要素对于有机化学非常重要，其中将分子分割为不同的子单元是一种常用的方式。配位化合物也经常被分割为几部分（这种分割是一个纯粹的形式化过程，与分子真实的化学分裂无关），最明显的分割就是首先分为中心金属和配体。在配位化合物中，手性可以来源于分子的不同部分，其原因可以是（图 4.8）：（1）简单配体的不同情况如：立体（不对称）碳原子和［Mabcdef］；（2）螺旋结构会在螯合配体包围在金属周围时形成；（3）螯合环中的手性构象；（4）由于非正常的对称性被破坏，因此在配合时变成手性的配体；（5）手性配体的配位；（6）与金属中心配位的两个配体互相打破了存在于每个单独配体中的非正常旋转要素。

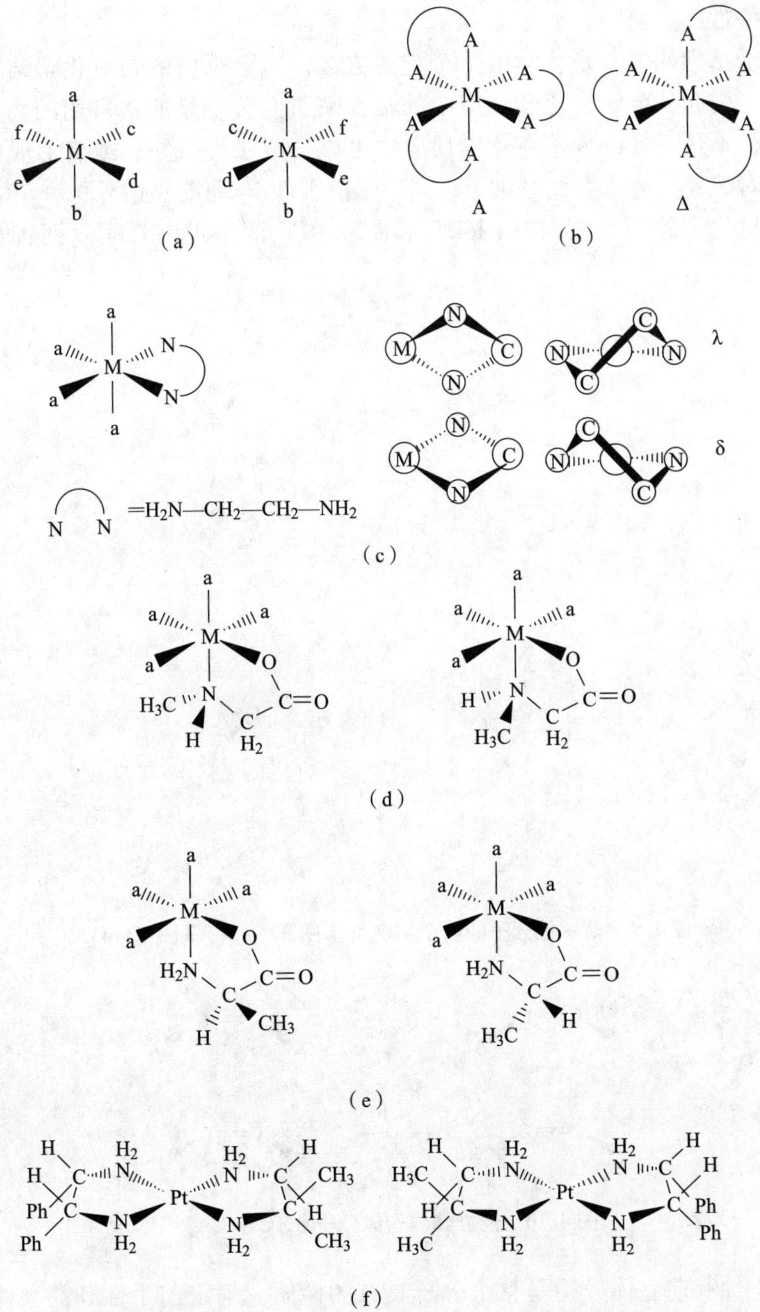

(a)

(b)

(c)

(d)

(e)

(f)

图 4.8　配位化合物手性的六种不同来源（摘自参考文献［46］）

(a)［Mabcdef］；(b)［$M(A\hat{}A)_3$］；(c) $M(en)a_4$；(d)［$M(A(R_1;R_2;R_3)\hat{}B)a_4$］；［M(sarcosinato)$a_4$］；(e)［M(alaninato)$a_4$］；(f)［Pt(isobutylenediamine)(mesostilbene－diamine)］$^{2+}$

前手性

分子结构的考察是化学的一个重要方面，但更重要的是对化学结构变换的考察。因此从分子在化学反应中的转变来研究分子是非常有用的。在某些情况下，不是手性的分子在化学反应中可以变成手性分子，或者形成两种或多种非对映异构体。在此基础上，产生了前手性[47]和前立体异构[15,p465]概念。摘自有机化学的两个实例（图 4.9 和图 4.10）清楚地解释了这两种概念的含义。

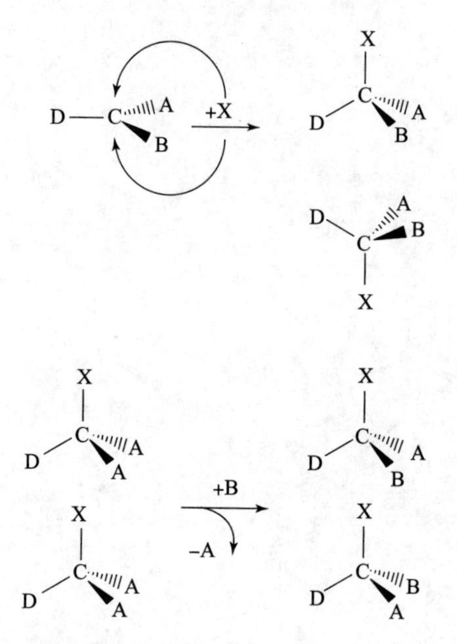

图 4.9　前手性分子的两个实例（上图 TP－3，下图 T－4）

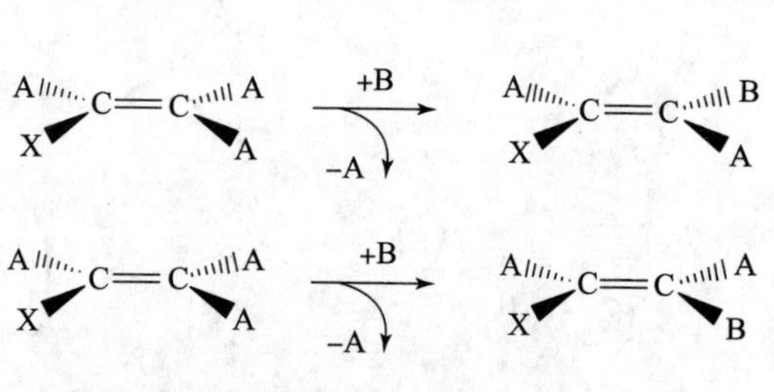

图 4.10　前立体异构体分子 AXC ═CA$_2$

前手性和前立体异构是整个分子具有的性质。确定前手性和前立体异构的要素（中心、轴和平面）也是有可能的[15,p466]。正如 Mislow 所述[41]，前手性要素的使用可产生与手性要素类似的问题，如不对称碳原子等。

通常，与大多数配合物的立体化学性质的研究一样，我们将从更全面的角度研究配位化合物。然而，在许多情况下将会用到局部对称性，特别是与配体构象和手性配体联系及前手性概念在配位化合物中的应用的情况，Mestroni 等[48]最近对此进行了研究。

4.4　立体化学命名法

分子科学研究的是高度多样化且往往很复杂的结构。用一个比较专业的术语来描述这一研究对象，即分子，是掌握化学的必要基础。首次化学国际会议，即 1892 年的日内瓦会议，主要处理了有机化学的命名问题，从此奠定了有机化学术语的基础，并发展到了今天。过去无机化学可能通常处理的是不太复杂的分子，但是在某些方面比有机化学更复杂。1921 年，国际纯粹与应用化学联合会（IUPAC）的无机化学命名委员会开始研究无机化学的命名问题。自从 1940 年第一条规则问世，IUPAC 就不断地发展无机化合物的命名体系。最近的出版是 1990 年的《无机化学命名的建议》[49]（也就是 *Red Book* 中的第一部分）。此书详细介绍了一些配合物和它们的立体化学结构（第 1 ~ 10 章）。1990 年美国化学会也出版了一本无机化学命名法的书[50]。在立体化学方面，它与 *Red Book* 的介绍极其相似，但并不是所有方面都完全一致。在立体化学命名法方面，这本书[50]包含一个非常有用的附录（图表 A. 2，p178 - 186），它以简明的形式给出了全面的立体化学描述符。Brown 等出版的一本著作[51]中提出的体系奠定了立体化学描述符使用的基础，并且又被他们扩展到更高配位数的配合物中[52,53]。系统化学命名法对理解某些观点具有很高的价值，但是对于实际的分子也可能变得非常冗杂。本章中，我们将集中讨论配位化学命名的某一方面，特别是立体化学方面，但我们不会把 IUPAC 官方制定的规则用于所有，甚至更复杂的情况。另外，我们将介绍诸如手性结构的“定向线参照系”这样的概念，它们不是 IUPAC 官方认可的。我们这样做是以实用性作为目的，并没有违背 IUPAC 或企图损害 IUPAC 官方委员会以后的决议。

立体化学描述符：仅有单齿配体[M(a)(b)(c)...]的单核配合物的立体化学描述符本质上由三种要素构成：①配位几何的多面体符号（在参考文献［50］中为对称位置术语）；②描述配体的非对映异构体排布的代码符号（一个数或一个定位词）（这个数在参考文献［50］中称为组态数，在 *Red Book* 中称为组态指数）；③指定绝对构型的手性符号。

对于螯合、大环、笼型等化合物，系统命名法需要更详细的规则。1990 年的 *Red Book* 中，仅给出了某些螯合物的命名规则（含有两个配位原子的配体在一般的用法中称为双齿配体“bidentate ligands”，在 *Red Book* 中称为“didentate ligands”），而没有给出大环化合物或更复杂物质的命名规则。上述三种要素对理解配合物单元的立体化学很重要，因此这里我们将讨论后两种要素。

多面体符号：第 3 章中已介绍了这些符号的重要性，这里我们再强调一次。这些符号一般未给出配位中心的位置对称性，而是一个 Muetterties[21] 观点上的理想几何构型。

组态指数：它是一系列指代配位多面体顶点上配体原子的相对位置的数字（这些数字的个数取决于配位多面体的形状）。对每一类多面体都必须将其意义具体化。一个独立的组态指数能够区分非对映异构体。组态指数基于单核配合物配体原子的优先数，它遵循 Cahn、Ingold 和 Prelog[44,45] 所建立的碳化合物的标准序列规则。这些规则常被称为 CIP 规则，具体如下：

通过比较配体成键的每一步，给与手性元素连接的不同配体编号，从手性元素开始，沿每一个配体的连续键，以及配体分支的键，首先沿着相应配体的最高位次的分支路径，用标准亚规则排序直到所有的配位原子都按此规则编号，即：

（0）距离轴的末端或面的边缘较近的优先；

（1）原子序数较高的次之；

（2）原子质量数较高的再次之。

对配合物应用 CIP 规则时，需结合以下四点：

（ⅰ）优先规则是一个一般用法，即对于任何配体单元均可用，并非仅针对手性元素。这一点对配合物尤其重要，因为也用此规则描述非对映异构体。

（ⅱ）对于单核配位作用的配体，亚规则（0）一般不重要。

（ⅲ）目前不需要后续出现的 CIP 亚规则。

（ⅳ）在配合物中（手性或非手性），配位原子的优先数经常相同。为了区别这些配体，给与最高位次配位原子相反的配位原子分配更高的编号。

规则（1）是 CIP 体系的基础。它主要用于给配体编号，我们举几个实例说明。

（a）化合物 $(PtBrClFI)^{2-}$ 很容易通过配体的原子质量编号（4.14）。

（b）在 TPY－3 中，孤对电子被认为是没有质量的虚拟配体。（PBrClF）的配体编号顺序如（4.15）所示，斜体数字表示包括虚拟配体在内的配体编号顺序。

（c）（4.16）中展示了 Pt^{IV} 的六混配化合物的配体编号顺序。

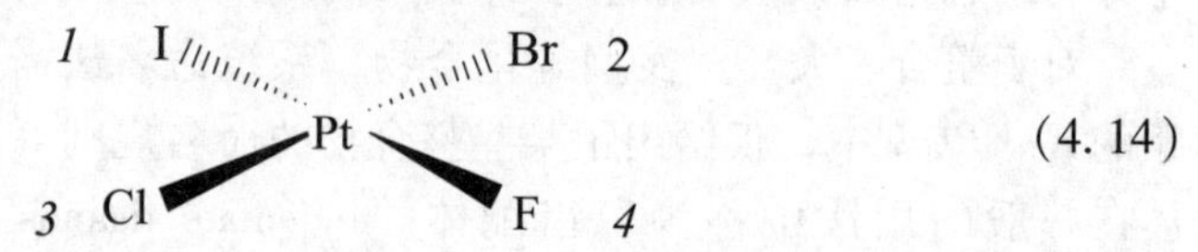

(4.14)

像这样配体原子相同的情况（此例中三个配位原子都是 N），要根据第二个配位层决定这三个配体的先后顺序。因此，NO_2 优先于吡啶，而吡啶优先于 NH_3。更复杂的情况则遵从图 4. 11 所示，从配位原子开始，彻底地考察每一个基团。在这一方案中，配位层的表示形式是最高优先级的配体在每一分支的顶部。对于不饱和体系，必须引进虚拟原子（分别表示为 C000 和 N00），这样，C000 - N00 被加到双键上。C000 成为 N 的新配体，N00 成为 C 的新配体。与虚拟原子连接的原子占有所有可能化合价结构的平均优先数。从最高优先数开始一个接一个，对每个不同分支中的三个不同的原子进行比较。如果无法确定原子编号，从最高优先级的分支开始，将树图进一步延伸。如果仍不能确定优先数，则采用反最大原则，即在最大优先数的反位的配体比顺位的配体具有更高的优先数。

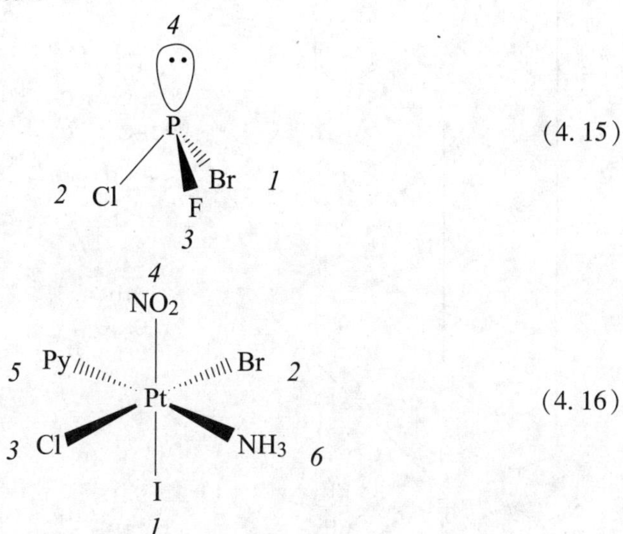

(4. 15)

(4. 16)

根据这些规则，不超过 3 个数字的独立结构指标可定义为 CN≤6。

尽管国际化学研究委员会不再提倡其他区别非对映异构体的方法，但它们在配位化学中仍然应用普遍，并可能被继续沿用下去。如在 SP - 4 和 OC - 6 配合物中的顺式和反式，以及 OC - 6 中的经式和面式（图 4. 12）。因为这些前缀是非常方便而且明显的符号，所以我们在讨论一些特殊的结构时仍将沿用它们。

手性符号：手性物质的一分为二原则上需要一个二重参照系，在该系统中可以用一些明确的规则表示对映异构体结构。然而，从实践的角度来看，通过参照系获得一些与所考虑的分子结构有关系的性能系则显得尤为重要。为了命名手性化合物，将手性符号分成三种类型：①根据优先规则命名的符号，即所谓的操向轮参照；②根据交叉线规则命名的符号；③根据定位线参考规则命名的符号。

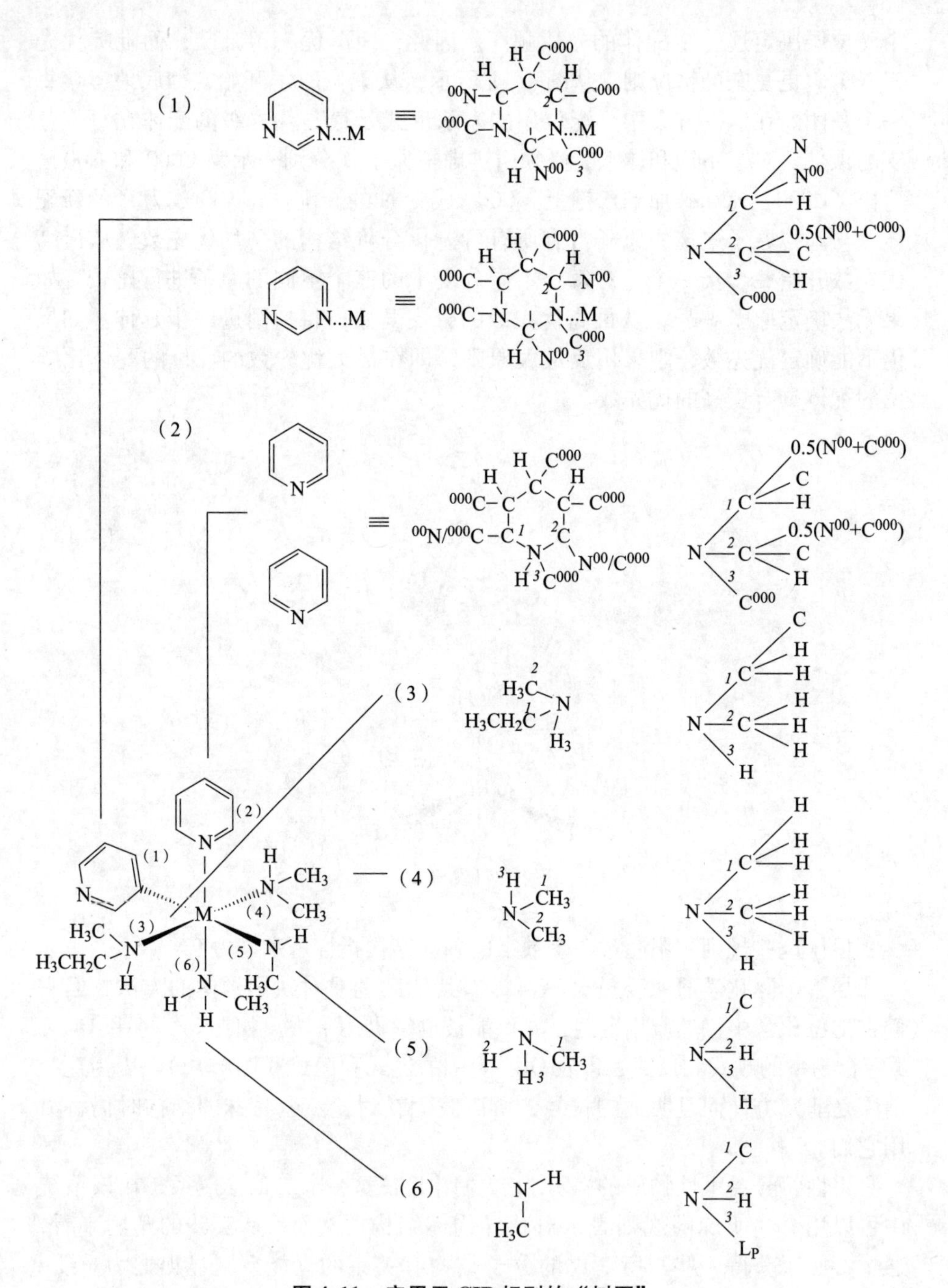

图 4.11 应用于 CIP 规则的“树图”

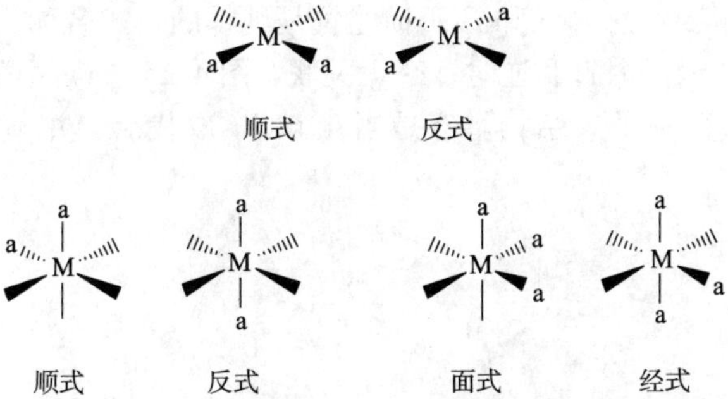

顺式　　反式

顺式　　反式　　面式　　经式

图 4.12　SP－4 和 OC－6 配合物的结构描述符

4.4.1　操向轮参照系统

Cahn、Ingold 和 Prelog（CIP）规则最初是为含有 T－4 手性原子的碳化合物建立的[54]。一对手性的两个对映异构体分别用符号 *R*，*S* 来标记。*R* 表示的对映体，从碳原子向最低优先级的配体看去，编号是从最高优先级的配体开始以顺时针方向进行的，而 *S* 则正好相反。图 4.13 给出了 T－4 结构的这两种形式及一个实例。

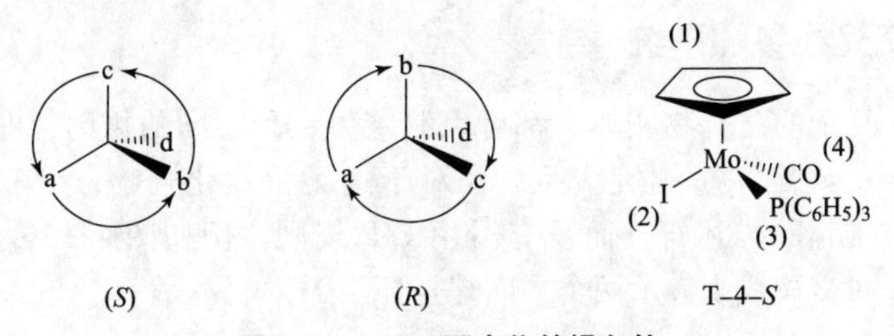

图 4.13　T－4 配合物的操向轮

（Reisner 等[55]解决的一个例子）

类似的规则可应用于其他多面体结构。为避免混淆，*R* 和 *S* 仅用于 T－4 结构，而其他结构一般用 *C*（顺时针）和 *A*（逆时针）表示。图 4.14 给出了具体的规则和实例。

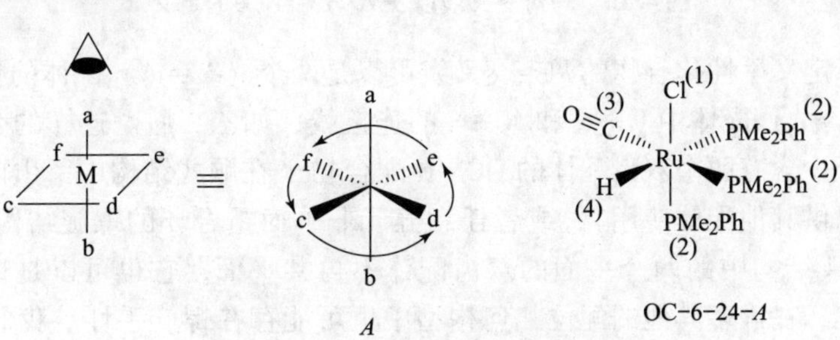

A　　OC-6-24-*A*

图 4.14　OC－6 配合物的操向轮

（所给例子的手性符号是 *A*）

重要的是，要注意 *R*/*S* 和 *C*/*A* 描述符是纯粹的正式名称，与我们日常生活中的左和右以及顺时针和逆时针毫无关联。图 4.15（a）中的 T－4 中心为 *R* 结构，而（b）中是 *S* 结构。但是当 T 被 Br 取代后，并不会发生真实的反转。

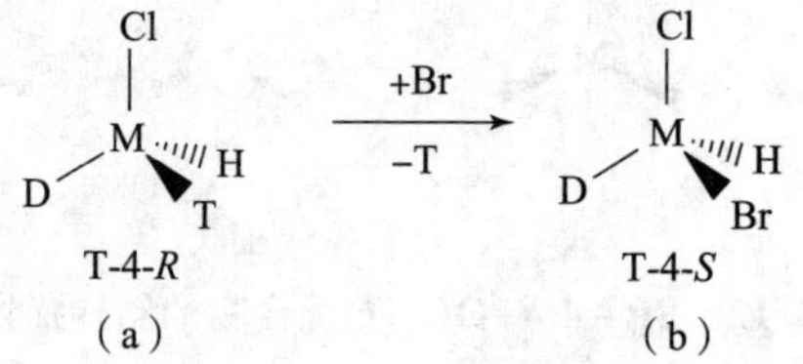

Cl　M　D　H　T　T-4-*R*　（a）　+Br　−T　Cl　M　D　H　Br　T-4-*S*　（b）

图 4.15　T－4 中心的假转变

（描述符从 *R* 变化到 *S*，但取代只发生了一个配体的简单交换）

我们称图 4.15 描绘的这一从 *R* 到 *S* 的转变为假转变。在一个假转变中，尽管发生的转化只是一个简单取代，即引入的配体占据了取代配体的位置，但手性描述符号发生了改变。理论上，假转变往往可能发生在 T－4 中心的取代中。

4.4.2　交叉线参照系统

对任一复杂的配合物实体，都可以制定另一种不同的规则，即通过两条交叉线来唯一确定一个螺旋线系统。对于这类手性化合物，一般使用受到 IUPAC 官方推荐的描述符，而没有沿用 CIP 规则。例如图 4.16 的手性结构中，可用一对交叉线来表示两个平面螯合环。

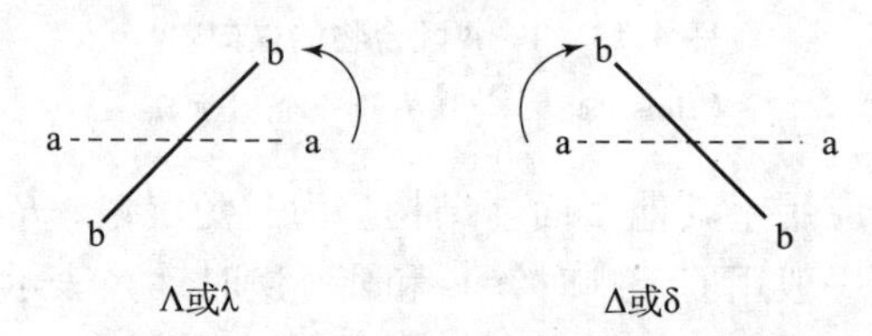

图 4.16　一对交叉线以及 Δ/Λ 和 δ/λ 的定义

用于定义手性化合物的两条交叉线可以是两个（A＝A）配体的投影或者一个（A≈A）配体中 C⋯C 和 N⋯N 的连接线，如乙二胺。这样的交叉线可以定义至少含有两个双齿配体的 OC－6 配合物（在顺式结构中留出两个配体的位置以供其他配体使用），或者任意五元非平面螯合环的螺旋结构。而且，如果 T－4 结构中的两个平面的双齿配体不再共平面，它也可以是螺旋手性的。当然，在许多其他的配位几何构型中也可能存在螺旋手性。我们用 Δ 和 Λ 来标记涉及所有配位单元的手性螺旋线，用 δ 和 λ 标记由螯合环构象导致的手性（参见第5.3.2节）。这些手性描述符与一些常见的宏观手性物质有直接的联系（Δ和δ对应右手螺旋），而*R*/*S*和*C*/*A*描述符是表示物质手性的正式方法。尽管在理论上，我们经常使用正式的命名法，但实际上这两种命名法没有直接关系。

4.4.3 定向线参照系统

在有些情况下，第三种参照系比操向轮或交叉线规则更有用，它就是定向（斜）线参照系[56]。这种参照系统是通过两条定向线来定义手性描述符的(图4.17)。

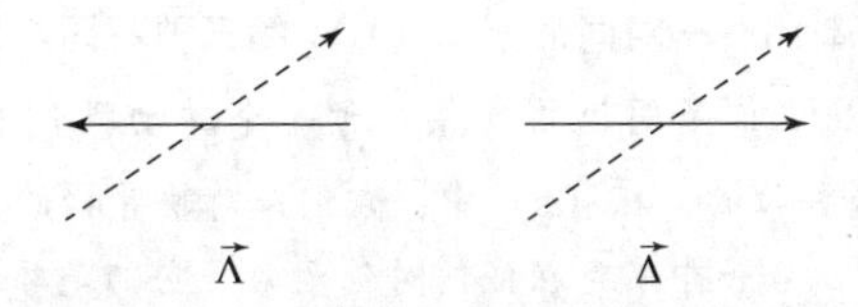

图4.17 一对定向线与$\vec{\Delta}$和$\vec{\Lambda}$的定义

与交叉线系统类似，定向线参照系统的标记符号分别是$\vec{\Delta}$和$\vec{\Lambda}$。如果一条线的方向发生改变，这个体系的手性就随之发生改变，但如果两条线的方向同时发生改变，该体系手性是不变的。与交叉线系统不同的是，当两条线互相垂直时，定向线系统仍然是有手性的。当绕这一连接两条线的互相正交的轴转动其中一条线时，手性的变化周期在定向线系统中是2π角度，而在交叉线系统中是π角度。在定向线系统中，除了反平行取向以外，往往还有一个C_2对称轴（C_2对称群），以及一个反演中心和一个对称面（C_{2h}对称群）。

当交叉线系统不适用时，即如果两条线互相垂直（但分子仍是手性的），或者其给出的结果比较模糊时，我们就用定向线系统分析。

关于其他的立体化学概念：在过去的30年里，有机化学中出现了一些关于立体异构现象的立体化学概念，这些概念在许多方面极具价值。导致这些进步的推动力无疑是核磁共振光谱学研究的巨大发展和广泛应用。只要涉及有机配体的立体化学特性，配位化学和有机化学在很大范围上是重叠的，因此这些概念与该领域的发展息息相关。被广泛应用于配位化学但超出了传统有机化学范围的CN>4的元素，其立体化学领域开始出现类似的概念[48]。Eliel和Wilen[15]给出了有机化学中该领域的发展历史和最新的介绍文献（第8章），感兴趣的读者可参阅引用的两本出版物。这里，我们仅从其在配位化合物中的应用方面讨论最基本的概念。

立体异构现象的基础在4.3.2节已经给出，在这里我们还有必要介绍几个概念。如果从配合物中心分离后，两个配体是等价的，就称这两个配体是同态的。同态配体可分为同位配体和异位配体，其中异位配体可以是对映异构的或非对映异构的。同位配体/异位配体和对映异构/非对映异构不仅适用于配体，也可用于平面分子。这等同于将一个平面分子看作被两个没有质量的配体占据，通常称之为虚拟配体。显然虚拟配体是同位配体。把 OC－6 配合物作为定义的基础，我们可以用纯拓扑方法来介绍这些概念（图 4.18）。

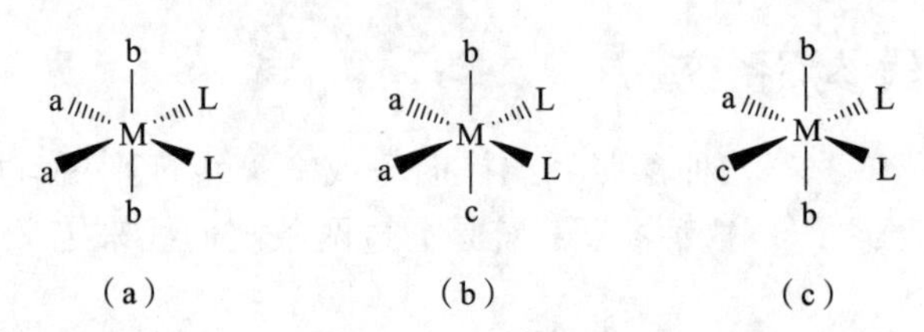

图 4.18　一对同形配体 $(L)_2$ 的三种不同类型

（在结构（a）中，它们是同位的（相对于一个转动操作 C_2）；在结构（b）和（c）中，它们是异位的，在（b）中，它们是对映异构的（相对于一个对称面 C_s）；在（c）中，分子中不存在任何对称元素，它们是非对映异构体）

以图 4.18 中的 OC－6 配合物（a）$[Ma_2b_2L_2]$、（b）$[Ma_2bcL_2]$、（c）$[Mab_2cL_2]$ 的两个 L 配体为例，它们显然是同位的。在（a）、（b）中，它们是等价的，可以分别通过对称操作互相交换。在（a）中，两个配体属于 C_{2v} 对称群，通过转动 C_2 轴，使其平分 L－M－L 夹角或关于与 Ma_2L_2 平面垂直的镜面映射，可以交换两个 L 的位置。在（b）中它们属于 C_s 对称群，只能通过镜像平面交换两个 L 的位置。而在（c）中，两个 L 配体位于 C_s 对称分子的平面内，但经过任何对称操作都不可能交换两个 L 的位置。如果以一个新的 L′取代两个 L 配体中的一个，（a）可以得到两个等价的分子，（b）可以得到一对对映异构体，而（c）得到的是两个非对映异构体。因此，（a）中的两个配体是同位配体，而（b）、（c）中的两个配体是异位配体。在（b）中它们是对映异构体，在（c）中是非对映异构体。以上给出的对称性准则可归纳如下：

• 如果能通过对称轴的旋转而互相交换位置，我们称这两个配体为同位配体；

• 如果在旋转对称轴的情况下仅能实现配体位置的交换，而不能实现整体交换位置，我们称这两个配体为对映异构体；

• 如果上述两者都不能实现，我们称这两个配体为非对映异构体。

在图 4.18（b）所示的化合物中，通过取代非手性配合物的两个同态、对映异构的配体中的一个，产生了一个手性配合物，后者称为前手性。前手性分子要求有对映异构配体（包括虚拟配体），因而相应地要求有非旋转的对称元素。从这些考虑中可得出两个结论：①一个分子可以是前手性的或手性的，但不能同时具有两种性质；②手性分子中的异位配体必须是非对映异构的。以后涉及立体异构时，我们将进一步讨论前手性化合物。

4.5　立体化学用语

在一个给定的科学领域，术语和语言是有明显区别的。前者体现在一系列由一些国际委员会（化学界一般为国际化学研究会）为命名某一科学领域的物质而详细制定的规则。配位化学涉及了许多其他的化学领域，尤其与有机化学密切相关，因此建立这些规则是很艰巨的任务。在现代化学中，一套有针对性的命名规则尤为重要，因为它可以作为一种使用计算机在巨大的现有数据库中进行资料检索的途径。一些期刊对出版物中的官方命名要求很严格，有的要求则相对较松。然而，实际上不可能总是使用官方的系统命名，尤其是在日常使用语言中。因此化合物的命名变得极其复杂，特别是缩写是不可避免的，实际上也是非常必要的。

今天化学的发展已达到一个新的水平，传统的命名法则已不再适用，因为在许多实际情况中命名变得太过复杂。建立一种新的方法非常可取，如可以根据结构式进行计算机自动编码。毋庸置疑，这种方法将在 21 世纪的某个时候取代传统的系统命名法。

另一种区分化合物或分子类型的方法就是用数字标记，而不是命名，即化学文摘社用 CAS 号建立的体系。这也许是区分分子的最简便的方法，因为借助这个系统，我们可以用一个简单的数字从数据库得到所有的信息。但是怎么确定一个给定分子的数字仍是一个问题，因此这种命名法也是有一定局限性的。

另一个问题是术语的用法。由于科学的发展，用于描述事实的术语也要发展。一些已经牢固建立了很长时间的术语，突然被新的更好定义的术语替代了。一个典型的例子就是不对称或手性原子。自从 Pastour 之后，不对称被广泛应用于有机化学中碳原子与四个不同配体配位的情况，但 Werner 在 OC－6 钴配合物中也用不对称描述手性。目前，由于不同的合理的原因，立体中心优于不对称碳原子[41]。像早期提到的一些其他的概念，如“几何学”“不对称”，随着发展也将失去它们的用法。其他的，如“catoptromers”或者“allogons”，尽管在逻辑上和原则上是有用的，但仍没有得到相应科学界的认可。

为了应对这些问题，附录Ⅲ中给出了配体的常用缩略语以及它们的结构式，附录Ⅱ中给出了一个立体化学的术语表，因为在本书中要使用到。

参考文献

[1] Cotton, F. A., *Chemical Applications of Group Theory*, 2nd edn, Wiley, Chichester, 1971.

[2] Bethe, H. (1929), *Ann. Phys.*, **3**, 133 – 208.

[3] Atkins, P. W., Child, M. S. and Phillips, C. S. G., *Tables for Group Theory*, Oxford University Press, New York, 1990.

[4] Anet, F. A. L., Miura, S. S., Siegel, J. and Mislow, K. (1983), *J. Am. Chem. Soc.*, **105**, 1419 – 1426.

[5] Flurry, R. L., Jr (1981), *J. Am. Chem. Soc.*, **103**, 2901 – 2902.

[6] Jørgensen, C. K., *Oxidation Numbers and Oxidation States*, Springer, Berlin, 1969.

[7] Schauer, C. K. and Anderson, O. P. (1988), *Inorg. Chem.*, **27**, 3118 – 3130.

[8] Harrowfield, J. M. and Wild, S. B., in *Comprehensive Coordination Chemistry*, G. W. Wilkinson (Ed.), Vol. 1, Pergamon Press, Oxford, 1987, pp. 179 – 212.

[9] Buckingham, D. A., *Structure and Stereochemistry of Coordination Compounds*, in *Inorganic Biochemistry*, Vol. 1, Elsevier, Amsterdam, 1973, pp. 3 – 62.

[10] Cornioley – Deuschel, C. and Von Zelewsky, A. (1987), *Inorg. Chem.*, **26**, 3354 – 3358.

[11] Burmeister, J. L. (1968), *Coord. Chem. Rev.*, **3**, 225 – 245.

[12] Burmeister, J. L., in *The Chemistry and Biochemistry of Thiocyanate Acid and Its Derivatives*, A. A. Newman (Ed), Academic Press, London, 1975.

[13] Prelog, V., in *ACS Symposium Series*, B. Ramsey (Ed.), Vol. 12, American Chemical Society, Washington, DC, 1975, pp. 179 – 188.

[14] Buckingham, D. A., Maxwell, I. E. and Sargeson, A. M. (1969), *J. Chem.* Soc., *Chem. Commun.*, 581 – 583.

[15] Eliel, E. L. and Wilen, S. H., *Stereochemistry of Organic Compounds*, Wiley – Interscience, New York, 1994.

[16] Barron, L. D. (1986), *Chem. Phys. Lett.*, **123**, 423 – 427.

[17] Pasteur, L. (1848), *Ann. Chim.*, **24**, 459 – 460.

[18] Saito, Y. (1978), *Top. Stereochem.*, **10**, 95 – 174.

[19] Saito, Y., *Inorganic Molecular Dissymmetry*, *Inorganic Chemistry Concepts*,

Vol. 4, Springer, Berlin, 1979.
[20] Lord Kelvin, in *Baltimore Lectures*, Cambridge University Press, Cambridge, 1904.
[21] Muetterties, E. L. (1970), *Acc. Chem. Res.*, **3**, 266 - 273.
[22] Kilbourn, B. T., Powell, H. M. and Darbyshire, J. A. C. (1963), *Proc. Chem. Soc.*, 207 - 208.
[23] Raymond, K. N., Corfield, P. W. R. and Ibers, J. A. (1968), *Inorg. Chem.*, **7**, 1362 - 1372.
[24] De Camp, W. H. (1989), *Chirality*, **1**, 2.
[25] Halevi, E. A. (1992), *Chem. Eng. News*, **70**, 2.
[26] Stinson, S. C. (1992), *Chem. Eng. News*, **70**, 46 - 76.
[27] Rotheim, P. (1992), *Chem. Eng. News*, **70**, 3.
[28] Collet, J. -J., A. and Wilen, S. H., *Enantiomers*, *Racemates and Resolutions*, Wiley, New York, 1981.
[29] Bernal, I. (1992), *J. Chem. Educ.*, **69**, 468 - 469.
[30] Bernal, I., Cai, J. and Myrczek, J. (1993), *Polyhedron*, **12**, 1157 - 1162.
[31] Bernal, I., Myrczek, J. and Cai, J. (1993), *Polyhedron*, **12**, 1149 - 1155.
[32] Bernal, I. and Kauffman, G. B. (1987), *J. Chem. Educ.*, **64**, 604 - 610.
[33] Bernal, I. and Kauffman, G. B. (1993), *Struct. Chem.* **4**, 131 - 138.
[34] Bernal, I., Cetrullo, J., Myrczek, J., Cai, J. and Jordan, W. T. (1993), *J. Chem. Soc.*, *Dalton Trans.*, 1771 - 1776.
[35] Haupt, H. J. and Huber, F. (1978), *Z. Anorg. Allg. Chem.*, **442**, 31 - 40.
[36] Albano, V. G., Bellon, P. and Sansoni, M. (1971), *J. Chem. Soc. A*, 2420 - 2425.
[37] Albano, V. G., Bellon, P. L. and Sansoni, M. (1969), *J. Chem. Soc.*, *Chem. Commun.*, 899 - 901.
[38] Albano, V. G., Ricci, G. M. B. and Bellon, P. L. (1969), *Inorg. Chem.* **8**, 2109 - 2115.
[39] Barron, L. D. (1986), *J. Am. Chem. Soc.*, 108, 5539 - 5542.
[40] Werner, A. and Vilmos, A. (1899), *Z. Anorg. Allg. Chem.*, **21**, 145 - 164.
[41] Mislow, K. and Siegel, J. (1984), *J. Am. Chem. Soc.*, **106**, 3319 - 3328.

[42] Macomber, R. S. (1994), *Chem. Eng. News*, 72, 2.
[43] McCasland, G. E., Horvat, R. and Roth, M. R. (1959), *J. Am. Chem. Soc.*, **81**, 2399 - 2402.
[44] Cahn, R. S., Ingold, C. and Prelog, V. (1966), *Angew. Chem.*, *Int. Ed. Engl.*, **5**, 385 - 415.
[45] Prelog, V. and Helmchen, G. (1982), *Angew. Chem.*, *Int. Ed. Engl.*, **21**, 567 - 583.
[46] Mills, W. H. and Quibell, T. H. H. (1935), *J. Chem Soc.*, 839 - 846.
[47] Hanson, K. R. (1966), *J. Am. Chem. Soc.*, **88**, 2731 - 2742.
[48] Mestroni, G., Alessio, E., Zassinovich, G. and Marzilli, L. G. (1991), *Comments Inorg. Chem.*, 12, 67 - 91.
[49] Leigh, G. J., *Nomenclature of Inorganic Chemistry*, Blackwell, Oxford, 1990.
[50] Block, B. P., Powell, W. H. and Fernelius, W. C., *Nomenclature of Inorganic Chemistry Recommendations*, ACS Professional Reference Book, American Chemical Society, Washington, DC, 1990.
[51] Brown, M. F., Cook, B. R. and Sloan, T. E. (1975), *Inorg. Chem.*, 14, 1273 - 1278.
[52] Brown, M. F., Cook, B. R. and Sloan, T. E. (1978), *Inorg. Chem.*, 17, 1563 - 1568.
[53] Sloan, T. E., in *Topics in Inorganic and Organometallic Stereochemistry*, G. L. Geoffrey (Ed.), Vol. 12, Wiley, New York, 1981, pp. 1 - 36.
[54] Cahn, R. S., Ingold, C. and Prelog, V. (1956), *Experientia*, **12**, 81 - 94.
[55] Reisner, G. M., Bemal, I., Brunner, H. and Muschiol, M. (1978), *Inorg. Chem.*, **17**, 783 - 789.
[56] Damhus, T. and Schäffer, C. E. (1983), *Inorg. Chem.*, **22**, 2406 - 2412.

第5章

单核配位单元的拓扑立体化学

5.1 仅含有非手性单齿配体的配位单元中的配位多面体和异构体

5.1.1 配位数为2和3

具有 L－2，A－2，TP－3 多面体特征的配合物，没有表现出特殊的立体结构，因此不作进一步的讨论。

TPY－3 这种情况对于金属配位中心是很少见的。但它对于第 15 族的非金属元素是非常重要的。从拓扑立体化学的观点看，它与 T－4 结构紧密相关，事实上，它们是同晶型的。通常使配位数 CN＝3 的分子成为非平面的孤电子对，可以当作一种特殊的配体，称之为“虚拟”配体。因此，可以把 TPY－3 看作是以 *lp* 为最低优先数的配体的 T－4 构型。

5.1.2 配位数为4

T－4 众所周知，从拓扑的角度描述配位单元的特征一般需要三个基本要素，而对于 T－4 构型，四个配体互不相同时只需要两个要素：多面体符号和手性描述符。由于单核 T－4 配位中心不会产生非对映异构体，因此不需要构型指标。根据 CIP 规则，手性的描述符分别为 *R* 和 *S*。从 M 开始沿伪三重轴向最低优先级的成键原子（d）看去，如果三个配体 a、b、c（以它们的优先级排序）以顺时针方向排列，其构型为 *R*；反之则为 *S*。

正如已经提到的，金属 T－4 配位中心几乎在所有情况下（除了下面讨论的假想四面体 cp 配合物）都是取代不稳定的，而碳 T－4 中心几乎总是取代惰性的。因此，这种几何构型的金属中心不像已知的有机化合物那样有那么丰富的立体化学。另外，金属配合物 T－4 中心的不稳定性产生了具有立体化学特性的多核聚集体。这类配合物将在以后进行讨论。

直到1969年，才产生了“不对称”配位单元T-4［Mabcd］。Brunner制备了首个这样的配合物（图5.1），其中的环戊二烯基配体被认为是单齿配体[1-4]。

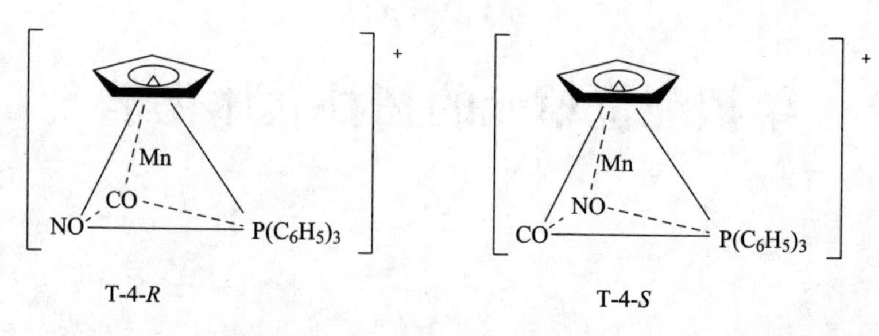

图5.1　T-4［$Mn(cp)(P(C_6H_5)_3)(CO)(NO)$］$^+$的一对对映异构体

这类配合物在温和的条件下不会发生外消旋，它们可以发生许多反应，其中的一些将在后面讨论。观察这些配合物的一个不同方式是把它们当作八面体，其中cp配体占据了八面体的一个三角面，另外三个配体占据了相对的平面[5,6]。这里我们不再进一步讨论这个问题，因为有机金属化合物不在此书的讨论范围内。

SP-4　另一种配位数CN=4的配位几何构型是SP-4，这种构型不存在于碳化学中，在主族元素的配位单元中也很少见，但在过渡元素中很常见。它是外层结构为d^8的金属元素$Ni^{Ⅱ}$（只与强场配体）、$Pd^{Ⅱ}$、$Pt^{Ⅱ}$、$Co^{Ⅰ}$、$Rh^{Ⅰ}$、$Ir^{Ⅰ}$、$Cu^{Ⅲ}$、$Ag^{Ⅲ}$和$Au^{Ⅲ}$的主要配位几何构型，也存在于外层结构为d^7的元素$Co^{Ⅱ}$和d^9的元素$Cu^{Ⅱ}$和$Ag^{Ⅱ}$中。在$Pt^{Ⅱ}$配合物的化学中，立体化学性质引起了很大的兴趣，它与配合物的反式作用系列密切相关。

表5.1给出了所有可能的SP-4单齿配体配合物。

表5.1　SP-4单齿配体配合物的同分异构体数目与对称性

配合物类型	异物体总数	对称性
单一配合物［Ma_4］	1	D_{4h}
双混配合物［Ma_3b］ ［Ma_2b_2］	1 2	C_{2v} D_{2d}，C_{2v}
三混配合物［Ma_2bc］	2	C_{2v}，C_s^a
四混配合物［Mabcd］	3	C_s^a，C_s^a，C_s^a

[a]前手性配合物（见正文）

与T-4结构不同，通常SP-4需要完整的立体化学特征，没有手性描述符（至少在单齿配体的配位单元中是这样的），但需要构型指标（或者构型描述符，顺式或反式）。对于 SP－4 来说，它的构型指标为个位数，由配体转化为最高优先数配体的优先级别给出。具有两个不同的配体，Ma_2b_2 可能存在两个非对映异构体（通常称为几何异构）。在这种情况下，构型描述符顺式和反式是很清晰的。例如，（5.1）中给出的 Werner 提到过的配合物。

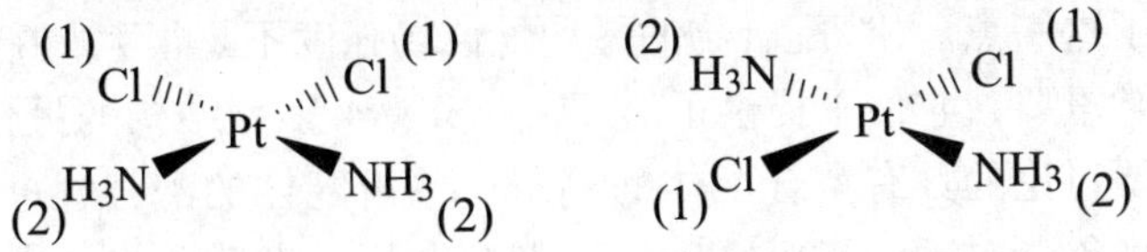

(1) Cl　(1) Cl　Pt　(2) H_3N　NH_3 (2)

cis-$[PtCl_2(NH_3)_2]$
SP-4-2

(2) H_3N　(1) Cl　Pt　(1) Cl　NH_3 (2)

trans-$[PtCl_2(NH_3)_2]$
SP-4-1

（5.1）

含有三个不同的配体，仍可能具有两个非对映异构体（5.2），它们可以用顺式和反式（相对于两个同样的配体），或按构型指数进行命名。

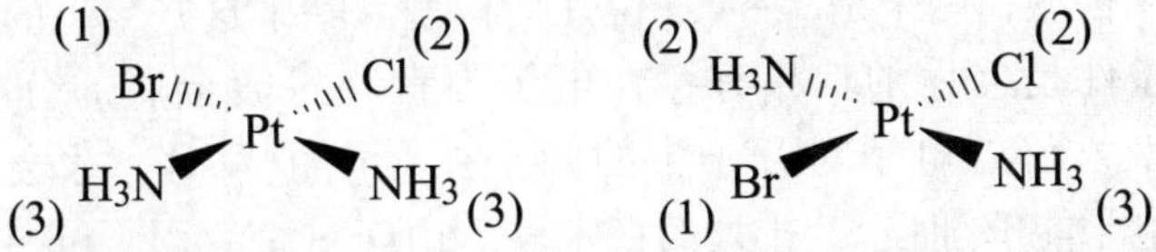

(1) Br　(2) Cl　Pt　(3) H_3N　NH_3 (3)

cis-$[PtClBr(NH_3)_2]$
SP-4-3

(2) H_3N　(2) Cl　Pt　(1) Br　NH_3 (3)

trans-$[PtClBr(NH_3)_2]$
SP-4-2

（5.2）

具有四个不同的配体（5.3），可能含有三个非对映异构体。显然，仅用顺式和反式名称不能满足对它们的命名。对于经典的配合物 $[Pt(NH_3)(NH_2OH)(NO_2)(py)]$，已经合成了它的所有可能的异构体[7,8]，（5.3）给出了它的立体化学描述符。

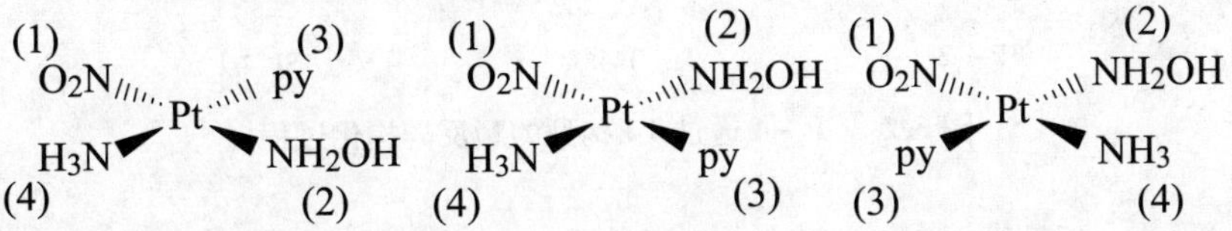

(1) O_2N　(3) py　Pt　(4) H_3N　NH_2OH (2)

SP-4-2

(1) O_2N　(2) NH_2OH　Pt　(4) H_3N　py (3)

SP-4-3

(1) O_2N　(2) NH_2OH　Pt　(3) py　NH_3 (4)

SP-4-4

（5.3）

一类重要的 SP－4 配合物是所谓的 Vaska's 化合物[9] $[Ir(CO)(Cl)(PR_3)_2]$ SP－4－3，也就是反式（5.4）。它们作为发生氧化加成反应的化合物的原型，将在第7章中作进一步讨论。

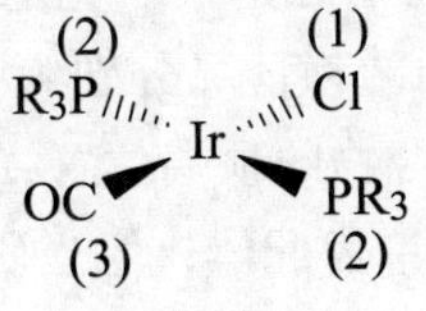

(2) R_3P　(1) Cl　Ir　(3) OC　PR_3 (2)

SP-4-3

（5.4）

表5.1表明，SP－4顺式［Ma_2bc］和SP－4［Mabcd］型配合物相对于两个配体反式加成形成的OC－6配合物是前手性的，它们具有对映面。需要注意Vaska's化合物不是前手性的。

T－4与SP－4之间的关系 尽管在过渡金属的配位单元中，这两种配位数为4的配位几何构型经常出现，但是很少会发生多面体异构。有几个例子很好地证明了这一点。Ni^{II}配合物的平均配位场强度不是很大，配体间的空间相互作用非常重要，它似乎提供了对T－4/SP－4多型结构的最佳观察基础。除了后面将要讨论的具有螯合配体的例子，单齿配体的配合物也被发现存在多面体异构现象。对于［$NiX_2(PR_3)_2$］型配合物，当X为Br^-或I^-，R为芳香基时，以T－4中心存在；而当X为Cl^-或NCS^-，R为芳香基时，以SP－4中心存在[10]。在特定的情况下，如在［$NiBr_2(PB_2Ph_2)_2$］中，两种几何构型能够共同存在于同一固态中[11]。后者的每个晶胞单元内含有三个分子，一个是反式SP－4构型，两个是T－4配位几何构型。除了这些罕见的情况，两种构型存在的条件是互斥的。只有存在电子因素（过渡金属的分子轨道稳定化能MOSE及六价态电子对分子中的两个孤对电子）时，才会产生SP－4构型，因为电子能够加强SP排列的稳定性。由于这个原因，SP－4配合物通常表现出非对映体的稳定性；即使如此，异构现象也可能通过T－4的过渡态发生，如图5.2所示。

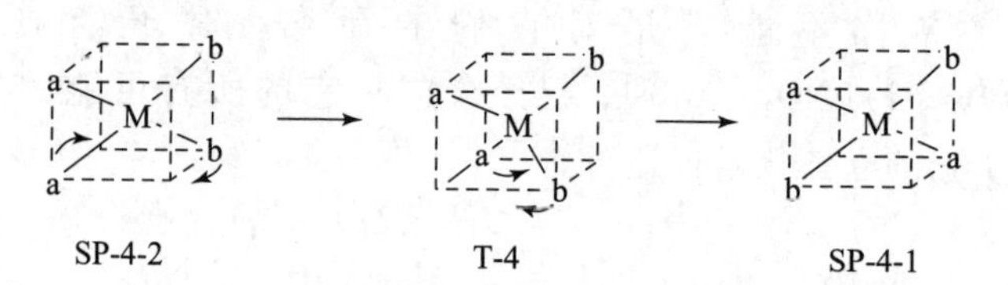

图5.2 SP－4通过T4构型的顺反异构化过程

5.1.3 配位数为5

配位数为4的配合物，其配位单元是取代惰性的，且它的两种配位几何构型均是结构刚性的（尽管前者对T－4构型只有碳原子满足）。与配位数为4（CN＝4）相比，配位数为5的单齿配体的配合物通常不存在立体异构现象。具有单齿配体的混合配位中心是很少见的。但是存在分离的立体异构体的报道。可分离出异构体的两种情况分别为Re^{III}[12]和Mo^{II}[13－15]的SPY－5配合物，其中cp^-占据了配合物的顶端位置（图5.3）。在这里，研究立体化学时，可仍把cp^-看作一个单齿配体；但当研究其综合性质时，应明确考虑该配体的六电子－五配位情况。

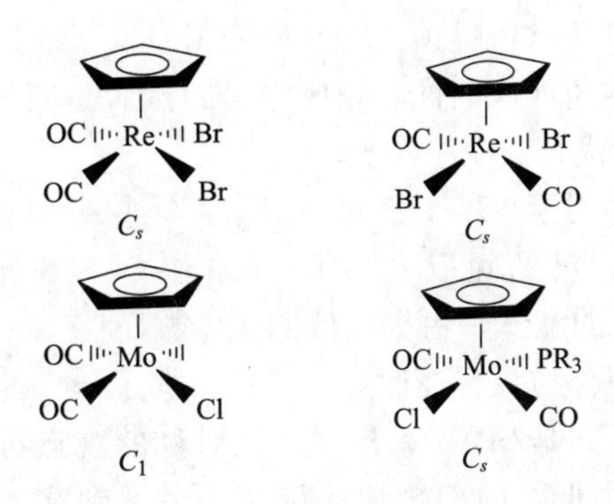

图5.3　分离的SPY－5型Ra^{III}和Mo^{II}配合物的非对映异构体

在IUPAC 1990命名法中，定义了TB－5（=TBPY－5）（图5.4）的立体化学描述符，约定如下：

- 观察角度：由较高优先级的轴配体看向中心离子M。
- 构型指标：两位数，给出两个轴配体的序号顺序。
- 手性符号：根据横向配体优先级的排列顺序，*C*或*A*。

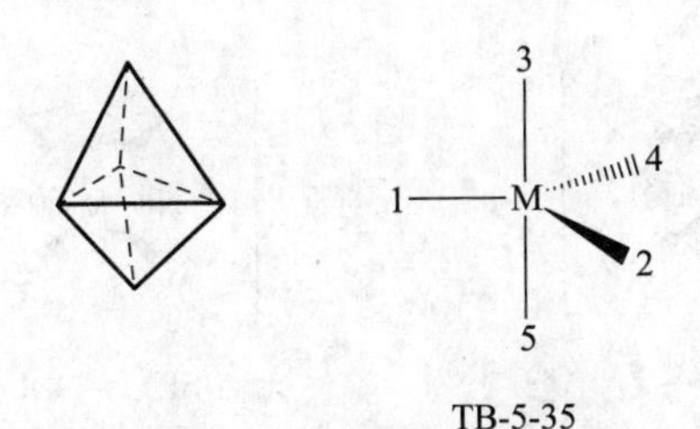

图5.4　TB－5构型指数

值得注意的是，TB－5配合物要在至少有四个不同顺序的配体时才能呈现手性；但是，也有一些含有四个不同配体的配合物是没有手性的，也就是那些手性指数是两个相同数字的两位数的配合物。Mestroni[16]等已经讨论了一些五配位化合物的前手性。

在SPY－5中，可以应用相似的约定（图5.5）。这些约定定义如下：

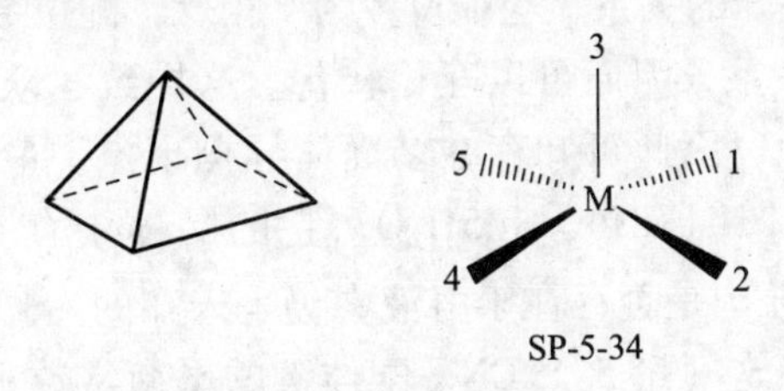

图5.5　SPY－5构型

- 观察角度：视角从棱锥顶到中心离子 M。
- 构型指标：顶角配体的优先顺序序号，然后是四棱锥底部的最高优先数配体的反式配体的优先顺序序号。
- 手性符号：针对至少四个不同的配体，*C* 或 *A*。

显然，在立体化学上，可以将 SPY－5 看作 OC－6 处理，且有一个虚拟配体（OC－6 中缺少的配体）占据最低的优先数。

图 5.3 描述的配合物只有在假设 cp^- 只占据了一个配位位置，即将其看作一个单齿配体时，才是 SPY－5 构型。从对称的观点可以证明这一点，因为 cp 环的旋转能垒很低，因而会快速旋转。考虑到这一点，对称性即是图 5.3 所给出的那些。不对称顺式钼配合物是这一系列中唯一具有手性的配合物。利用具有光学异构纯手性的硫－氨基磷化氢将其分离为对映异构体[17]，相应的两个对映异构体 *C* 和 *A* 就随之分别变成了非对映异构体 *CS* 和 *AS*。

其他分离出对映异构体的五配位类型是具有螯合配体的配合物，图 5.6 给出了一些例子。

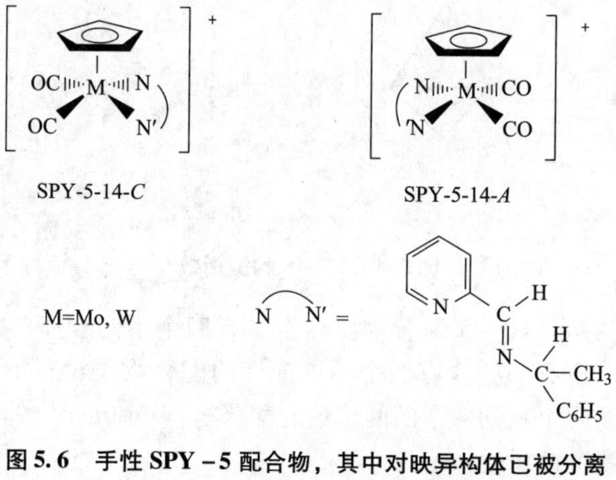

SPY-5-14-*C*　　SPY-5-14-*A*

M=Mo, W

图 5.6　手性 SPY－5 配合物，其中对映异构体已被分离

TB－5 和 SPY－5 的关系　与配位数为 4 相反，配位数为 5 的两种几何构型通常具有密切的联系，因而可以互相转化。这导致了众所周知的五配位化合物的立体化学柔性。因此可知存在多面体异构现象。最能证明这一点的例子就是 $[Cr(en)_3][Ni(CN)_5]1.5H_2O$，它的晶体中存在两种配位几何构型[18]。这种多面体异构是否存在于溶液中仍是未知的。$[Ni(CN)_5]^{3-}$ 在溶液中的热力学高度不稳定（第 5 个 CN—配体键的平衡常数很小），即使溶液中的氰离子浓度很高，该五配位配合物的相对浓度还是很低。在晶格中该五配位配合物的存在是可能的，因为 +3 价阳离子在离子固体中具有很高的晶格能。

在五配位的 d^0 –配合物中，TB–5 构型可能比 SPY–5 构型更稳定。用以对下面的六配位配合物进行讨论的 VSEPR 模型，在特定条件下似乎已不再适用。一个由实验证明的例子是 $[Ta(CH_3)_5]$，它已被发现在气相中是 SPY–5 构型[19]。

5.1.4　配位数为 6

四配位数对有机化学意味着什么，六配位数对配位化学就意味着什么。含有六个刚性的配体和取代惰性的八面体排列，使极其丰富的立体化学成为可能。即使被引入化学 100 年后，想从实验的观点彻底探索八面体配位几何构型还远远不够。这里讨论两种配位多面体，八面体 OC–6 和三棱柱 TP–6，其中前者到目前为止更常见。

OC–6　完整的立体化学描述符需要一个两位数的构型指数，对手性配合物还需要一个手性符号。若有选择的话，视角为从最优级的配体到金属离子或较低级的配体（图 5.7）。构型指数是具有最高优先等级（最高优先等级相应于最低的优先数，反之亦然）配体的反式配体的优先排序序号，和垂直于视轴平面具有最高优先等级配体的反式配体的优先排序序号。

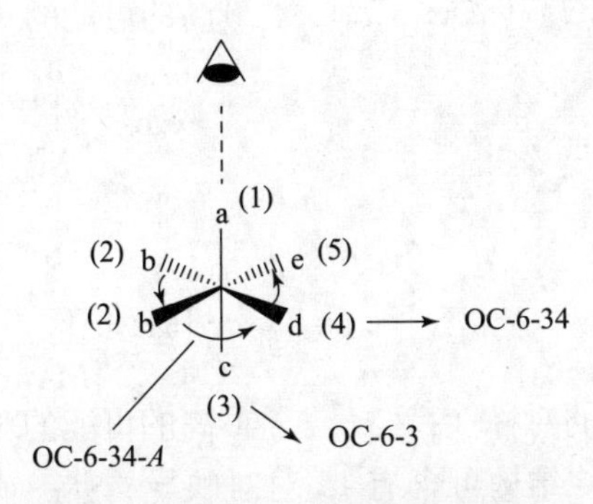

图 5.7　OC–6 的立体化学描述符

对于一般的讨论，如果指定明确，尽管 IUPAC 没有明确推荐，仍可使用顺式（*cis*）和反式（*trans*）及经式（*mer*）和面式（*fac*）位次描述符。(5.5) 和 (5.6) 给出了一些例子（IUPAC 立体化学描述符根据配体的字母顺序排序也给出了优先级别数）。

手性符号　按照垂直于观察方向的平面内的优先顺序界定 *C* 和 *A*。*C* 和 *A* 常用作单齿配体配位单元的手性符号。在螯合配体的配位单元中，将介绍另一对可选择的手性描述符号（Δ和∇）。

具有单齿配体的 OC－6 配位单元的非对映异构体细目

这一系列由 11 种可能的配合物组成（前缀的用法见参考文献［20］，63 页）：

- 单一配体：$[Ma_6]$；
- 双混配：$[Ma_5b]$，$[Ma_4b_2]$，$[Ma_3b_3]$；
- 三混配：$[Ma_4bc]$，$[Ma_3b_2c]$，$[Ma_2b_2c_2]$；
- 四混配：$[Ma_3bcd]$，$[Ma_2b_2cd]$；
- 五混配：$[Ma_2bcde]$；
- 六混配：$[Mabcdef]$。

这一系列包含 75 种立体异构体，虽然似乎只有一个关于六混配的情况可在文献中找到证据[21,22]，但对这个最常见情况的非对映异构体的讨论为所有 OC－6 配位单元奠定了有利的基础。

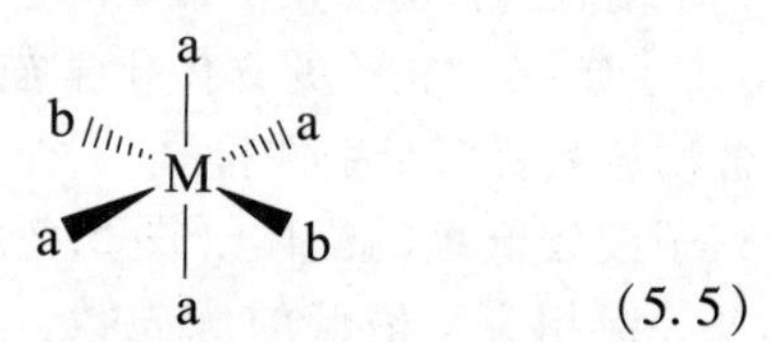

(5.5)

cis-$[Ma_4b_2]$
OC-6-22-$[Ma_4b_2]$
最高的可能的对称性：C_{2v}

trans-$[Ma_4b_2]$
OC-6-11-$[Ma_4b_2]$
最高的可能的对称性：D_{4h}

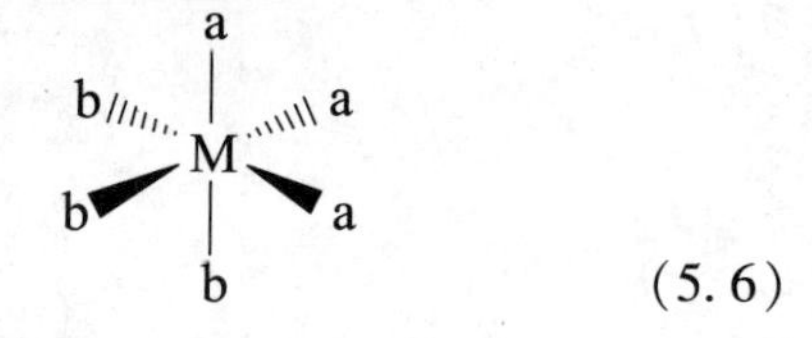

(5.6)

mer-$[Ma_3b_3]$
OC-6-21-$[Ma_3b_3]$
最高的可能的对称性：C_{2v}

fac-$[Ma_3b_3]$
OC-6-22-$[Ma_3b_3]$
最高的可能的对称性：C_{3v}

一个六混配 OC－6 结构可含有 15 对对映异构体，或者说 30 个立体异构体。按照 Bailar[23] 的提议，可以将另 15 个非对映异构体以列表的形式表现出来，即所谓的 Bailar 表，构造如下：

- 配体“a”的位置是固定的；
- 一对字母表示两个反式配体；
- 在表的第一行，反式对“ab”是固定的；
- 另外两对的三种可能性分别通过交换“d”和“e”，“d”和“f”获得，用这种方法可得到三种可能性 1L，1M 和 1N。

然后，将“c”对“a”反式，产生第二行。用这种方法可得到 $3\times5=15$ 种异构体。

Bailar 表（表5.2）给出了15 种非对映的六混配配合物［Mabcdef］。两位数的构型指数在立体中心的表述下给出（图5.8）。由于 C_1 对称性，所有的构型都是手性的，即总有一个不重叠的镜面反映出相反手性的分子，使得这类配合物的立体异构体总数达到30。上述给出的所有配合物其手性符号均为 A。正如 Mayper[24] 指出的，手性结构在经过任意奇数次的交换操作后产生了不同的符号，也就是相反构型的对映体的符号；在经过任意偶数次的交换操作后产生了相同的符号（交换是指一对反式配体的倒转或是两对反式配体的交换）。因此，通过反转所有含 a 的配体对，其他不变，很容易就产生了 C 手性的15 种构型。

表5.2　OC－6 六混配配合物［Mabcdef］的15 种非对映体的 Bailar 表

	L	M	N
1	ab	ab	ab
	cd	ce	cf
	ef	df	de
2	ac	ac	ac
	bd	be	bf
	ef	df	de
3	ad	ad	ad
	bc	be	bf
	ef	cf	ce
4	ae	ae	ae
	bc	bd	bf
	df	cf	cd
5	af	af	af
	bc	bd	be
	de	ce	cd

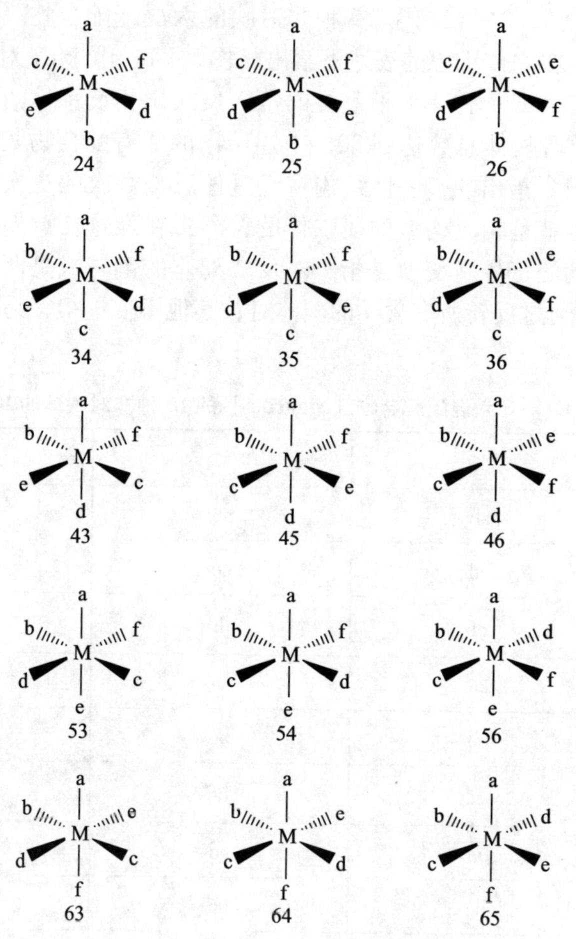

图 5.8 ［Mabcdef］配合物的 15 种非对映异构体的表示及相应的构型指数，所有表示的绝对构型均为 *A*

到目前为止，Essen 和他的合作者[21,22] 合成了 5 种六混配配合物［$PtBrClINH_3NO_2py$］的非对映异构体，如图 5.9 所示。

所有简单的具有单齿配体的情况均可从 Bailar 表中得到。例如，我们考察的［$M(a)_2(b)_2(c)_2$］。针对 Bailar 表的变化，可以设计一个字处理程序，其对构建一个新的列表是非常有用的。它可以是以下的方式：

- 将 f 变为 a，e 变为 b，d 变为 c；
- 然后寻找多个入口来寻找对映异构体。

Bailar 表中关于［$Ma_2b_2c_2$］的五个条目（表 5.3）是唯一的。只有 1L 在经过奇数次的交换后变成了不同的符号，因此它是这类组成仅有的手性异构体。所以这类配合物具有 5 种非对映异构体（图 5.10），1 对对映异构体，共 6 种立体异构体。

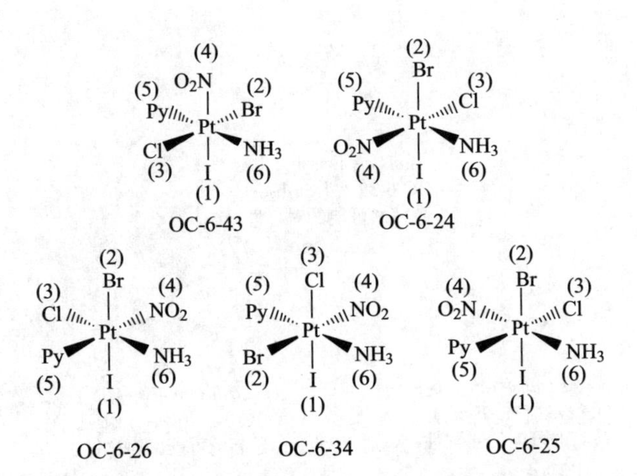

图 5.9　Essen 及其合作者[21,22]合成的 5 种六混配配合物 [$PtBrClINH_3NO_2py$] 的非对映异构体

表 5.3　Bailar 表中给出的关于 OC－6 三混配配合物 [$Ma_2b_2c_2$] 的全部 15 种非对映体

	L	M	N
1	***ab***	ab	**ab**
	ca	cb	cc
	bc	ac	**ab**
2	ac	**ac**	ac
	ba	**bb**	bc
	bc	**ac**	ab
3	aa	**aa**	**aa**
	bc	**bb**	**bc**
	bc	**cc**	**cb**
4	ab	ab	ab
	bc	ba	bc
	ac	cc	ca
5	ac	ac	ac
	bc	ba	bb
	ab	cb	ca

注：5 个非对映体以黑体给出，手性构型以粗斜体给出。

2M≡5N；1L≡1M≡2L≡2N≡4L≡4N≡5L≡5M；3L≡3N；1N≡4M。

cis,cis,cis-[$Ma_2b_2c_2$]
OC-6-32-*C*-[$Ma_2b_2c_2$]
最高的可能的对称性：C_1

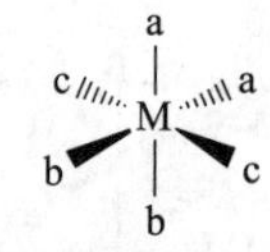

cis,cis,trans-[$Ma_2b_2c_2$]
OC-6-22-[$Ma_2b_2c_2$]
最高的可能的对称性：C_{2v}

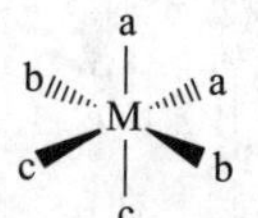

cis,trans,cis-[$Ma_2b_2c_2$]
OC-6-33-[$Ma_2b_2c_2$]
最高的可能的对称性：C_{2v}

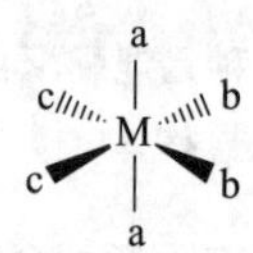

trans,cis,cis-[$Ma_2b_2c_2$]
OC-6-13-[$Ma_2b_2c_2$]
最高的可能的对称性：C_{2v}

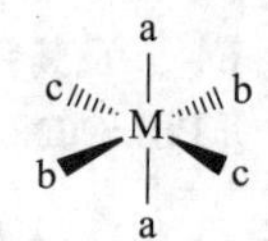

trans,trans,trans-[$Ma_2b_2c_2$]
OC-6-12-[$Ma_2b_2c_2$]
最高的可能的对称性：D_{2h}

图 5.10　OC－6［$Ma_2b_2c_2$］配合物的 5 种非对映异构体的表示及相应的构型指数
（对 OC－6－32 给出了绝对构型 *C*）

最早认识到的这类组成的配合物的实例之一是［$Pt(NH_3)_2(py)_2Cl_2$］$^{2+}$[8]。1979 年，两个 *cis*,*cis*,*cis*－［$Ma_2b_2c_2$］型的纯无机配合物被拆分为对映异构体的形式，即 *cis*,*cis*,*cis*－［$Co(NH_3)_2(H_2O)_2(CN)_2$］$^+$（图 5.11）和 *cis*,*cis*,*cis*－［$Co(NH_3)_2(H_2O)_2(NO_2)_2$］$^+$[25]。值得注意的是，在 OC－6 中具有单齿配体

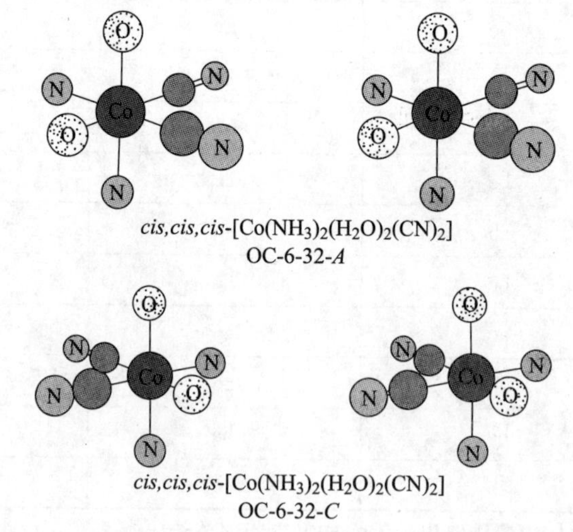

cis,cis,cis-[$Co(NH_3)_2(H_2O)_2(CN)_2$]
OC-6-32-*A*

cis,cis,cis-[$Co(NH_3)_2(H_2O)_2(CN)_2$]
OC-6-32-*C*

图 5.11　*cis*,*cis*,*cis*－［$Co(NH_3)_2(H_2O)_2(CN)_2$］$^+$配合物的对映异构体对

的三混配配位单元只能是手性的，而在T－4中则需要四个不同的配体才能是手性的。

利用用于确定手性异构体的Bailar表和Mayper方法，可以很容易地推出具有单齿配体的OC－6配合物的所有异构体，而不需要使用复杂的数学形式。表5.4给出了异构体的数目和种类。

表5.4　所有具有单齿配体的OC－6配合物的异构体数目和种类及其最高的可能的对称性

配合物类型	异构体总数	对映体对数	最高的可能的对称性
单一配合物			
[Ma_6]	1	0	O_h
双混配合物			
[Ma_5b]	1	0	C_{4v}
[Ma_4b_2]	2	0	D_{4h}，C_{2v}
[Ma_3b_3]	2	0	C_{2v}，C_{3v}
三混配合物			
[Ma_4bc]	2	0	C_{4v}，C_s
[Ma_3b_2c]	3	0	C_{2v}，C_s
[$Ma_2b_2c_2$]	6	1	C_1，C_{2v}，D_{2h}
四混配合物			
[Ma_3bcd]	5	1	C_1，C_s
[Ma_2b_2cd]	8	2	C_1，C_s，C_{2v}
五混配合物			
[Ma_2bcde]	15	6	C_1，C_s
六混配合物			
[Mabcdef]	30	15	C_1

所有具有C_s对称性的配合物都是前手性的。对映异构的配体对是通过S_1轴（镜面）相关的那些配体；如配合物［Ma_4bc］有四个同样的a配体，在图5.12中编号为（1）到（4）。它们都是成对的异位。

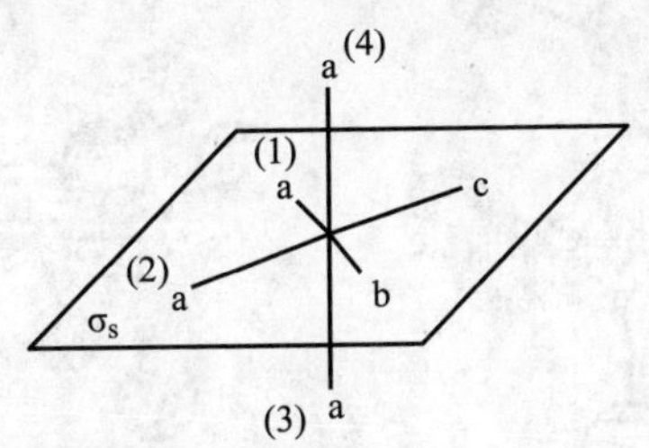

图5.12　具有四个同态配体的［Ma_4bc］配合物实例

（C_s对称性中非对映异构配体（a_1/a_2，a_1/a_3，a_1/a_4，a_2/a_3，a_2/a_4）和对映异构配体（a_3/a_4））

六对配体中，五对（a_1/a_2，a_1/a_3，a_1/a_4，a_2/a_3，a_2/a_4）是非对映异构

的，而 a_3/a_4 是对映异构的。在 C_s 对称的［Ma_3b_2c］中（图 5.13），两个 b 配体是对映异构的，a 配体形成的三对中 a_1/a_2 是对映异构的，而 a_1/a_3 和 a_2/a_3 是非对映异构的。

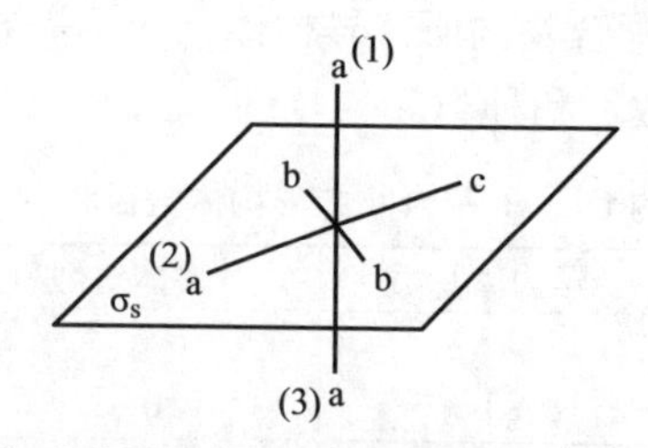

图 5.13　含有对映异构的 b 配体对的［Ma_3b_2c］配合物实例

（a 配体形成一对对映异构的 a_1/a_2，而 a_1/a_3 和 a_2/a_3 是非对映异构的）

［Ma_2b_2cd］和［Ma_2bcde］对应的前手性 SP－4 配合物，有两个同态、异位的配体是孤对的虚拟配体。前手性配合物的对映异构体可使用与有机化学类似的命名，如 pro－*C* 或 pro－*A*，因为 *C/A* 描述符与 *R/S* 命名一样，使用操向轮参照系。为此，所讨论的配体总是比它的对映体具有更高的优先级。

前立体异构概念可以应用于如图 5.14 描述的 Ru^{II}配合物。两个同态、对

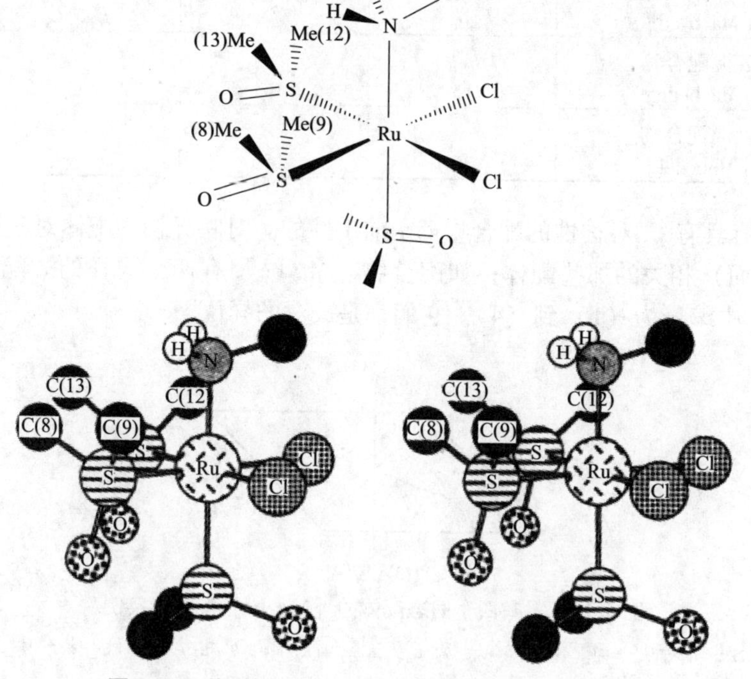

图 5.14　前手性 *cis*，*fac*－［$RuCl_2(DMSO)_3(NH_3)$］

（表示出了非对映异构组合 Me(8)和 Me(12)、Me(9)和 Me(13)的两对对映异构体）

映的氯配体分别命名为 pro－C 和 pro－A。

如果 R′＝H，整体对称性（在最对称的构象）是 C_s。两个氯配体是对映异构的，当取代（水解）其中的一个时，产生一对对映异构体（分别为 C，A）。与氯配体反式的二甲基亚砜配体的甲基基团，分别是两两对映异构的［Me(8)/Me(12) 和 Me(9)/Me(13)］和非对映异构的［Me(8)/Me(9) 和 Me(12)/Me(13)］。与氨反式的二甲基亚砜的甲基基团是对映异构的。该配合物的 NMR 光谱反映了甲基基团的这种分布[16]。

如果用手性胺（为了对含有手性配体的配体进行更广泛的讨论，见第5.5节）替代氨进行配位［例如 R′＝(S)-或（R）－$CH(CH_3)$－Ph］，则手性中心将破坏配合物的 C_s 对称性，因此这个配合物中的所有同态配体都将变为非对映异构体。例如，那两个氯化物，在水解时将产生两个非对映异构体（以不同的速率形成）。同样所有的甲基基团都会是非对映异构的，因此它们的核磁共振谱也互不相同。

统计讨论　显然非对映异构体具有不同的热力学稳定性，即它们对应于原子组件的能量表面上不同浓度处的最小值。如果建立了平衡，浓度将由异构体之间的吉布斯自由能差异所决定。在非手性或外消旋的环境中，一对手性的两个对映异构体具有相同的吉布斯自由能。非对映异构体的吉布斯自由能差异由焓和熵因素决定。从立体化学的讨论中很容易估计出熵的贡献，如［Ma_4b_2］，它有两种异构体，具有 D_{4h} 对称性的反式和 C_{2v} 对称性的顺式。在一个八面体中，有3种可能性可以使两个配体处于反式的位置，但有12种可能性使其处于顺式的位置，因为有12条边。因此，统计比为反式∶顺式＝3∶12。如果忽略焓的贡献，那么平衡溶液中的顺式配合物将是反式配合物的四倍。类似的考虑可得出在［Ma_3b_3］配合物中有 *fac*∶*mer*＝8∶12。表5.5中包含了具有单齿配体的混配 OC－6 配合物的不同异构体的统计权重。

表5.5　包含了具有单齿配体的混配 OC－6 配合物的不同异构体的统计权重（绝对与相对）

配合物类型	异构体	统计权重	
		绝对	相对
双混配合物			
［Ma_4b_2］	*cis*（C_{2v}）	12	4
	trans（D_{4h}）	3	1
［Ma_3b_3］	*fac*（C_{3v}）	8	2
	mer（C_{2v}）	12	3

续表

配合物类型	异构体	统计权重	
		绝对	相对
三混配合物			
[Ma_4bc]	*cis* (c_s)	24	4
	trans (C_{4v})	6	1
[Ma_3b_2c]	*fac* (C_s)	24	2
	mer (C_s)	24	2
	mer (C_{2v})	12	1
[$Ma_2b_2c_2$]	*cis*, *cis*, *cis* (C_1)	48	8
	cis, *cis*, *trans* (C_{2v})	36	6
	trans, *trans*, *trans* (D_{2h})	6	1
四混配合物			
[Ma_3bcd]	*fac* (C_1)	48	2
	mer (C_s)	72	3
[Ma_2b_2cd]	*cis*, *cis* (C_1)	120	10
	trans, *cis* (C_s)	48	4
	trans, *trans* (C_{2y})	12	1
五混配合物			
[Ma_2bcde]	*cis* (C_1)	288	4
	trans (C_s)	72	1
六混配合物			
[Mabcdef]	All isomers	720	1

能够观察到接近于统计比的一种情况是配合物 [$PtBr_xCl_{6-x}$]$^{2-}$，通过^{195}Pt NMR 光谱可以很容易观察到平衡溶液的浓度[26]。

Bailar 方法在螯合物中的应用将在以后介绍。

TP-6 VSEPR 模型使 [Ml_6] 配位单元完全不可能显示出 TP-6 构型。根据 VSEPR 模型，d^0 和 d^{10}结构的配合物可能具有 OC-6 配位几何构型，d^n结构的配合物由于 Jahn-Teller 不稳定性，其 OC-6 配位几何构型不稳定，也不会转变为 TP-6 构型。然而，简单的理论有其局限性。如最近文献所示[27]，d^0 [Ml_6] 配合物，在一定的条件下，由于所谓的二阶 Jahn-Teller 效应，可以呈现出 TP-6 配位的几何构型。条件是：M-1 σ 强共价键和可忽略不计的 π 相互作用。从头算法表明，在这种条件下 TP-6 比 OC-6 具有较低的能量。实验结果表明，即使在环境的影响不能决定配位几何构型的气相中，[$W(CH_3)_6$]

均表现出 TP－6 配位几何构型[19]（图 5.15）。

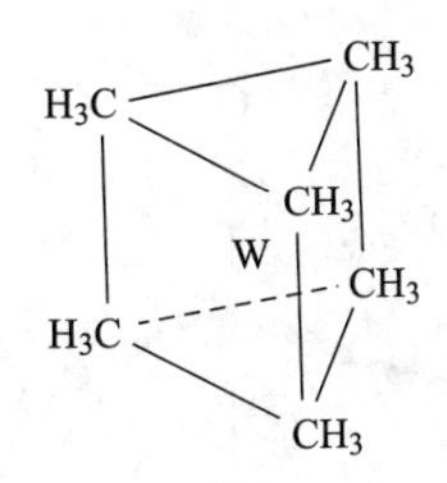

图 5.15　TP－6[$W(CH_3)_6$]

（[Ma_6] 配合物非 OC－6、CG 构型的罕见例子）

另一个例子是 [$Li(TMEDA)_2$]$_2$[$Zr(CH_3)_6$]，d^0 Zr^{IV} 中心金属在固态中表现为 TP－6 构型[28]。对这一现象的简单解释，可以根据共价键强度给出，使用价键杂化语言：如果有 d 参与的共价键是重要的，TP－6 d^5s 和/或 d^3sp^2 杂化比 OC－6 d^2sp^3 杂化提供了更大可能的键合性，因此前者比后者的配位几何构型更稳定。

与 OC－6 相比，理想 TP－6 多面体较低的对称性，在假设的混配配合物中产生了大量可能的异构体。六混配情况具有共 118 种立体异构体，即 59 对对映异构体。构型指数为三位数。由于没有已知的具有单齿配体的立体刚性、混配的配合物，我们不再详细讨论 TP－6 和任何更高配位数的混配配合物的异构体。

OC－6 和 TP－6 之间的联系以及这些配位几何构型之间的可能的转变关系将连同双齿配体一起进行讨论。

5.2　仅含有非手性单齿配体的配位单元中单齿配体的构型

正如 1936 年 Pitzer 的论证，乙烷分子中一个 CH_3 基团相对于另一个基团发生内旋转所需要的能量为 13 $kJ \cdot mol^{-1}$。这个发现产生了构象的概念，从而产生了有机立体化学的一个重要领域，即后来的构象分析[29]。往往使用相同类型的方法分析单一的和多中心的配体 l_m 和 l_p，且必须考虑配体自身或金属－配体键的内部旋转。考虑一个简单的 [$M(l_m)_6$] 型配合物，正如前面所指出的，因为配体不服从 O_h 所有的对称要素，它并不总是具有精确的 O_h 对称性。举例来说，如 $l_m = H_2O$。VSEPR 预测配位氧原子是 TPY－3 “配位”，M—O 键的内部旋转对应于 [$M(H_2O)_6$] 配合物构象的一次改变（图 5.16）。可以推测[30]，一种“高”对称性的构象，其中配体－配体间的相互作用通过内部氢键得到最优处理，使其处于局域甚至全域能量极小点。这种构象的对称性为 C_i，因此这种配合物不是手性的。

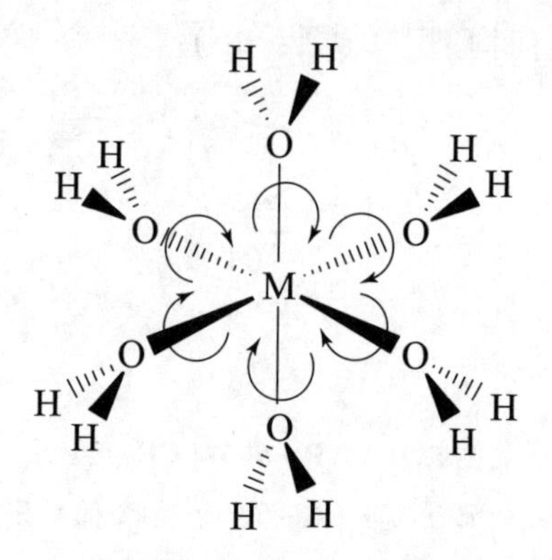

图 5.16　H_2O 配体关于 M—O 键方向旋转产生的
OC－6［$M(H_2O)_6$］配合物的构象改变

通过实验和理论方法对［$M(H_2O)_6$］$^{2+}$离子进行深入分析，结果表明水合 Mg^{2+} 的配位多面体内部不可能存在分子内氢键[31]。图 5.17 所描述的模型显示，这种排列对于任何水合金属离子都是不可能的，因为根据 VSEPR 理论，四个电子对围绕一个氧配体原子的几何构型将彻底偏离 T－4 排列。

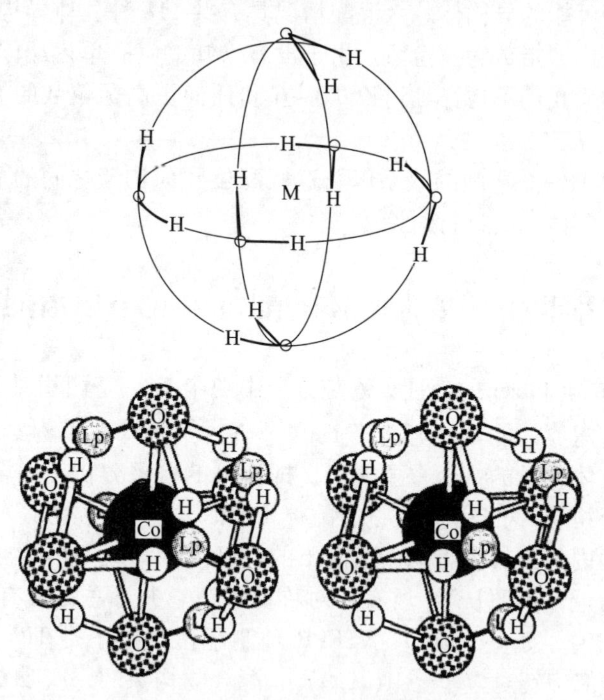

图 5.17　假如分子内的氢键非常重要，［$M(H_2O)_6$］
配合物中 H_2O 配体的 C_i 对称排列
（上图：示意图；下图：立体对（Lp＝孤电子对））

类似的配合物［$M(NH_3)_6$］的行为被认为有点不同，因为配位的 N 原子是一个 T－4 中心。六个氨配体的最对称的排列为 C_s（图 5.18）。

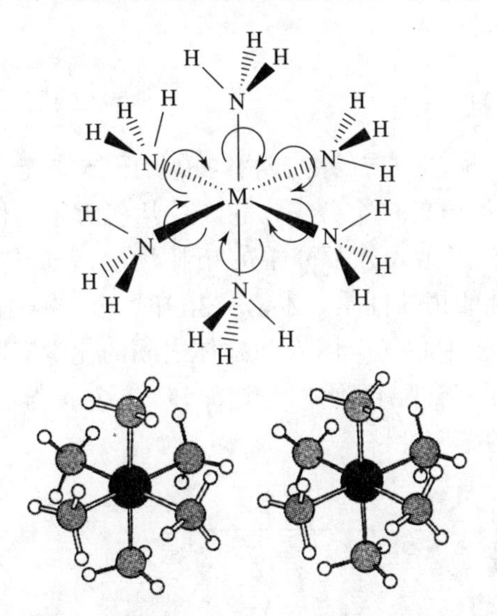

图 5.18　配体关于 M—N 键方向旋转产生的 OC－6［$M(NH_3)_6$］配合物的构象改变

无论是在实验上还是理论上，对这种配合物的构象分析都非常困难。理论上，这种配合物有很强的溶剂化作用，因此对孤立个体的计算不具有代表性。实验上，溶解的方法很困难，即使有，通常也不适用于在水合或溶剂化气氛中构象的研究。在对固体的各种衍射方法中，只有中子衍射能够对上述例子中的氢原子的位置解决一些问题。因此，与立体化学相关的与配位原子连接的质子，没有太多有利用价值的结果可参考。如水和氨在配位化合物的本质认识上仍是“空白区域”，但是也有一些例外，如上面所提到的［$M(H_2O)_6$］$^{2+}$。

自 Corey 和 Bailar[32] 关于螯合配合物的经典著作问世以来，有机配体的构象分析已经在配位化学中受到越来越多的关注，它也已经成为一个热门主题[33,34]。螯合配合物的构象将在 5.3.2 节进行讨论。在有些情况中也讨论了一些非螯合配体的构象。例如，对含有一些碳－金属键合 R 配体［$(C_5H_5)Fe(CO)(PPh_6)(R')$］的一系列配合物，给出了全面的构象分析[6]，读者可以查阅该文献查看详情。

5.3 包含手性双齿配体的配位单元

5.3.1 平面螯合环

由齿数大于 1 的配体组成的配合物与单齿配体的配位单元在拓扑上是不同的。(几何拓扑是数学的一个分支，它涉及几何对象的性质，它们的形状和大小并不重要。我们在此区分了分子的拓扑性质，如异构体的种类和数量，以及涉及唯一连接性的拓扑性质。术语“拓扑”和“拓扑结构”在化学中仍经常使用。）如果后者中心（金属）与配体之间的化学键断裂，分子将被分成两个独立的部分。在螯合配合物中（图 5.19），金属与配体之间的单个键断裂，仍能保持分子的整体性。

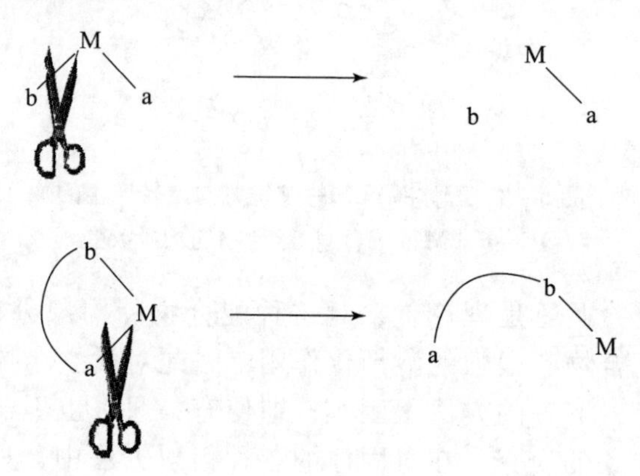

图 5.19 螯合配合物和非螯合配合物的拓扑区别

这会产生许多结果，特别是会增加配合物的热力学稳定性，通常称之为螯合效应[35,36]。配位单元中螯合配体的存在还会产生许多立体化学的结果。在本章中，我们讨论最简单的螯合配体类型——双齿结构（A═A）或（A═B），即配体的螯合环上的所有原子处于一个平面上，形成了平面螯合环。另一类双齿配体（A≈A）或（A≈B），其螯合环是折叠的。这两类双齿配体在很多方面表现相似，但在其他方面却表现出完全不同的行为。因此目前的讨论也将涵盖非平面螯合配体的立体化学的许多方面，对于折叠螯合环的某些特殊性质，将在处理配体构象的那一章进行讨论（5.3.2 节）。

原则上，平面螯合环可以含有任意大于或等于 3 个的原子中心，包括配位中心。这里我们不考虑三元环的情况，即配位原子彼此之间有直接连接的配合物（例如 O_2，$H_2N—NH_2$，$H_2C═CH_2$ 等），因为总是有金属中心与配体之间的键是直接与配体原子连接还是连向这些原子之间的键的争论。此外，这类配体不会产生太多在拓扑立体化学上不同的配合物。这类配体的度量立体化学性质已经在文献中讨论过，如关于 $M \cdots O_2$ 相互作用的几何构型的重要问题。

这里感兴趣的主要是具有四元、五元或六元螯合环的配体，这些配体的一些例子见（5.7）（也可参见附录Ⅲ）。

由于空间位阻原因，上面提到的配体（大多数为 $A \approx A$ 配体）在 SP－4 和 OC－6 配位几何构型中只能占据顺式的位置。一些可以占据反式位置的配体已经被合成出来，这些情况将分开讨论。在下面的讨论中我们默认双齿配体仅能占据顺式位置。

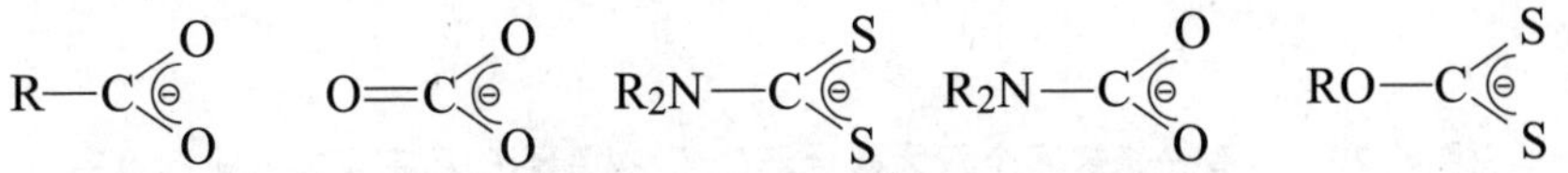

羧酸根　碳酸根　二硫代氨基甲酸根　氨基甲酸根　原磺酸根

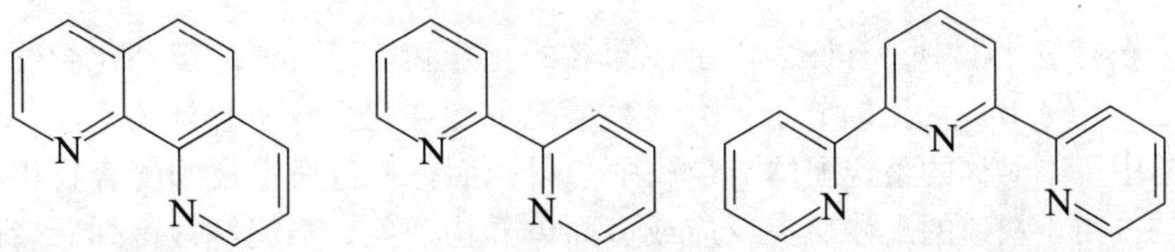

1,10-邻菲洛林(o-phen)　2,2'-联吡啶(bpy)　2,2':6',2''-三联吡啶(terpy)

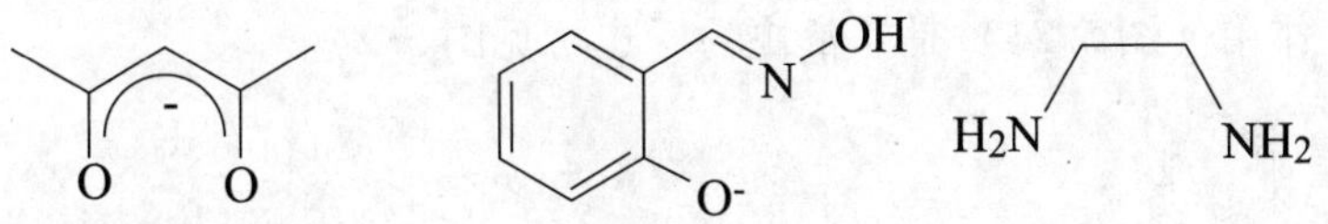

乙酰丙酮根(acac)　水杨醛肟　乙二胺(en)

（5.7）

配位数为4

本节中所提到的限制在实际中并不是很重要，因为这类配合物的大部分立体化学行为与形成平面或折叠环的配体是相似的。因此将使用通用符号（A^A）和（A^B）。

T－4（图5.20）这个情况同人们熟知的四面体碳原子中心类似，可以再次对 C－和 M－中心之间取代反应的不活泼性进行相同的比较。配位单元［M(A^A)a_2］和［M(A^A)ab］的对称性分别为 C_{2v} 和 C_s，它们不能产生立体异构体。对于具有 D_{2d} 对称性的［M(A^A)$_2$］也是一样。一方面，［M(A^B)ab］和［M(A^B)$_2$］分别具有 C_1 和 C_2 对称性，因此它们是手性的。一般的 CIP 规则对前者的配体不会产生任何问题，因为每个配体都会分配不同的优先次序。而另一方面，对于［M(A^B)$_2$］配合物，需要对基本的 CIP 规则作补充，但是它的绝对构型可以很容易用定向线参照系指出。

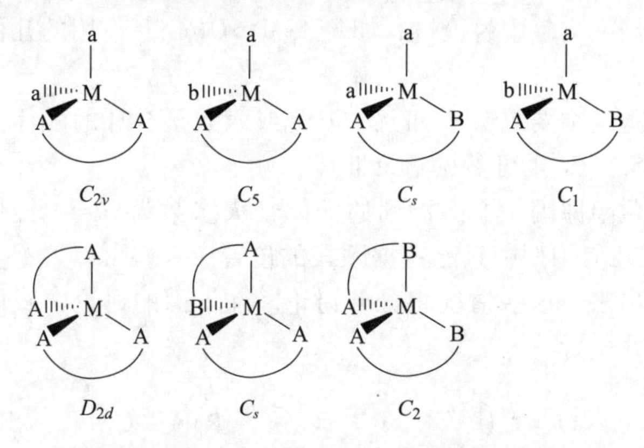

图 5.20　含有一个或两个双齿螯合环的 T－4 配合物所有可能的排列没有非对映异构体产生，且［M(A^B)ab］和［M(A^B)$_2$］是手性的

在有机化学中，有许多以手性知名的化合物，即所谓的螺环化合物，它们是［C(A^B)$_2$］型的分子。大多数情况下螺环化合物不会外消旋。在配位化学中，不对称的螯合配体与金属中心以四面体配位所形成的配合物也是已知的。由于快速的配体交换反应或多面体异构现象，不能经常得到后者的对映体纯化合物（EPCs）。例如，Ni^{II}和 N－烷基水杨醛亚胺之间形成的螯合配合物在固态和液态中分别表现出 T－4 和 SP－4 配位几何构型，因此，T－4 中的外消旋作用（图 5.21）是非常快的（也可见图 5.2）。

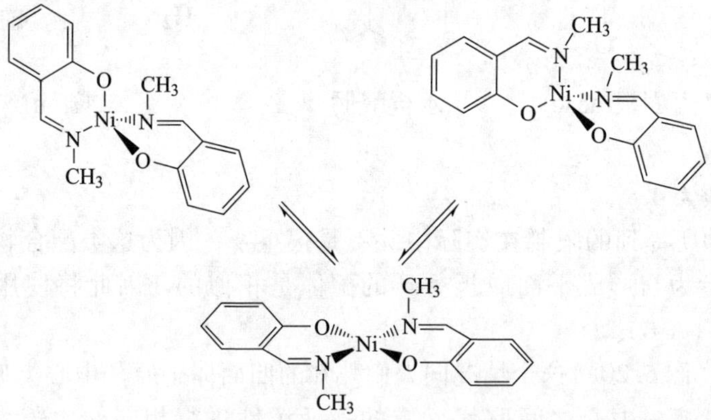

图 5.21　T－4［M(A^B)$_2$］配合物通过其多面体异构体 SP－4 的外消旋作用

一些 T－4 配合物被拆分成了对映异构体，特别是[Be(苯丙酮酸)$_2$]$^{2-}$[37]和[Zn(8－羟基喹啉－5－磺酸)$_2$][38]。这些配合物的手性特征可以通过定向线参照系进行明确的描述。T－4[M(A^A)$_2$] 配合物的 D_{2d} 对称性在

$T-4[M(A\hat{}B)_2]$ 中变为 C_2 对称性，但两个螯合环仍保持互相垂直。两个对映结构体的指定如图 5.22 所示，要注意手性描述符与线的选择方向无关。

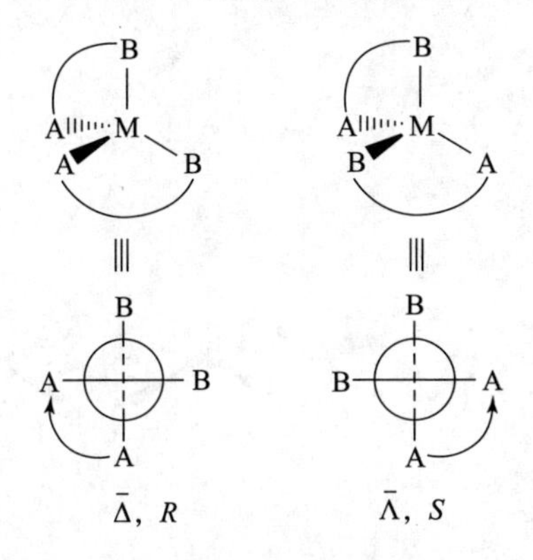

图 5.22　T-4 [M(A^B)$_2$] 配合物的手性描述符

具有特殊拓扑性质但仍符合双齿螯合配体定义的配体，最近在所谓的链烃类和相似的分子结构中受到了关注。这些配体及其配合物将在后面进行详细的讨论。

SP-4　这种构型中有许多不同组成的配合物的例子（5.8）。

$$
\begin{array}{ll}
[M(A{=}A)ab] & [M(A{=}B)ab]\,[M(A{=}B)a_2] \\
[M(A{=}A)a_2] & \\
[M(A{=}A)_2] & \\
[M(A{=}A)(B{=}B)] & \\
[M(A{=}B)_2] &
\end{array}
\tag{5.8}
$$

含有第八族元素，尤其是 Pt^{II} 的大量不同的异构体已经被合成出来。因为这些配合物通常是立体化学刚性的，并且在反应中遵循一定相对简单的规则，这些规则将在后面进行讨论。如果螯合配体是平面的，则 SP-4 构型中中心原子和配体原子固有的共面性将会排除其是手性配合物的可能性。但是，我们仍要仔细讨论偏离严格的平面性产生手性配合物的结果。这种情况将在 5.3.2 节中进行讨论。

配位数为 5

与仅有单齿配体的配合物相比，螯合配体可以使这种配位数的配合物更具有刚性。对于[M(cp)(CO)$_2$(A^B)] 型，即使纯对映异构的或者具有多种对映异构的配合物也存在 TP-5 配位几何构型[39]。TB-5 或者 SP-5 构型的配合物可以产生一个非手性的和一个手性的非对映异构体。对于对称的配体（A=A），可能存在的构型如图 5.23 所示。

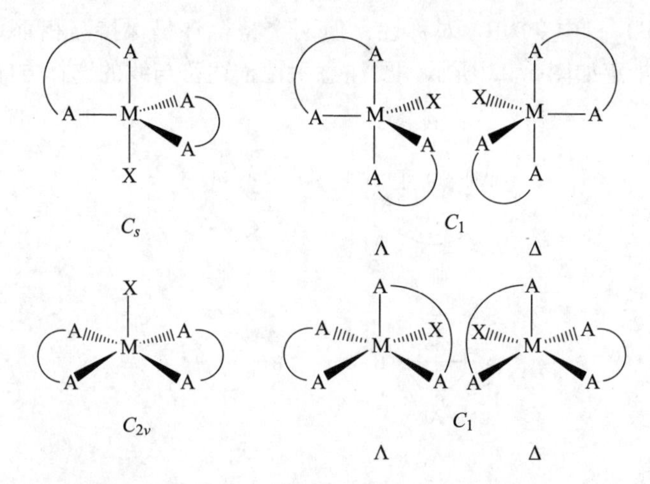

图 5.23　五配位配合物［M(A^A)$_2$X］在 TP－5 和 SPY－5 中的可能构型

两种配位几何构型中都存在对称的 C_1 排列，使得产生成对的对映异构体，因此完整描述立体异构体的特征需要手性描述符。然而可以预见，对配合物［M(A^A)$_2$X］的对映异构体进行分离几乎是不可能的，因为假旋转机制仍然适用，并且它使外消旋作用成为一个快速过程。因此我们将沿用在关于 OC－6 配合物的段落中经常使用的合适的手性描述符。

Kepert[40] 利用排斥模型的框架分析了一些（Ru，Sb，Sn，Fe)[M(A^A)(l)$_3$] 和少许（Os，V，Mo，Re，Fe，Co，Ni，Cu，Zn，Ru，Ir，Cd)[M(A^A)(l)] 配合物。读者可参阅该详述获取详细的内容。

配位数为 6

OC－6　存在由单齿、双齿或三齿配体组成的配位单元。可能存在不同类型的构造（5.9）。

在配位化学中，每一种组成都可能产生几种立体异构体，一些科学研究已经被作为经典案例[41－43]，如 Bailar 和 Peppard 制备了［$CoCl_2(NH_3)_2$（en)］$^+$的非对映异构体。在讨论它们的性质之前，先介绍一个关于立体化学描述符的扩展命名法。讨论至少包括两个双齿配体的配位单元（为简单起见，认为配体是对称的（A═A)）。如果配位后形成八面体，这两个螯合配体有且只有 3 种不同的构型（图 5.24）。

单螯合：

[M(A^A)abcd]	[M(A^B)abcd]
[M(A^A)a$_2$bc]	[M(A^B)a$_2$bc]
[M(A^A)a$_2$b$_2$]	[M(A^B)a$_2$b$_2$]
[M(A^A)a$_3$b]	[M(A^B)a$_3$b]

[M(A^A)a_4]　　[M(A^B)a_4]

双螯合：

[M(A^A)$_2$ab]　　[M(A^B)$_2$ab]

[M(A^A)$_2$$a_2$]　　[M(A^B)$_2$$a_2$]

[M(A^A)(B^C)ab]　　[M(A^A)(B^C)a_2]

[M(A^B)(C^D)ab]　　[M(A^B)(C^D)a_2]

三螯合：

[M(A^A)$_3$]　　[M(A^B)$_3$]

[M(A^A)$_2$(B^B)]　　[M(A^A)$_2$(B^C)]　　[M(A^A)(B^C)(D^E)]

[M(A^A)(B^B)(C^C)]　　[M(A^A)(B^C)$_2$]　　[M(A^B)(C^D)(E^F)]

(5.9)

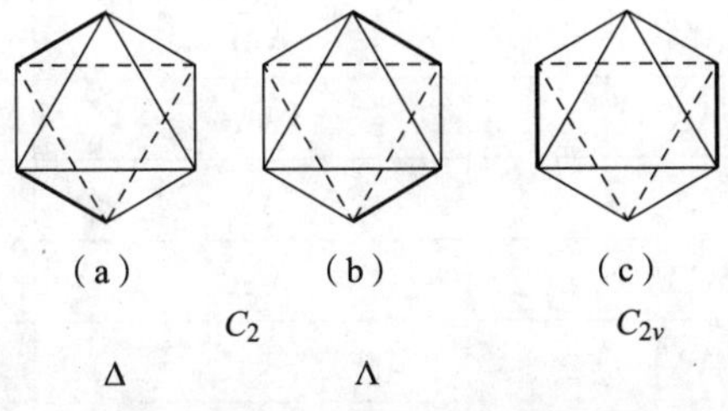

图5.24　OC-6 [M(A^A)$_2$$X_2$] 配位单元中的手性顺式[(a)和(b)]和非手性反式[(c)]构型

对于一个给定的双齿配体配合物的构造，也可以利用Bailar表找出其所有的异构体。假设OC-6配合物中螯合配体不能占据反式位置，相同配体的配位原子则不能在列表中组成一对。如果出现两个或三个同样的配体，必须对这些配体做标记。例如，可以对配合物[M(A^A)$_3$]应用“字处理程序”方法（表5.6）：<a替换为A；b替换为A；c替换为A′；d替换为A′；e替换为A″；f替换为A″>；1L、1M、1N、2L、3L、4N、5N包含一个螯合配体的所有反式对，因此可以忽略。其他八个条目都是等价的。所以这种组成的唯一的非对映异构体是手性结构，对于这个简单的例子是显而易见的。显然，Δ/Λ描述符可用于[M(A=A)$_3$]的手性命名（图5.25）。一个手性分子实体可以有且仅有两个对映异构体，因此一对手性描述符（如：Δ/Λ）足以描述它们的特征。对于[M(A^A)$_3$]，我们可以指出每一对不对称的配体的成对方向，可能分别为Δ、Δ、Δ和Λ、Λ、Λ。这种成对的命名对于多齿配体具有一定的重要性。在三轴的投影上，螺旋排列可分别与左手和右手螺旋容易地结合。

表 5.6 [$M(A^\frown A)_3$] 配合物的 Bailar 表

	L	M	N
1	AA	AA	AA
	A′A′	A′A″	A′A″
	A″A″	A′A″	A′A″
2	AA′	AA′	AA′
	AA′	AA″	AA″
	A″A″	A′A″	A′A″
3	AA′	AA′	AA′
	AA′	AA″	AA″
	A″A″	A′A″	A′A″
4	AA″	AA″	AA″
	AA′	AA′	AA″
	A′A″	A′A″	A′A′
5	AA″	AA″	AA″
	AA′	AA′	AA″
	A′A″	A′A″	A′A′

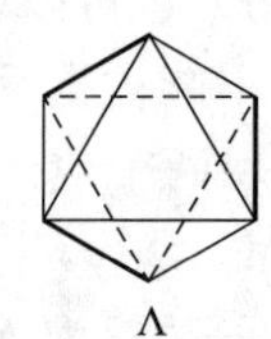

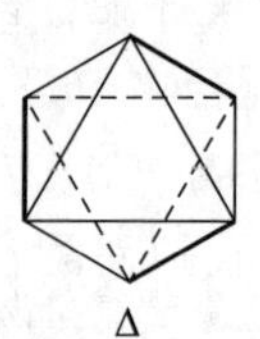

图 5.25 两种对映异构形式的 OC－6 [$M(A=A)_3$]

（c）明显对应一个非手性构型（对称性 C_{2v}），因为两配体共面（然而，要注意这句话认为 SP－4 配合物与配体偏离平面性!）。另外，（a）和（b）形成一对对映体，对称性为 C_2。这里的 Δ/Λ 手性描述符显然是合适的，而且它们用于全部至少含有两个螯合环的 OC－6 配合物中。

同时具有单齿配体和双齿配体的 OC－6 配合物，其异构体的数量及类型列于表 5.7。

表5.7　同时具有单齿配体和双齿配体的OC-6配合物的数量及类型

配合物类型	异构体总数	手性对数	对称性
[M(A=A)abcd]	12	6	C_1
[M(A=B)abcd]	24	12	C_1
$[M(A=A)_2ab]$	3	1	C_{2v}，C_1
$[M(A=B)_2ab]$	11	5	C_s，C_2，C_1
$[M(A=A)a_2bc]$	7	3	C_s，C_1
$[M(A=B)a_2bc]$	12	5	C_s，C1
$[M(A=A)_2a_2]$	3	1	D_{2h}，C_2
$[M(A=B)_2a_2]$	8	3	C_{2h}，C_{2v}，C_2，C_1
$[M(A=A)a_3b]$	2	0	C_s
$[M(A=B)a_3b]$	4	1	C_s，C_1
[M(A=A)(B=C)ab]	10	5	C_1
$[M(A=A)(B=C)a_2]$	5	2	C_s，C_1
$[M(A=A)a_4]$	1	0	C_{2v}
$[M(A=B)a_4]$	1	0	C_s
[M(A=B)(C=D)ab]	20	10	C_1
$[M(A=B)(C=D)a_2]$	10	4	C_s，C_1
$[M(A=A)_3]$	2	1	D_3
$[M(A=B)_3]$	4	2	C_3，C_1
$[M(A=A)_2(B=B)]$	2	1	C_2
$[M(A=A)_2(B=C)]$	2	1	C_1
[M(A=A)(B=C)(D=E)]	8	4	C_1
[M(A=A)(B=B)(C=D)]	4	2	C_1
[M(A=A)(B=B)(C=C)]	2	1	C_1
$[M(A=A)(B=C)_2]$	6	3	C_1
[M(A=B)(C=D)(E=F)]	16	8	C_1

有一种过剩的手性配合物OC-6$[M(A=A)_3]$，许多情况下这些对映异构体已经通过用纯对映异构反离子形成非对映异构盐得到纯化。然而处于+Ⅲ氧化状态的金属的三乙酰丙酮配合物是中性的，不能应用成盐方法。对

于［$Cr^{III}(CFCOCHCOCF_3)_3$］，已成功利用手性气相色谱柱分离为对映异构体[44]。纯无机配体配位的三（双齿配体）OC-6配合物的一个有趣的例子是氨铂硫化物（NH_4）$_2$［$Pt(S_5)_3$］（H_2O）$_2$和（NH_4）$_2$［$Pt(S_6)_2(S_5)$］（H_2O）$_2$[45-47]（图5.26）。

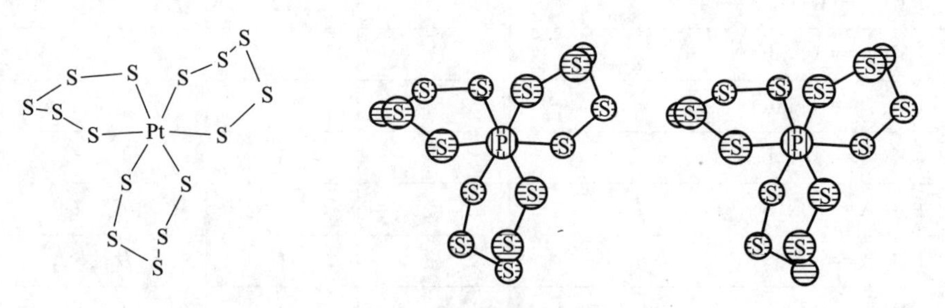

图5.26 ［$Pt(S_5)_3$］$^{2-}$的Δ-形式的立体对

这些化合物可从溶液中结晶得到，S_{15}配合物在较高的pH值时结晶，S_{17}配合物在较低的pH值时结晶。S_{15}配合物可以通过［$Ru(bpy)_3$］$^{2+}$分离为对映异构体，而如果将pH值严格控制在9.2左右，S_{17}配合物将同时结晶为纯对映异构体的化合物。很显然，通过手性特征诱导一种对映异构体的晶体的生长，这种对映异构体作为唯一产物的形成过程是动力学控制反应。可能有Pt^{II}参与的快速溶解过程可以有效地补充这种对映异构体的浓度，保证溶液在结晶过程中几乎是外消旋的。

当然，三个配体（A^B）会给出两对对映异构体，可分别以*fac*-和*mer*-命名。前者具有C_3对称性，后者具有C_1对称性。在含有有机配体的抗磁性配合物中，如［Co^{III}(甘氨酸)$_3$］，可以很容易地通过^{13}C NMR谱区别两个非对映异构体，其中*fac*-异构体显示3个信号而*mer*-异构体显示6个信号[48]。

TP-6 这种构型的顺式（*cis*-）位置为平行线，因此配合物不具有手性，这方面TP-6比OC-6要更简单一点。实际上，TP-6可能是手性OC-6配合物的外消旋化过程中一个非手性过渡态。我们将在第7.1节进行详细讨论。

OC-6和TP-6之间的联系 对于配合物［M(A=A)$_3$］，可根据角度参数（图5.27）和标准化螯合度值给出从OC-6到TP-6的变形。

为了确定标准化螯合度和角度θ之间的联系，Kepert[40]应用排斥模型分析了158种配合物。根据与排斥模型的对比，两个参数间有很好的一致性，但也有一些例外。这些[49]就是所有含有二硫配体的三（双齿）螯合配合物。

Kepert[40]也讨论了由双齿配体形成的配位数大于6的配合物。

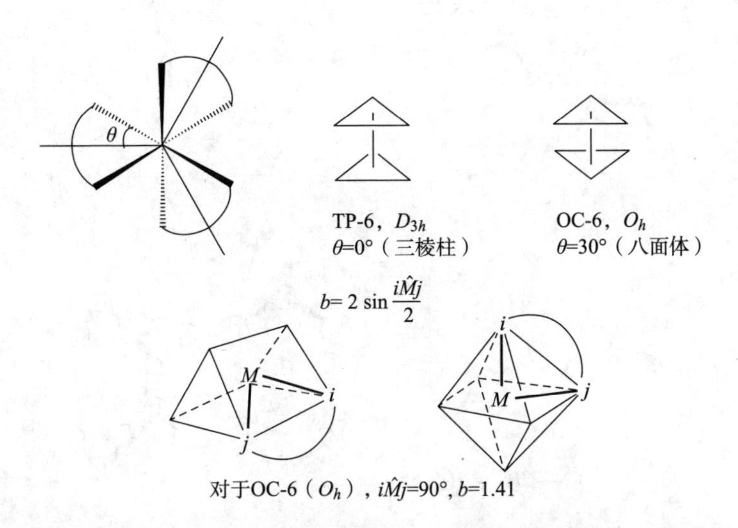

图 5.27　配合物从 OC－6 到 TP－6 的 θ（扭角）和标准化 b（螯合度）

5.3.2　偏离平面性的双齿螯合配体

只有特殊的一些配体，如 2,2′－联吡啶、1,10－邻菲咯啉，以及其他一些螯合环中存在离域 p 键的配体是严格的平面结构。但是，即使 π 键分子在金属配合物中也可能略微偏离平面性，那些配体原子间是脂肪族结构连接的配体本质上就是非平面的。我们列出了以下配合物用以区别三种不同的非平面类型：（a）本质上是平面的配体，由于配体间的相互作用而变成非平面结构；（b）由于配体的结构性质，从而形成非刚性、非平面几何构型的双齿螯合物；（c）由于配体内的相互作用，形成刚性、非平面几何构型的配体。这三种情况的典型例子可见图 5.28。

在本节中，我们只讨论情形（a）和（b），因为（c）涉及大部分手性配体或者至少有手性中心的配体。这部分将在 5.5 节中讨论。

配体－配体间相互作用形成的非平面配体　通常认为在非配位形式下具有固有平面性的配体，如 1,10－邻菲咯啉，或者通过改变二面角而不改变键角可转化为平面构型的配体，如 2,2－联吡啶（通过旋转两个吡啶环间的 C—C 键），在配位单元中是平面的。这往往是一种很理想的状态，然而在特殊情况下，对平面性的偏离是很明显的。这已经被观察到，如在具有两个平面芳香配体的 SP－4 配合物中，配体间的相互作用十分强烈，以致所有原子不再具有共面性。Pt^{II} 均一配位的双环金属配合物（图 5.28（a）和图 5.30）显示出形成 SP－4 顺式构型的强烈趋势[50]。如果所有原子位于同一平面上，这种配合物的对称性最可能是 C_{2v}；如果 R 是配体的分子片段，并且与其他

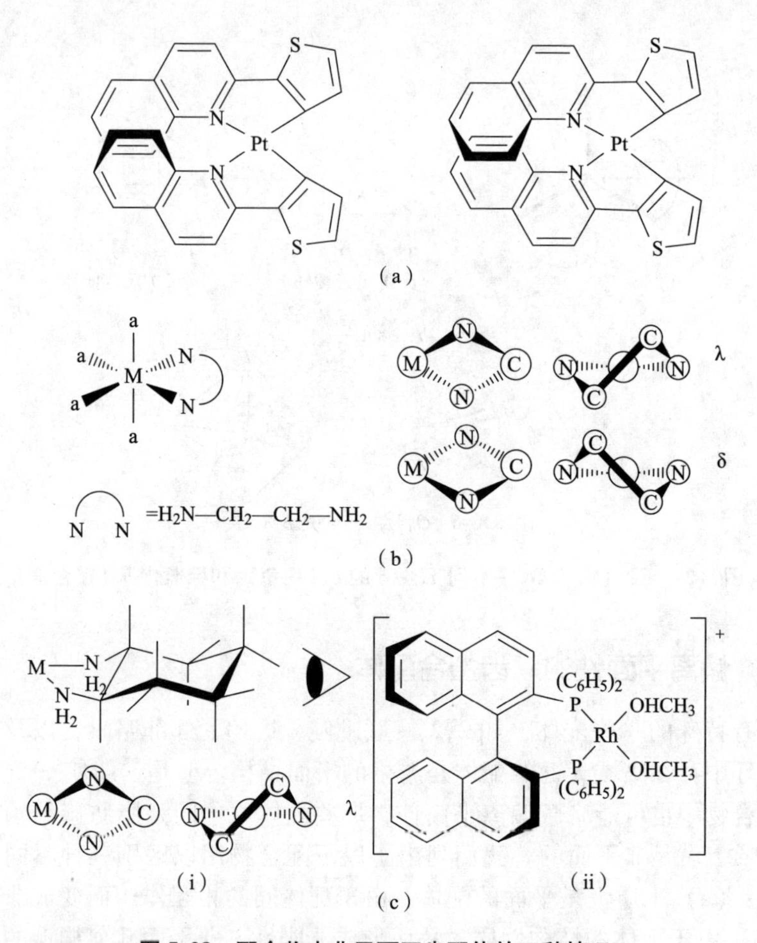

图 5.28 配合物中非平面双齿配体的三种情况

(a) [$Pt(thq)_2$]，其中 H - thq = (2′ - 噻吩) - 2 - 喹啉；(b) en = 1,2 - 乙二胺（可能存在两种构象，这里以 [$M(en)a_4$] 为例）；(c) [$Rh(Binap)L_2$]$^+$，其中 Binap = 2,2′ - 双（二苯基膦）- 1,1′ - 联萘。对于 (*S*) - BINAP，七元螯合环固定为斜船构象

配体的 R 在空间中有强烈的作用，则会发生扭转。

这种扭转只能降低对称性，因此扭转的分子一定属于 C_{2v} 群，即 C_2、C_s 或者 C_1。扭转为 C_s 意味着两个 R 基同时向上或向下弯曲，此时不能降低分子中的张力。另外，扭转为 C_2 时，对应于 R 基分别相对于分子平面向上和向下扭曲，这种扭曲可降低分子中的张力。从图 5.29 中指示的箭头方向看，配体的排列如图 5.30 所示。

这是螺旋手性分子的最简单的情况之一，并且它代表一个双叶螺旋桨分子，该分子的手性可直接用 4.4 节中介绍的 Δ、Λ 描述符指定。

这类化合物的一个实例是 [$Pt(diphpy)_2$]，它是报道的这类化合物中第一

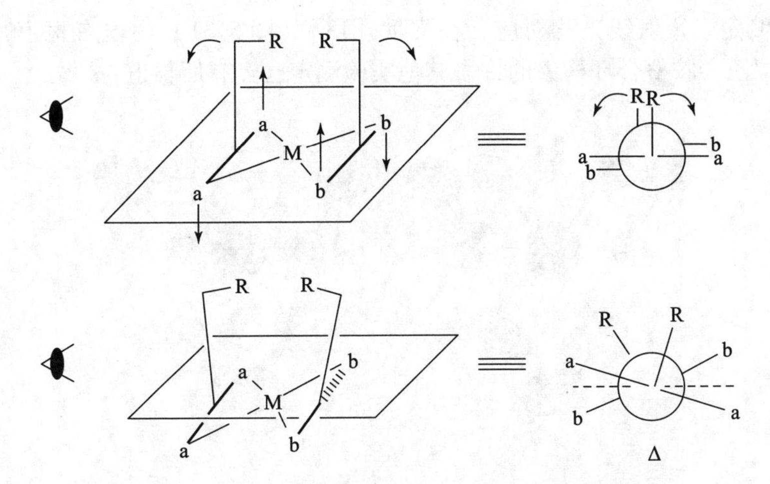

图 5.29　配体相互作用的 SP－4 配合物的示意图

（实例见图 5.30）

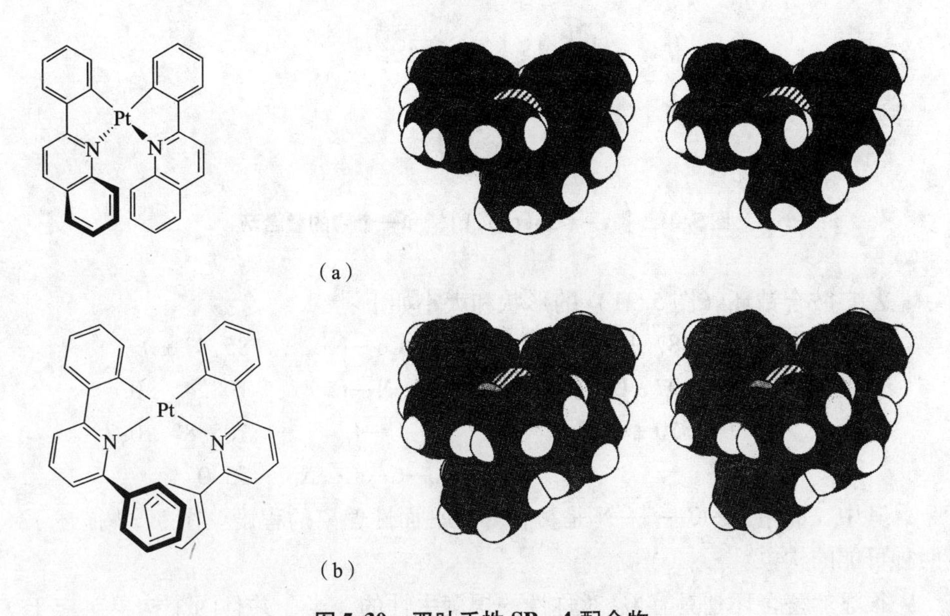

图 5.30　双叶手性 SP－4 配合物

(a) $[Pt(thq)_2]$；(b) $[Pt(phpy\{ph-H\})_2]$

个手性配合物[51]。然而，这并不代表不是一个独立的情况，而且一些其他相似的配合物也已经制备了出来（A. von Zelewsky 等，未出版的工作）。

配体构象，五元螯合环　正如 Corey 和 Bailar[32] 首次所指出的，一些螯合环，如 1,2－乙二胺（en），没有严重扭曲的键角和键长就不可能是平面的。图 5.31 中列出了典型的结构数据，这些数据与配合物 $[Co(en)_3][Ni(CN)_5]$

的实验测定（X 射线）相对应，在文献［18］（图 5. 31）中也有报道其配位数为 5。乙二胺螯合环构象的许多其他实验测定已经有所报道。

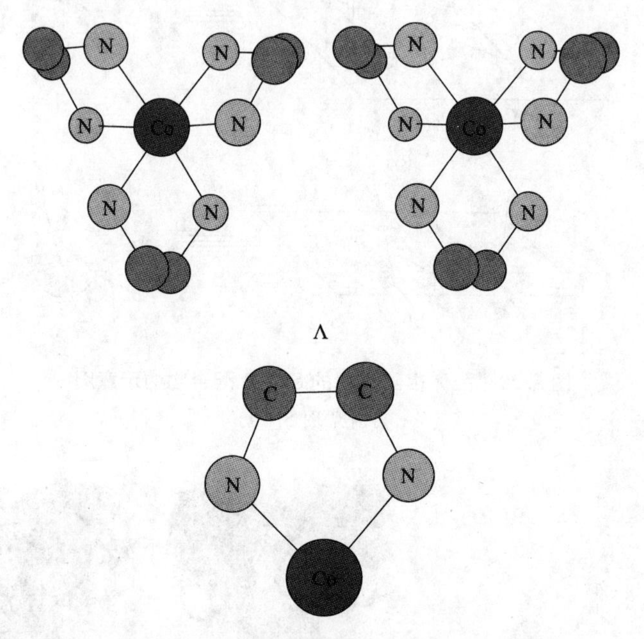

图 5. 31　$[\Lambda-(Co(en)_3)]^{3+}$ 和一个它的螯合环

乙二胺合钴环（图 5. 31）的形状和大小如下：

Co—N	(1. 987 ±0. 004) Å[①]	N—Co—N	85. 4° ±0. 3°
N—C	(1. 497 ±0. 010) Å	Co—N—C	108. 4° ±0. 5°
C—C	(1. 510 ±0. 010) Å	N—C—C	105. 8° ±0. 7°
		N—C—C—N	55. 0°

其中二面角 N—C—C—N 是螯合环对平面性偏离的程度。图 5. 32 描述了两种可能的构象。

很显然螯合环是具有 C_2 对称性的螺旋手性的一半，并且两个构象对应于一个对映体对。螺旋手性的描述符显然是合适的，分别用 δ 和 λ 表示这些螺旋手性构象（图 5. 32）。

当 2,2′ - 二氨基联苯作为螯合配体进行配位时，也可以获得手性构象的配合物（图 5. 33）。

自由配体的最稳定的构象是具有 C_2 对称性的两个苯环的非共面取向，这

① 1Å =0. 1 nm。

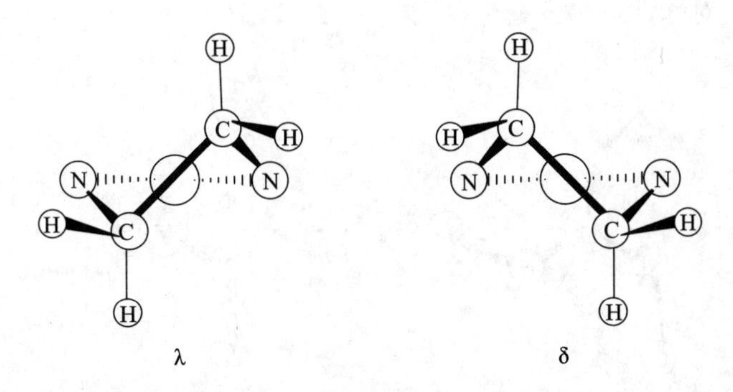

图5.32　螯合环中含有T－4碳原子的五元螯合环的两个对映异构的构象

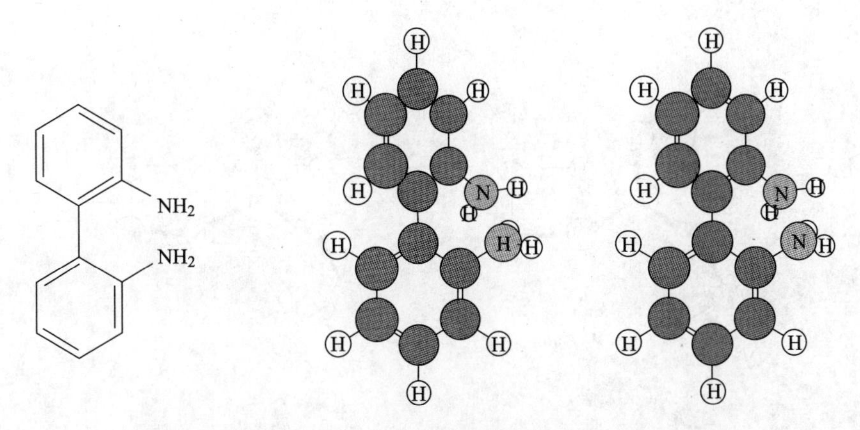

图5.33　含有2,2′－二氨基联苯配体的螯合环的立体像对

种对称性在配位时仍可保持[52]。

由于配体构象，SP－4和T－4配合物［M(en)$_2$］分别有三种立体异构体，即一对C_2对称性的外消旋体δδ/λλ和一个C_s对称性的非手性形式δλ。在这些情况下，构象间的能量差和构象转化的能垒都很小，因此不存在单独的异构体。另外，对于2,2′－二氨基联苯，其构象转化的活化能则相对较高。配合物［铂(2,2′－二氨基联苯)（乙二胺)］$^{2+}$已经被拆分为对映体的形式[52]，在室温下它不能在溶液中发生外消旋。这种配合物目前还没有现成的结构数据，因此两个苯环的二面角是未知的。

正如Corey和Bailar在关于螯合环构象的第一本出版物中提到的那样，真正特殊的情况是OC－6［M(en)$_3$］配位单元。由于双齿配体（Δ/Λ）的螺旋排列，这种配位单元是固有手性的，具有以下的非对映构象，常常出现在对映体对（图5.34）中：Δ(δδδ)/Λ(λλλ)、Δ(δδλ)/Λ(δλλ)、Δ(δλλ)/Λ(λδδ)、Δ(λλλ)/Λ(δδδ)。其中同构象配合物为D_3对称性，而混合构象配合

物降低为 C_2 对称性。

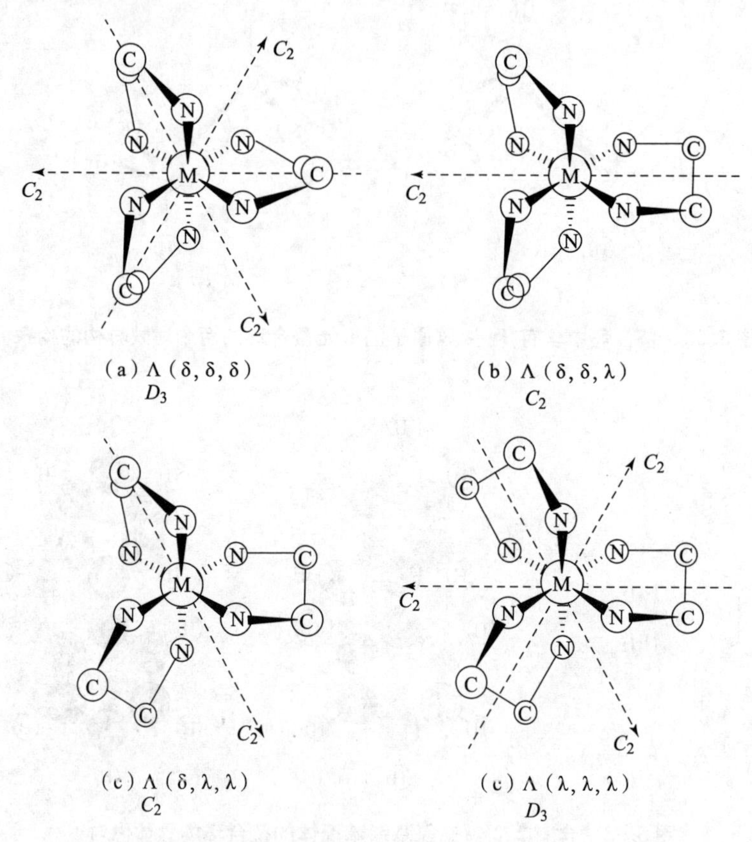

图 5.34　沿三重轴或三重像转轴，OC-6［M(en)$_3$］配合物的 Λ(δδδ)，Λ(δδλ)，Λ(δλλ)，Λ(λλλ) 投影

如图 5.34 所示，如果沿着（a）和（d）的三重轴，或沿着 C_2 对称性的（b）和（c）的三重像转轴看，螯合环具有不同的投影。在（a）中，C—C 键方向几乎平行于三重轴，使得第二个碳原子看上去是藏在顶部碳原子的后面。在（d）中，配体的 C—C 键是清晰可见的，因为它和三重轴的夹角在 30°范围内。在混合情况下，同一配合物中会出现两种投影。由于这一性质，引入了对这类配体构象的描述符 ob（斜交）和 lel（平行）[32]。有时使用这些描述符非常实用。需要指出的是，描述符 ob 和 lel 通常与手性描述符 δ 和 λ 不是直接对应的。下面的表示很容易建立这两种不同方式描述符之间的关系：

Λ(δδδ)↔Λ(lel, lel, lel) 和 Λ(λλλ)↔Λ(ob, ob, ob)

Δ(λλλ)↔Δ(lel, lel, lel) 和 Δ(δδδ)↔Λ(ob, ob, ob)

只有当至少有两个双齿配体与一个金属离子配位时，才能用 lel 和 ob 定义，因此，剩下的两个位置为顺式位置。投影轴为三重旋转轴 C_3 或三重像转

轴 S_3 轴，它与八面体中的三个顺式位置相联系。另外，λ 和 δ 定义的是单个螯合环。

图 5.34 所示的四个非对映异构体，在热力学意义上一般具有不同的化学势。它们代表能量超曲面的局部最小值，这对于预测哪种构象对应于整体的最小值也是很重要的。混合构象 δλλ 和 δδλ 与任何一种纯构象 δδδ 和 λλλ 相比有较高的统计比重，因此是热力学熵方面的首选。在任何情况下，构象的能量差异相对较小，配体构象间的转化能垒也很小，使得这些转换过程速度很快。通过 X 射线衍射在大量实例中得到了五元螯合环的构象[53-55]，并利用 NMR 光谱[33]和力场计算[34]进行了构象分析。配体构象的转化率通常在 NMR 方法的可测量范围内，因此 H NMR 光谱非常适用于这种研究。

对于环转化（是一个在非手性或外消旋环境下，$\Delta G^0=0$ 的过程）的应变能最小化研究：$[Co(\delta-en)(NH_3)_4]^{3+} \rightarrow [Co(\lambda-en)(NH_3)_4]^{3+}$。

结果表明，转化的能垒为 15.7 kJ · mol^{-1}[56]。对 N,N,N',N'-四甲基乙烷-1，2-二胺（tmen）进行相似的计算，结果显著增加为 24.6 kJ · mol^{-1}。然而当4个氨配体被两个 en 螯合物代替后，$[Co(en)_3]^{3+}$ 中的每个螯合环的转化能垒只增加为 17.1 kJ · mol^{-1}。

构象分析尤其适用于含有非氢取代基的配体情况，如 1,2-丙邻二胺（pn）。当然 pn 是一个手性配体，在配合物中必须考虑这一点。这里我们要讨论的只是螯合环的构象。在图 5.35 中，如果氢原子被甲基取代，甲基基团相对于螯合环有两种可能的方向：纬向（e）和经向（a）。

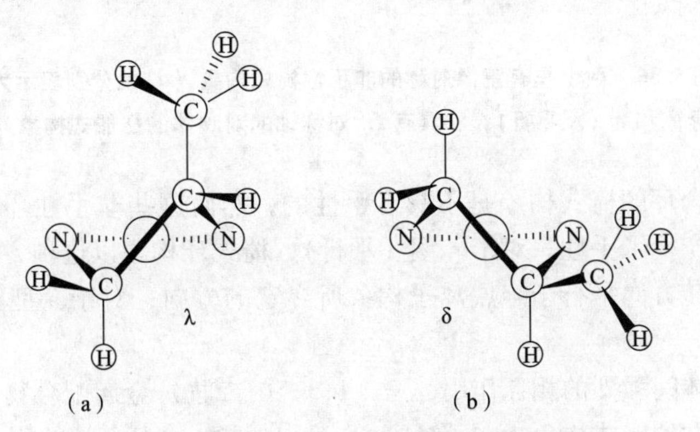

图 5.35　配位的 1,2-二丙胺中甲基基团的纬向（δ-构象）和经向（λ-构象）的方向

实验表明：大多数情况下，对（e）的倾向比它在环己烷中更强烈（参考文献［29］，第 686 页），这在理论上也是可理解的。因此，可以放心地假设所有 pn 配合物中都是纬向的排列。这个规则可以推广到任何一种取代。

配体构象，六元螯合环 已经从环的构象入手，对几种六元螯合环配合物进行了详细的研究。除了配体的夹角通常在约 90°外，这类六元环与在有机化学中被大量研究的环已烷基本类似。这类配合物存在四种可能的配体构象（图 5.36），例如，对于三（1,3 - 丙二胺）金属配合物：具有镜像对称的两个刚性椅式构象（表示为 p 和 a）和具有 C_2 轴的两个对映体的扭船式构象（表示为 λ 和 δ）[57]。

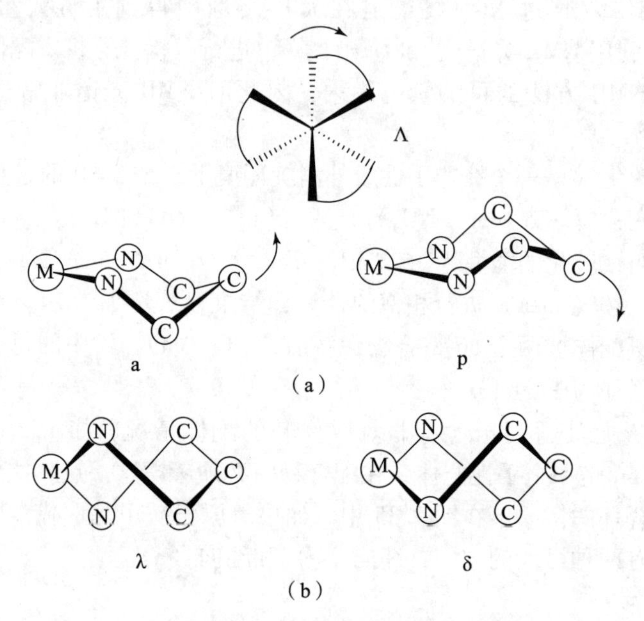

图 5.36 两个具有镜像对称的非手性椅式构象（a），分别表示为 p（平行）和 a（反平行），和具有 C_2 对称轴的对映体的扭船式构象（b）[57]

六元螯合环的椅式构象是不具有手性的，然而这些非手性环与金属中心的相互作用产生了手性。对于 p 型（平行），椅式环构象以这种方式折叠：中心离子的旋转方向平行于金属离子构象所界定的方向；对于 a 型（反平行），情况则相反。

由于配体间强烈的相互作用，三（1,3 - 丙二胺）金属配合物不可能出现具有镜像对称的船式构象。在［$M(1,3-pn)_3$］中，配合物的每一种螺旋构象 Δ 或 Λ 存在 16 种可能的构象组合[58]。相对于 3 个配体的构象，有 3 种为纯构象，其他为混合构象。这些构象的能量差异都相对较小，而且相似的配合物表现出不同的排列方式。而在配合物［$Co(1,3-pn)_3$］$X_3(H_2O)$（X = Cl，Br）中，配体为（椅式）$_3$ 的纯构象[59]，在相似的 Cr^{III} 配合物

[Co(1,3 - pn)$_3$][Ni(CN)$_5$](H$_2$O)$_2$ 中为（椅式）$_2$（扭船式）的混合构象排列[60]。

如果金属配合物发生在螯合环本身，它的构象则不仅与配位单元相关。在 Thummel 等[61]对一系列配体进行的研究中（5.10），把配体构象作为脂肪桥的长度函数进行了预测。

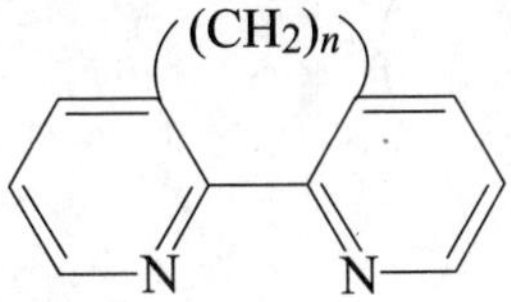

$(CH_2)_n$

N　N　　　　(5.10)

中心环的构象强烈依赖于碳原子的数目。对于 $n = 2$ 和 3，构象变化是非常不稳定的，但对于 $n = 4$（即八元环），两个吡啶单元将不再共平面。在一个三配合物中，获得的是纯构象排列，而在 [Ru(bpy)$_2$(3,3′ - 丁烯 - 2,2′ - 双吡啶)]$^{2+}$ 中则观察到 4 种异构体。

5.4　含有非环状多齿配体的配位单元

多齿配体形成的分子是一个无限集，因此不可能完全列举。然而一些系统的研究能够有助于理解，也有助于启示合成化学家去构建具有特殊立体化学特性的配体。Bernauer[62]的一项研究用一种简捷的方法探讨了多齿配体的非对映立体异构现象和非对映立体选择性的许多方面。

作为基础，接下来要讨论的是三、四、五和六齿配体，它们本身都是非手性的，具有如图 5.37 所示的简单框架。

为简单起见，假定配体原子间的桥是相同的（例如两个 CH_2 基团），同时忽略螯合环的构象。需要解决的问题是：考虑包含有上述配体中的一种，且具有一个螯合环上的配位原子在顺式位置进行配位的配合物，此外要确定存在的异构体的数量和种类。而且，要讨论配位数为 4、5 和 6 的情况，并特别强调 OC - 6 构型。

配位数为 4

SP - 4　三齿（A^A^A）和四齿（A^A^A^A）配体可以形成 SP - 4 配合物，这类配合物有大量已知的实例，尤其是对 d^8 金属。这些配合物的拓扑立体化学相对简单，对它们的研究没有得出特殊的性质。

T - 4　四面体的边所形成的 60°小角，对多齿配体的配位很不利。这种小角要么使一些小螯合环产生很大的张力，要么使较大环中的螯合效果减弱。

配位数为 5

Kepert[40]利用排斥模型对已知的有限数量的 [M(A^A^A)(l)$_2$] 型配合物

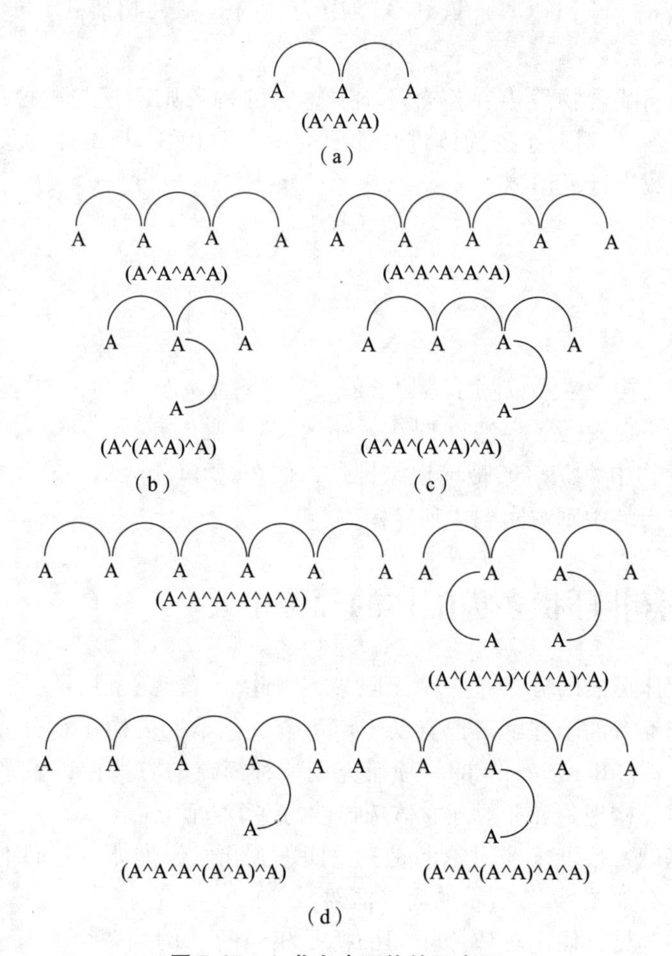

图 5.37　一些多齿配体的示意图

(a) 三齿配体；(b) 四齿配体；(c) 五齿配体；(d) 六齿配体

进行了讨论。在理想的多面体 TB－5 和 SPY－5 中，分别有 3 种和 4 种可能的排列（图 5.38）。它们的两个螯合环之间的角度明显不同。

四齿配体［A^(A^A)^A］由于它的三脚架结构，具有稳定的 TB－5 配位几何构型，并已有了许多实例的报道。

V^{IV}中心具有独特的配位几何构型，它更容易形成不活泼的单元：氧钒（Ⅳ）或氧钒离子 VO^{2+}。通过 H_4depa－X[63] 的四重去质子化得到的配体，为 VO^{2+}提供了环境（图 5.39），形成高度稳定的配合物。

然而 V^{IV}不总是以氧钒（Ⅳ）的形式出现，它能够与具有标准的 OC－6 配位几何构型，如儿茶酚类化合物形成配合物[64]。

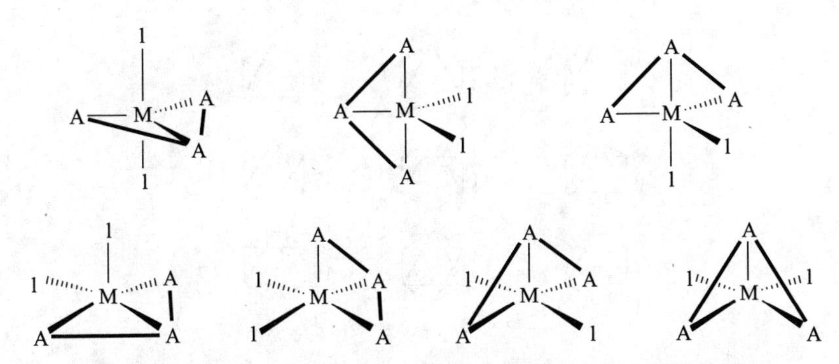

图 5.38 三齿配体（A^A^A）在 TB－5 和 SPY－5 中可能的排列

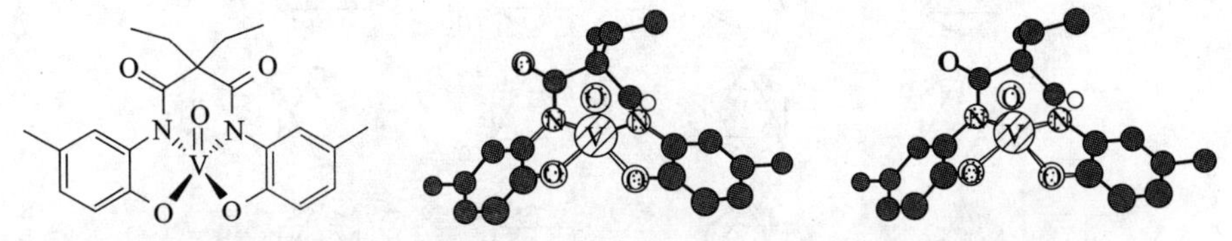

图 5.39 一个配位数为 5（4＋1）的以 VO^{2+} 为配位中心的配合物

配位数为 6

目前对多齿配体研究最多的配位几何构型就是 OC－6。它存在许多可能的配体排列和立体异构现象。我们想以一种比较通用的方法来讨论这个情况。为了这个目的，考虑整套八面体边缘构型是很有用的。一个边缘构型由一定数量的八面体边缘 N 决定，这个 N 是经过选择的，它可以作为螯合环跨越这个边缘的符号。这个问题在文献中已经有详细的讨论[65]。对于 $0 \leqslant N \leqslant 12$，共有 144 种这样的构型。图 5.40 包含了 $0 \leqslant N \leqslant 6$ 的构型。$7 \leqslant N \leqslant 12$ 的构型可通过采用所谓的互补构型直接导出，即 $12-N$ 边的选择与 N 边的选择互为反向。这有助于绘制所有这些边缘构型，进而研究它们与实际配体的配位之间的关系，如上面提到的配体。我们暂时忽略异构现象，因为胺供电子基团在与金属配位时可以成为立体中心。这一现象的结果将在 5.5 节进行讨论。同时我们忽略螯合环的非平面性。

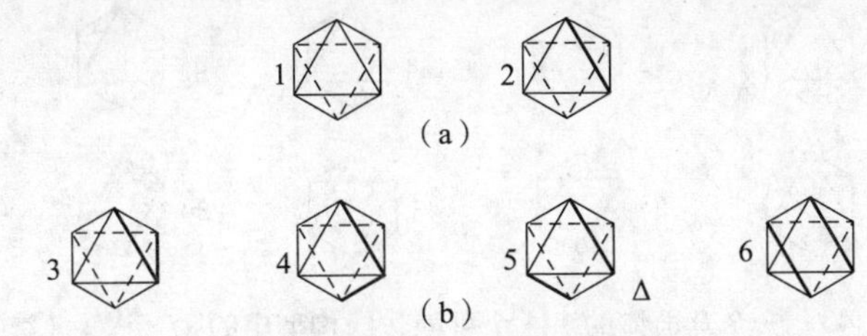

图 5.40 一个八面体的 144 个可能边缘构型中的 87 个[65]

（其余 57 个构型是 1～57 的反转。这里显示的编号方法贯穿于本书。给出了固有手性构型的描述符）

(a) $N=0$ 和 $N=1$；(b) $N=2$

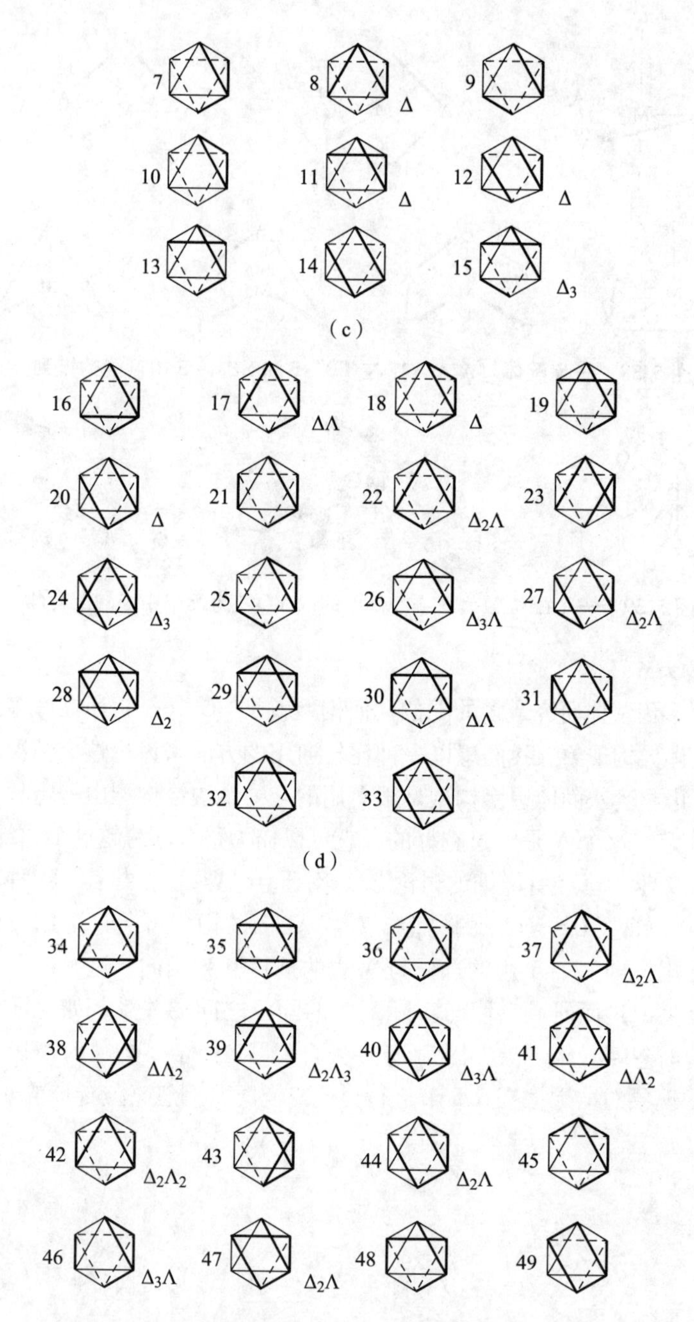

图 5.40　一个八面体的 144 个可能边缘构型中的 87 个[65]**（续）**

（其余 57 个构型是 1 ~ 57 的反转。这里显示的编号方法贯穿于本书。给出了固有手性构型的描述符）

（c）$N=3$；（d）$N=4$

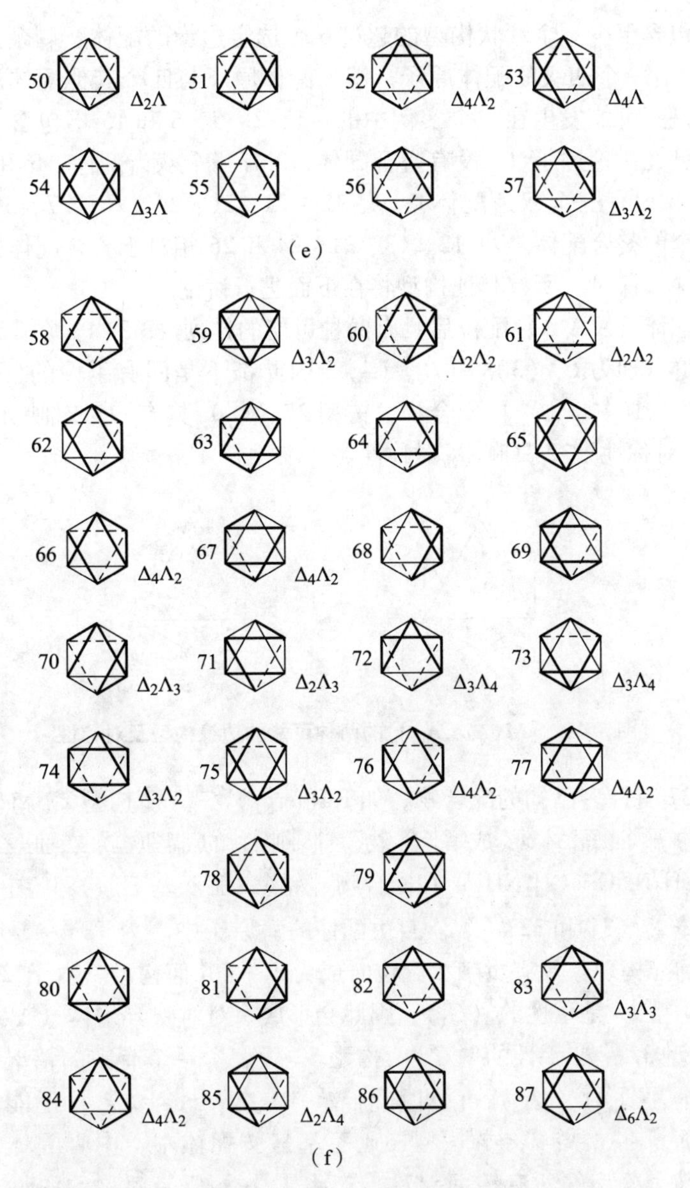

图5.40 一个八面体的144个可能边缘构型中的87个[65]（续）

（其余57个构型是1~57的反转。这里显示的编号方法贯穿于本书。给出了固有手性构型的描述符）

(e) $N=5$；(f) $N=6$

根据参考文献［65］，我们将给边缘构型进行编号，并排除那些不属于目前讨论主题的构型。这里只考虑非环多齿配体：10、18、25、29、33、34、36、37、38、43、44、45、46、47、49、51、55、56和58~87的所有构型，当然还有所有包含至少一个环状构型的超过 6 个选定边缘的配体。剩余的配体中，16 和 35 含有一个四级的配体原子，即该配体原子与四个其他配体原子连接，这种情况是不可能发生在一个实例中的。1、2、5、6 和 15 不包含多齿配体，这些构型已经讨论过了（1 没有螯合配体，2 有一个双齿配体，5 和 6 有两个双齿配体，15 有三个双齿配体）。9、12、13、21、24、26、27、31 和 32 包含多于一个的螯合配体。9、12、13、21、24 和 26 相对于螯合配体是混配的，我们不再深入探讨。所有其他构型将在下面进行讨论。

三齿配体（A^A^A）配位后具有两种可能的排列（3 和4）（图5.41）。它们的对称群分别为 C_s（3）和 C_{2v}（4），因此都不是固有手性的。数 27、31 和 32 代表［$M(A^A^A)_2$］配合物。构型 27（C_1）具有一对对映异构体，而 31 具有 C_i 对称性，32 具有 C_{2d} 对称性。

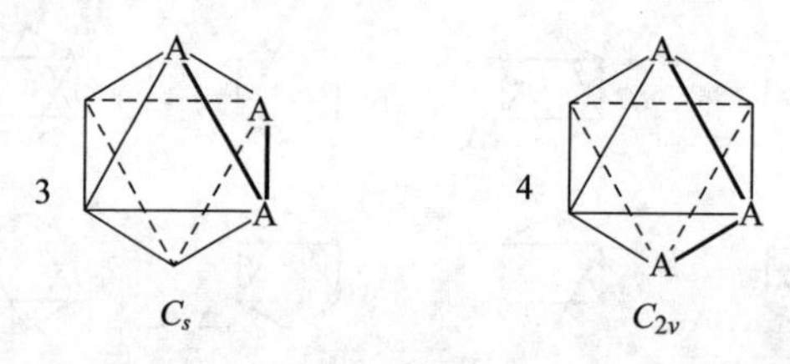

图 5.41 ［M(A^A^A)］的两种可能的边缘构型及对称性

构型 32 有许多已知的配合物，如 $Ru(terpy)_2^{2+}$[66]。构型 27 和 31 不能与如 terpy 的平面配体形成配合物。非刚性的脂肪族二亚乙基三胺（$H_2NCH_2CH_2NHCH_2CH_2NH_2$）在配合物［钴(二亚乙基三胺)$_2$]$^{3+}$ 中形成所有三种异构体 27、31 和 32[67-69]。自由配体的氮原子中心为 TPY-3 几何构型，对配合物的异构现象具有贡献，配位时成为 T-4 几何构型。由于螯合环构型的优点，构型 27 是手性的（C_2），因此会形成一对对映异构体（$\Delta_2\Lambda/\Lambda_2\Delta$ = Δ/Λ）。构型 31 是非手性的（C_i）。构型 32 代表了一个有趣的情况，它的边缘构型是非手性的（D_{2d}），因此配合物［$M(A=A=A)_2$］不能构成对映体对。然而，在（A≈A≈A）型二亚乙基三胺配体中，中心配体原子的非平面性打破了构型的所有镜面对称，产生了一个 C_2-对称的手性构型（图 5.42）。

需要注意，配位时没有手性中心产生。中心的仲胺基团上的两个 N—H 键的方向是两条正交的线，因此不能使用 Δ/Λ 描述符。但是在定向线手性参照系中是可以使用 Δ/Λ 描述符的。已经将对映异构体进行了分离，它们不会很快发生外消旋[67]。

另一种三齿配体的代表是 1,1,1-三(氨乙基)乙烷(tame)，这个配体只能以面式配位形成 OC-6 几何配位构型。

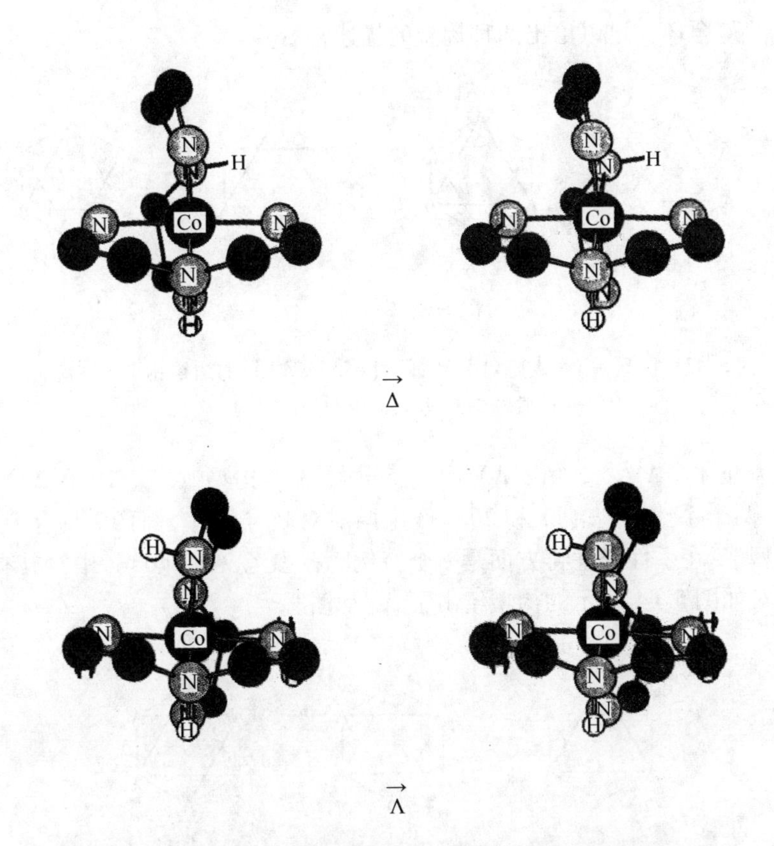

图 5.42　二亚乙基三胺配体的边缘构型 32 的对映异构体的立体对

在固态时，2∶1 的配合物 $[Co(tame)_2]^{3+}$ 具有接近 D_3 的对称性[70]，表明两个帽配体具有相同的构象。一个帽配体中发生结构扭曲将使对称性变为 S_6，即非手性构型，预测其在溶液中的相互转换是十分迅速的。

四齿配体［A^(A^A)^A］可能具有一种非手性的构型（图 5.43（a））。如果不考虑螯合环的非平面性，线型的（A^A^A^A）具有 5 种构型（两对对映异构体 + 一个非手性构型），即 8、11 和 14（图 5.43（b），（c），（d））。事实上（A^A^A^A）的两个仲胺在配位时将变为手性中心，增加异构体的数目。我们将在手性配体部分讨论这些手性中心。在第一个关于含有三亚乙基四胺配体的配合物的报道中[71]，构型分别命名为 α－顺式（8），β－顺式（11）和反式（14），这个命名法后来被许多作者所使用[72,73]。这里我们更喜欢使用边缘构型的编号方法，或者根据对称性分类，分别为 C_2（8）、C_1（11）和 C_{2v}（14）。构型 8 和 11 是手性构型，这引发了关于应该使用哪种手性描述符的问题，参考文献［65］中对这个问题进行了充分的讨论，读者可以参阅这一文献获取更详尽的内容。根据现有的 IUPAC 命名规则：命名手性时必须包括末端的螯合环，足以给出两种构型的描述符 Δ。

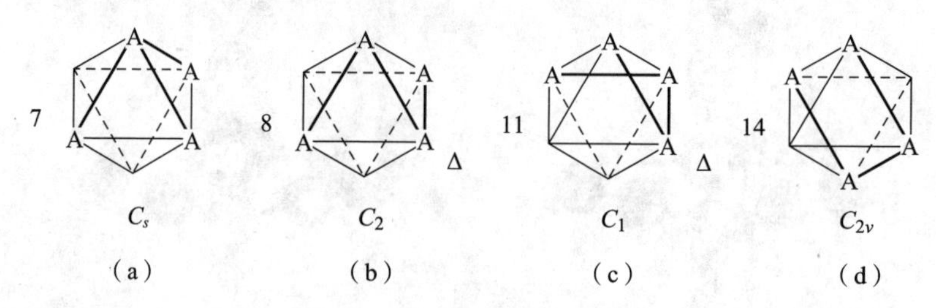

图 5.43 ［M(A^(A^A)^A)］和［M(A^A^A^A)］的边缘构型及对称性

（通常分别称构型 8 和 11 为 a 和 b）

五齿配体（A^A^(A^A)^A）具有 5 种可能的构型（17、19 和 20）（图 5.44）。两个手性构型（17 和 20）产生两对对映异构体，而 19 具有 C_s 对称性。构型 17 在手性描述符方面是一个特例。在参考文献［65］中对其有所探讨，并对如图 5.44 所示的构型给出了 Λ 描述符。

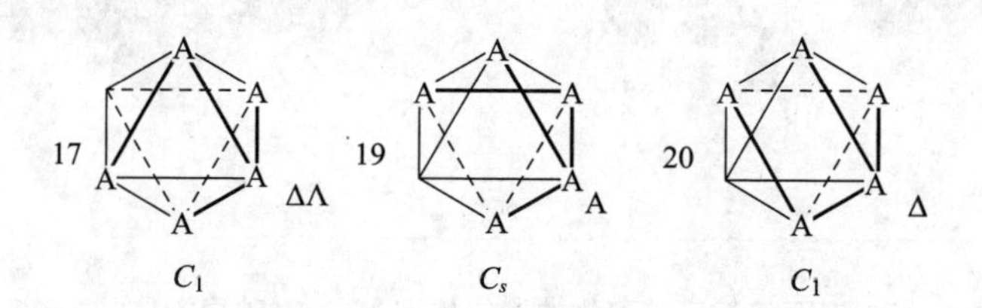

图 5.44 支链五齿配体（A^A^(A^A)^A）的边缘构型及对称性

线型配体（A^A^A^A^A）具有 7 种可能的构型（22、23、28、30）（图 5.45）。其中 3 个为手性配体，其对称性分别为：22（C_1）、28（C_2）、30（C_1）。可用图 5.45 中给出的手性描述符表示。构型 23 具有 C_s 对称性。

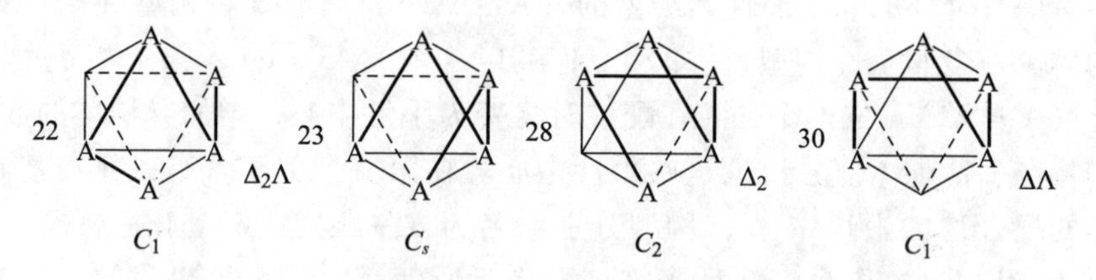

图 5.45 线型五齿配体（A^A^A^A^A）的边缘构型及对称性

六齿配体［(A^(A^A)^(A^A)^A)］仅具有两种构型，即手性、C_2 对称的构型 41 的一对对映异构体（图 5.46）。对应于该配体类型的胺是所谓的五亚乙基六胺（penten，pentaethylenehexamine）。已经制备了 Co^{III} 配合物[74]，对其对映异构体进行了分离并测定了它们的绝对构型[75,76]。

(A^A^(A^A)^A^A) 具有来自不对称构型 39 和 40 的两对对映异构体（图 5.46）。配体类型（A^A^A^(A^A)^A）共有 5 种构型，两对来自不对称的 42 和 50 的对映异构体和一个 C_s 对称的形式（48）（图 5.47）。

线型（A^A^A^A^A^A）(linpen) 共有 8 种构型，即来自构型 52(C_2)、53(C_1)、54(C_2) 和 57(C_2) 的 4 对对映异构体（图 5.48）。所有异构体已被分离并确定了它们的结构[77-79]。

上述配体构成一个特殊的选择，即考虑螯合环具有等原子序列。大量的多齿配体中形成了不同的螯合环。作为一个实例，我们讨论 EDTA。它形成 1 个 M(NCCN) 螯合环和 4 个 M(NCCO) 环。由于从对称的角度来看，它与五亚乙基六胺一样，显然它仅形成一个类型（41）的 C_2 对称的配合物。同时，使用 Bailar 表也得出了同样的结果[23]。已经确定了［Co(edta)］$^-$ 和其中一个对映异构体[(+)546 对映体]的绝对构型[80]。它的绝对构型是 ΔΛΔ，NCCN 螯合环具有 λ 构型。

Dwyer 和同事[81-84]在很久以前就研究了具有 3 个不同配体原子的线型六齿配体（O^N^S^S^N^O）（图 5.49）。

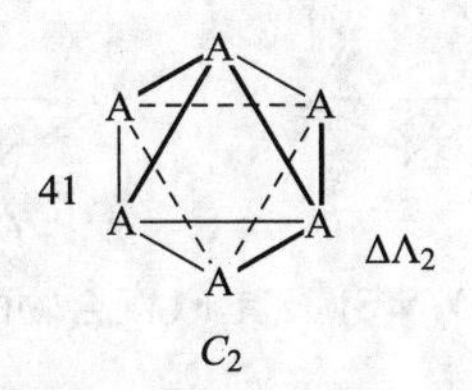

图 5.46　双臂六齿配体（A^(A^A)^(A^A)^A）的边缘构型及 C_2 对称性，乙二胺四乙酸（EDTA）配合物具有相同的构型

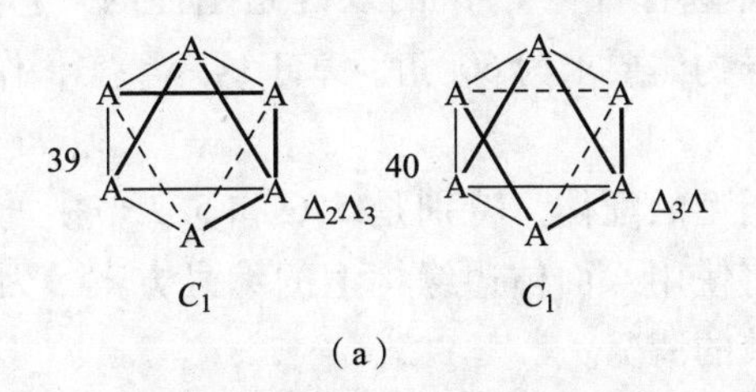

图 5.47　单支链六齿配体（a）（A^A^(A^A)^A^A）和（b）（A^A^A^(A^A)^A）的边缘构型及对称性

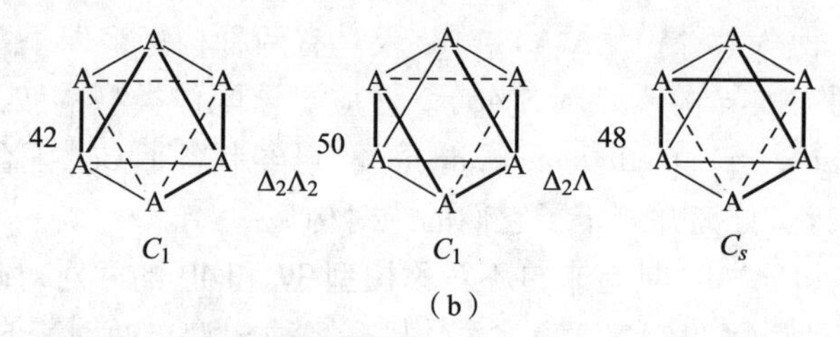

图 5.47　单支链六齿配体（a）（A^A^(A^A)^A^A）和（b）（A^A^A^(A^A)^A）的边缘构型及对称性（续）

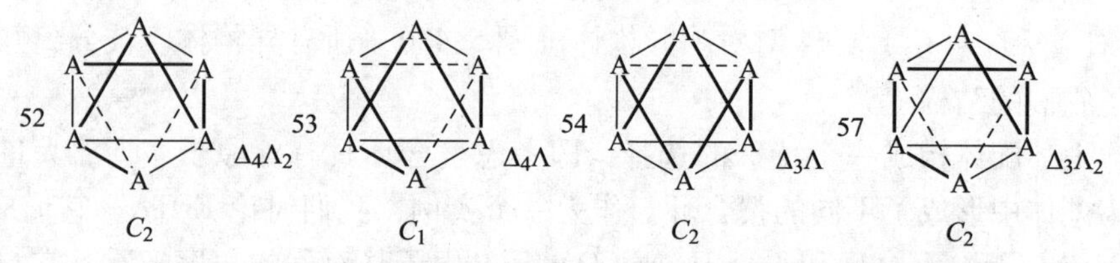

图 5.48　线型六齿配体（A^A^A^A^A^A）的边缘构型及对称性

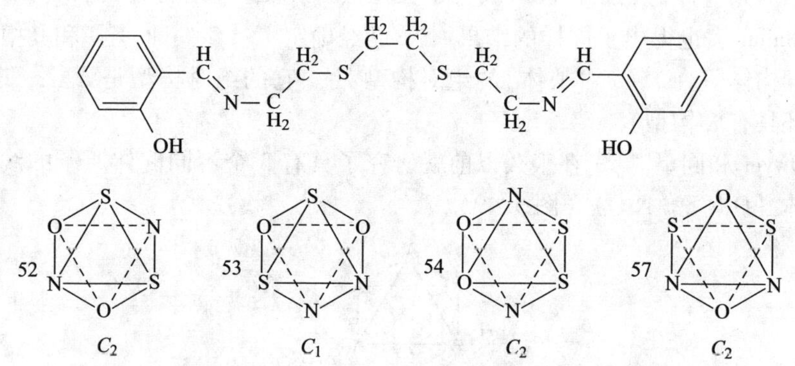

图 5.49　线型配体 $O_2N_2S_2$ 及其 M 配合物的 4 个非对映异构体

就线型六甲基四胺（linpen）而言，这个配体具有 4 对可能的对映异构体。已知的对映异构体中只对一对对映体进行了研究，结果显示引入不同的配体原子导致了立体选择性[85]。氮的双键是刚性的，它更易于形成 90°角，而其他三种非对映异构体要求为 60°角。基于这一事实，作者认为所制备的异构体是边缘构型 52。

对于含有其他类型的配体，特别是 5.6 和 5.7 节中的配体的配合物，在一些情况下，我们将使用八面体边缘构型的编号方案，因为它往往有助于将构型追溯到一个简单的情况。

去铁胺 B(DFO) 是一种（A^B˜A^B˜A^B）类型的线型六齿配体，是一种用于治疗慢性铁中毒的由链球菌产生的含铁细胞[86]。结构上它是一种异羟肟酸（5.11）。在这种情况下，4 个（A^A^A^A^A^A）的非对映体排列都可以出现两种形式。这些非对映异构体如图5.50所示。

这些异构体都是手性的，而配体本身是非手性的，因此它们显示出真正的对映异构体对[87-89]。有结果表明，大肠杆菌吸收的铁（Ⅲ）离子是对映选择性的，它选择的是金属配合物的Δ-绝对构型[90,91]。

多齿配体并不总是与所有供电子原子配位。螯合物的一个或几个“臂”没有“键连”到金属中心，这样的例子是非常多的。称之为悬挂（*pendant*）螯合作用。例如，乙二胺四乙酸形成的配合物，其中6个配体原子中只有5个、4个或2个参与了配位[92]。

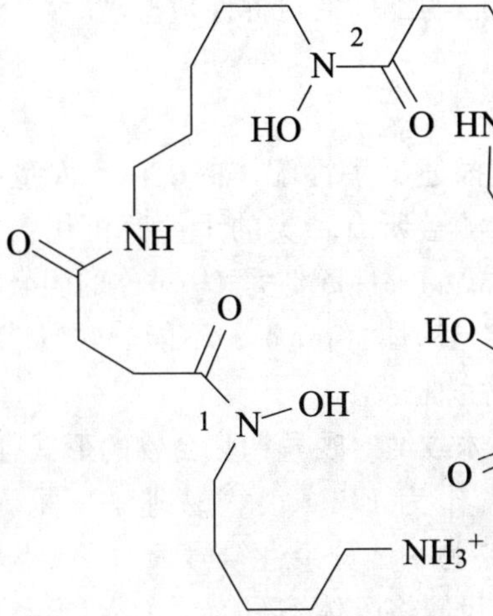

(5.11)

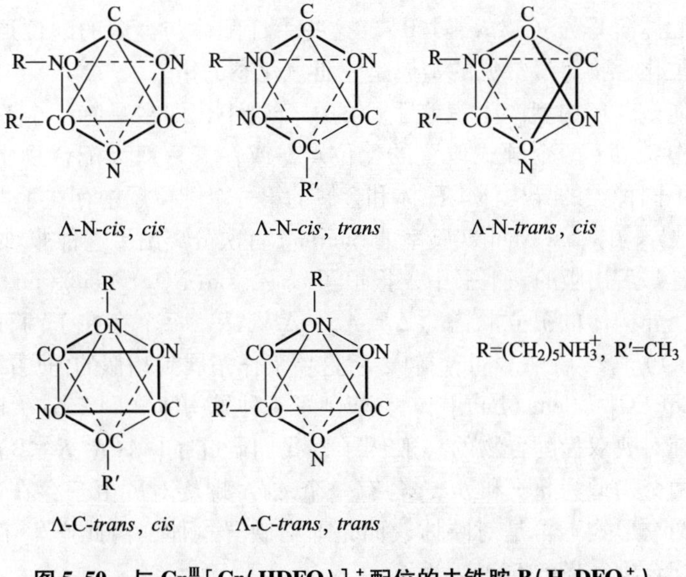

Λ-N-*cis*, *cis*　　Λ-N-*cis*, *trans*　　Λ-N-*trans*, *cis*

Λ-C-*trans*, *cis*　　Λ-C-*trans*, *trans*

$R=(CH_2)_5NH_3^+$, $R'=CH_3$

图5.50　与Cr^{III}[Cr(HDFO)]$^+$配位的去铁胺B(H_4DFO^+)配合物的5种非对映异构体(根据文献[87]命名)

5.5 具有手性要素配体的配位单元

本节中，将要讨论配体本身含有手性要素的配位单元。这种手性的基础被称为“邻近要素（vicinal elements）”[93,94]，然而这并不是一个特别合适的命名，因此我们在本书中没有采用。它本身有以下三种情况：

①与金属配位的一个或多个配体本身是具有手性的。

②配体原子（s）本身可以在配位时成为手性中心。

③配位时，含有手性中心的配体的对称性被打破。

5.5.1 固有手性配体

Chugaev 在 1907 年首次描述了手性配体的配位。大量的手性分子可以与金属离子配位，而且形成了涵盖所有种类的手性有机化合物和种类繁多的配合物的手性中心。另一类重要的手性配体是 C_2 对称的阻转异构体。由于围绕单键的旋转受到阻碍，阻转异构体（tropos，不能旋转（参考文献［29］，第 1142 页））分子具有一个手性轴。

手性配体可以以外消旋体或纯对映异构化合物的形式存在

最大的一类手性配体，作为 EPCs 很容易理解，是天然的 α－氨基酸 $NH_2CH(R')CO_2^-$（此处的 R' 为了区分手性符号 *R*）。绝对构型可以是 *R* 或 *S*，因此对于纯对映异构化合物我们将配体缩写为（A[*R*]^B）和（A[*S*]^B），而将外消旋配体简写为（A[*R*,S]^B）。这些手性配体与金属的配位形成了各式各样的配位化合物，最常见的金属是＋Ⅲ氧化态的钴。

在任何螯合环构型产生螺旋手性的配合物中，即在具有两个双齿螯合环的配合物中会留下两个顺式位置的配位点，或在三－双齿配合物中，手性配体会产生不同种类的异构体。配体和金属的第一个配位层中存在手性要素时会产生非对映异构体，Werner 实验室的 Smirnoff 首次分离出了这种非对映异构体。Werner 在他最后出版的一本书中，报道了 *cis*－$[Co(NO_2)_2(en)(pn)]^+$ 配合物的所有 8 个异构体的孤立状态（Δ*R*/Λ*S*；Δ*S*/Λ*R*，每个存在于两种形式，见图 5.51（a））[95]。后来 Cooley 等[96]将这项工作拓展到相似的但更简单的配合物 *cis*－$[Co(NO_2)_2(en)(bn)]^+$，它产生了 4 种异构体（图 5.51（b））。

作为纯对映双齿配合物的一般例子，我们研究了$[M(A[R]\hat{}B)_3]$的异构体。环的两个构型为 *mer* 和 *fac*，各有一个 Δ/Λ 螺旋对。由于存在手性中心，一对中的两个形式不再是对映体，而是非对映异构体，由此产生了四个非对映异构的配合物（图 5.52）。

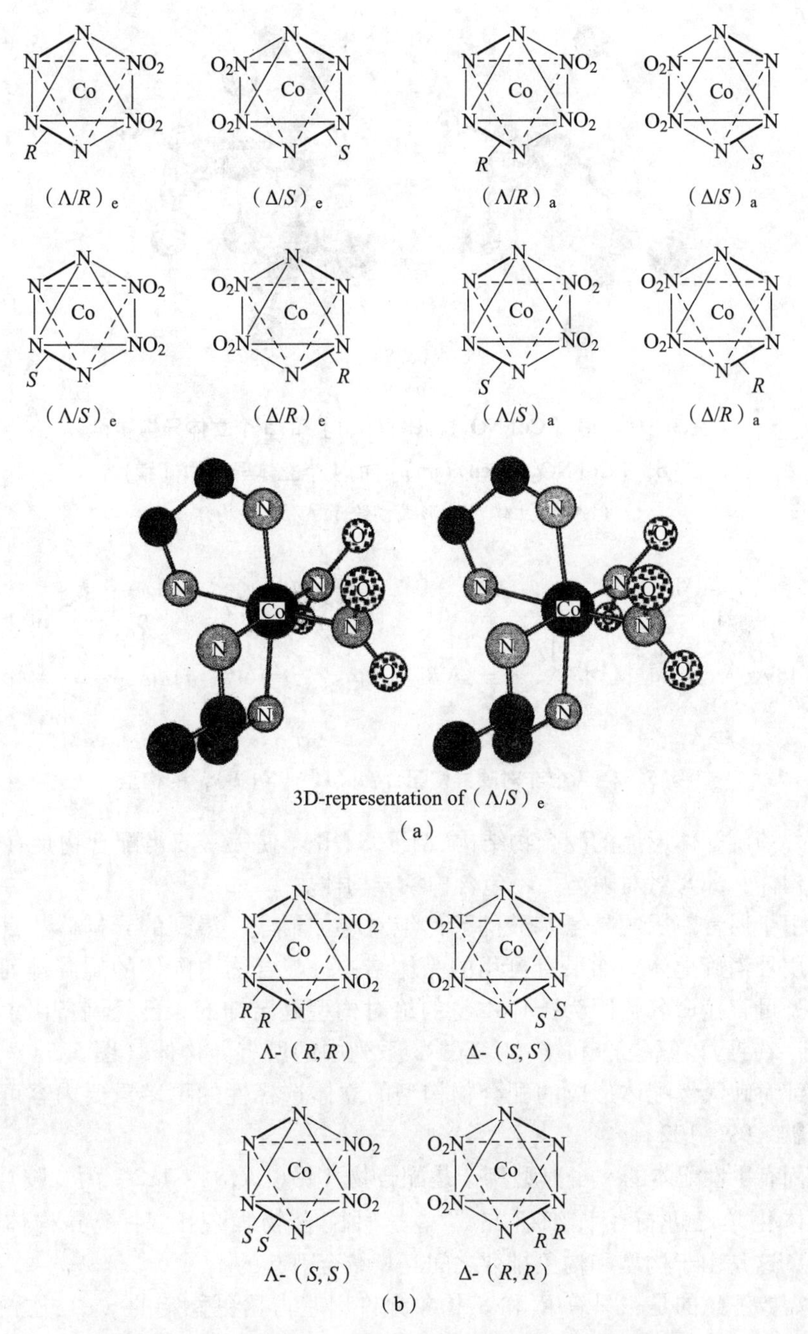

图5.51　(a) $[Co(NO_2)_2(en)(pn)]^+$的8个立体异构体和

(b) $[Co(NO_2)_2(en)(pn)]^+$的4个立体异构体

(a) 每个对映体对存在于两个非对映异构形式，相对于$Co(NO_2)$平面分别指定为赤向（下标e）和轴向（下标a），并以立体对的形式描绘了$(\Lambda/S)_e$异构体

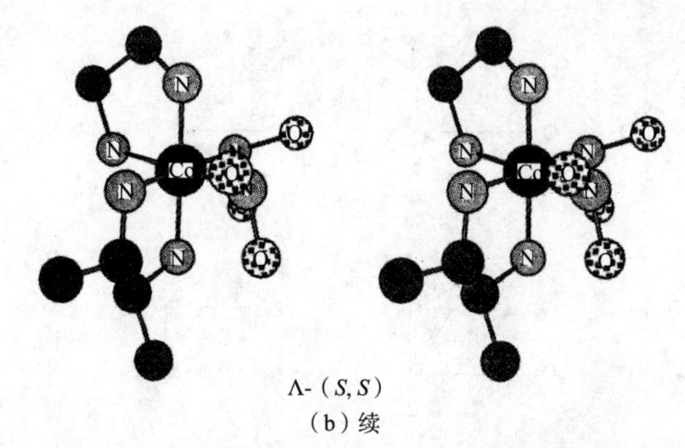

Λ-（S,S）

（b）续

图 5.51 （a）$[Co(NO_2)_2(en)(pn)]^+$的 8 个立体异构体和

（b）$[Co(NO_2)_2(en)(pn)]^+$的 4 个立体异构体（续）

（b）以立体对的形式描绘了 Λ/*SS* 异构体

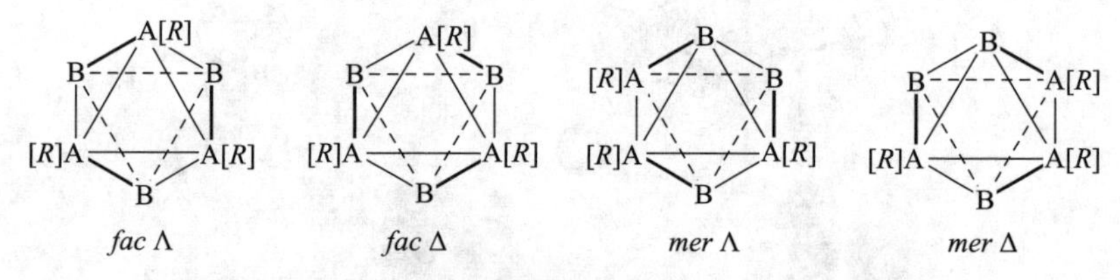

图 5.52 4 个非对映异构配合物$[M(A[R]\hat{}B)_3]$的构型

外消旋配体形成的配合物结构$(A[R,S]\hat{}B)_3$使三－双齿配合物具有共 16 种异构体，即 8 对对映体，不包含构象异构体。

由于通常使用的是氨基酸的天然纯对映体形式，得到的异构体数目远小于使用外消旋配体。如果有可用的晶体结构，配合物中配体的螺旋排列的绝对构型可直接命名，因为配体本身的绝对构型是已知的。已经制备出了 Co^{III} 和 Rh^{III} 在钴(丙氨酸)$_3$和铑(丙氨酸)$_3$系列中的所有异构体（图 5.53）[97,98]。关于纯对映天然配体形成的配合物构型的立体选择性的更多重要内容可见参考文献［99－102］。

固有手性配体的一个典型例子是配合物［钴([R,S]－1,2－丙二胺)$_3$]$^{3+}$，其立体化学已进行了详细研究[103]。这种配合物表现出 24 个异构体（表 5.8)，这是由于构型和构象排列之间互相结合引起的。

需要注意的是，只有 R_λ 和 S_δ 构象允许甲基占据更稳定的（e）位置。上述异构体有几种已经被分离出来[104－106]，而且已经确定了两个结构[107,108]。在 100°C、木炭（作为催化剂）的存在下，获得了平衡的混合物，并且对它们进行了分析，以建立异构体之间的自由能差[103]。

详细分析［钴([R,S]－1,2－丙二胺)$_3$]$^{3+}$体系是有趣而且有益的，它论证了外消旋的组合，就像在[R,S] - 1,2 - 丙二胺这种情况下，几乎总是产生大量的通常不易分离和表征的同分异构体。使用纯对映异构配体则可大大降低异构体的数目。在［钴([R,S] - 1,2 - 丙二胺)$_3$]$^{3+}$中，预计只会产生4个异构体，而不是24个，即 *fac* 和 *mer* 的 $\Delta(R_\lambda, R_\lambda, R_\lambda)$ 及 *fac* 和 *mer* 的 $\Lambda(R_\lambda, R_\lambda, R_\lambda)$。对任何一种高度有序的分子组合体，必须良好定义立体化学。大自然清晰地论证了这一点，它只利用纯对映的结构，如氨基酸建立蛋白质。如果利用外消旋氨基酸建立蛋白质，会导致模糊的立体化学，这根本不符合生物系统的高度组织化的功能要求。

另一个已经被详细研究的是三1,2 - 环己二胺（dach）配合物。在它的研究中，特别对 Co^{III} 配合物进行了分析，Rh^{III}、Ir^{III} 和 Cr^{III} 配合物也是已知的[109]。

表5.8 由于不同的构型和构象排列产生的
[钴([R,S] - 1,2 - 丙二胺)$_3$]$^{3+}$的所有立体异构体

构型	手性	六配位八面体	异构体数
$(lel)_3$	$\Lambda(S_\delta, S_\delta, S_\delta)$	*fac*, *mer*	2
	$\Delta(R_\lambda, R_\lambda, R_\lambda)$	*fac*, *mer*	2
$(lel)_2(ob)$	$\Lambda(S_\delta, S_\delta, S_\lambda)$	*fac*, *mer*(3)	4
	$\Delta(R_\lambda, R_\lambda, S_\delta)$	*fac*, *mer*(3)	4
$(lel)(ob)_2$	$\Lambda(S_\delta, R_\lambda, R_\lambda)$	*fac*, *mer*(3)	4
	$\Delta(R_\lambda, S_\delta, S_\delta)$	*fac*, *mer*(3)	4
$(ob)_3$	$\Lambda(R_\lambda, R_\lambda, R_\lambda)$	*fac*, *mer*	2
	$\Delta(S_\delta, S_\delta, S_\delta)$	*fac*, *mer*	2
			总数：24

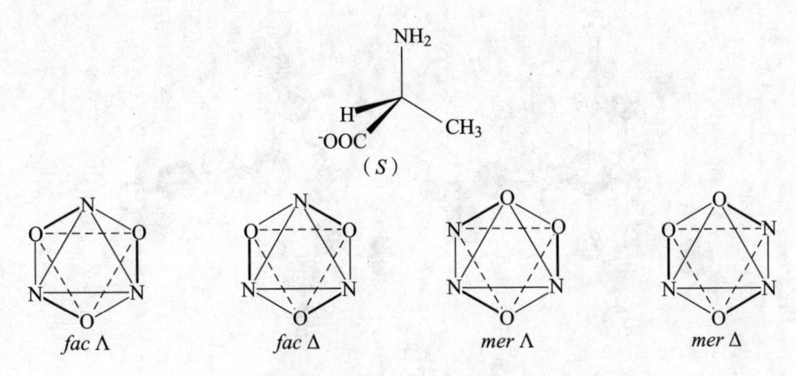

图5.53 钴(丙氨酸)$_3$ 的4种非对映异构体[97]

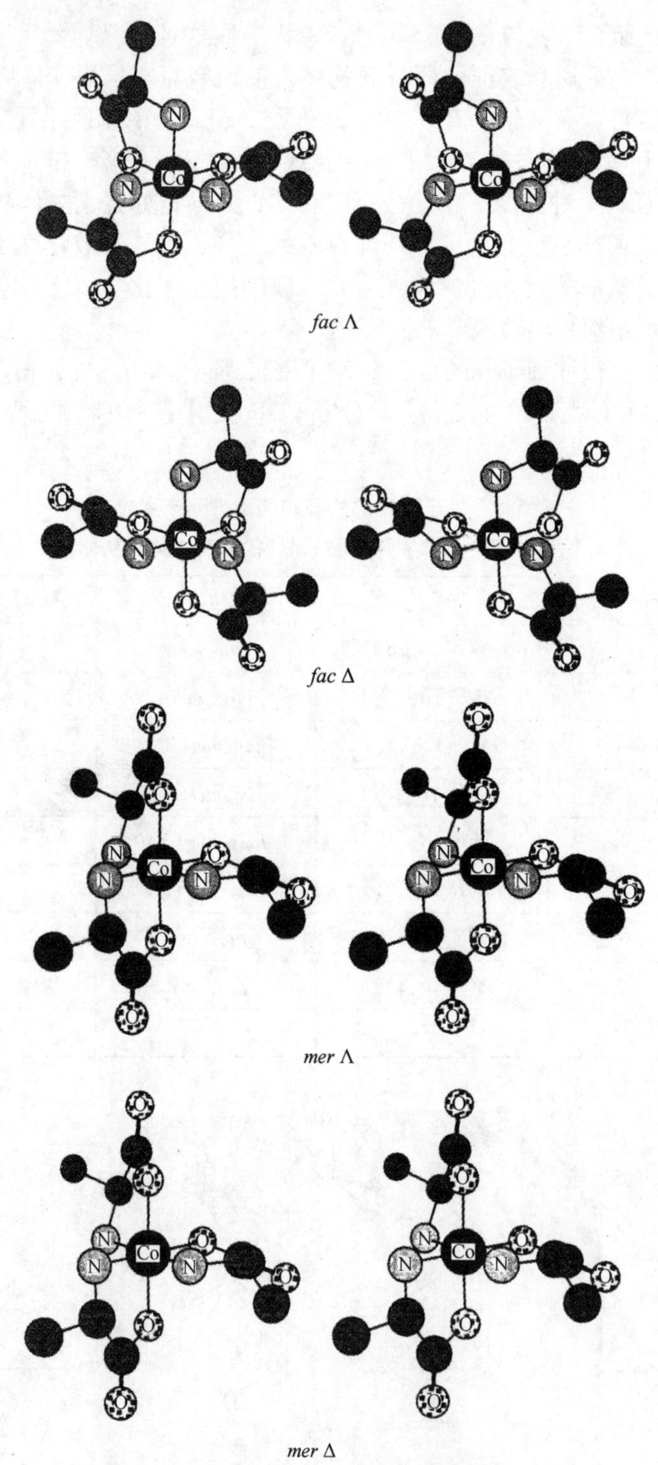

图 5.53　钴(丙氨酸)$_3$ 的 4 种非对映异构体[97]**（续）**

从 dach 配体的立体图容易看出，只有绝对构型为 R,R 或 S,S 的反式异构体可以与金属形成螯合物（图5.54）。这些五元环的构象通过环己烷环固定，R,R 的构型为 λ，S,S 的构型为 δ。

因此，每个纯对映异构配体具有两种异构体，分别为 $\Delta/\Lambda-[Co(R,R-dach,\lambda)_3]^{3+}$ 和 $\Delta/\Lambda-[Co(S,S-dach,\lambda)_3]^{3+}$。所有配合物具有 D_3 对称性（由于包裹作用近似于固体）[110]。

对于对映纯配体（R,R 或 S,S），只获得了一个不等量的 $(ob)_3/(lel)_3$ 对，而对外消旋配体，除了上面提到的4个配合物，$(S,S)_2(R,R)$ 和 $(S,S)(R,R)_2$ 的混合配合物也是可能的。在后者的情况下，8种异构体的混合物，3个 D_3 和4个 C_2 对称性（参考文献［111］，第63页）是可能的。已经在溶液中制备出了所有8种异构体[109]，并在100℃使其达到平衡。从这些平衡研究中测定出相对自由能值为：

$$\Delta G^\circ(lel)_2(ob) \quad (lel)_3 = -0.93\ \mathrm{kJ\cdot mol^{-1}}$$

$$\Delta G^\circ(lel)(ob)_2 \quad (lel)_3 = -3.72\ \mathrm{kJ\cdot mol^{-1}}$$

$$\Delta G^\circ(ob)_3 \quad (lel)_3 = -8.20\ \mathrm{kJ\cdot mol^{-1}}$$

这些值明确表明 lel 异构体的稳定性较高。

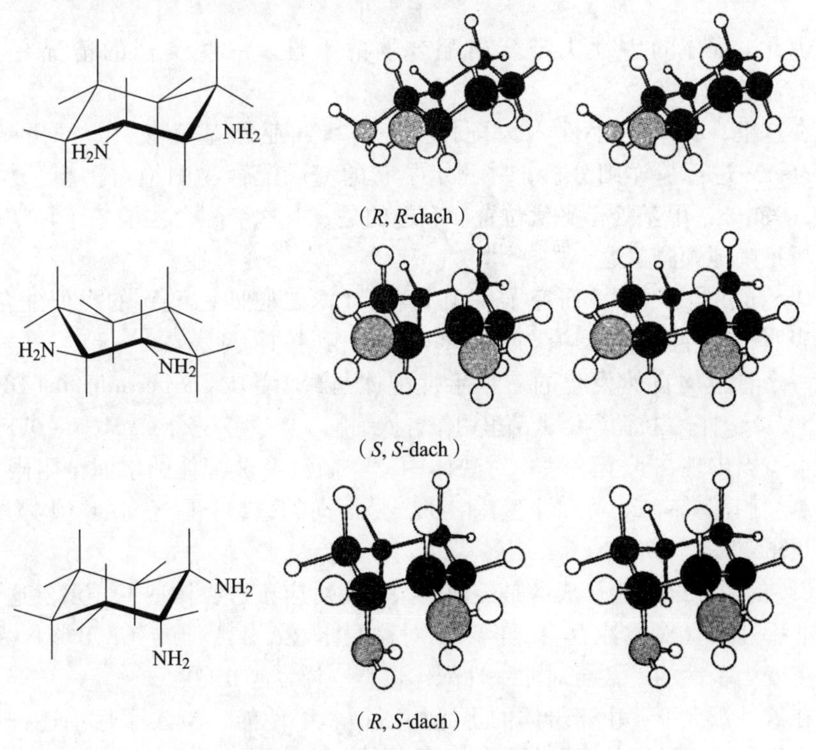

图5.54 dach 配体的立体异构图

Raymond 和合作者[112,113]研究了几种手性配体，这些配体在形成 OC－6 配合物的两种可能的 Δ 和 Λ 形式时，表现出高度的非对映选择性。具有纯手性的 S 手性中心的 $H_2(PhMe)_2TAM$ 配体（5.12），以高选择性与 $Ga^{Ⅲ}$ 和 $Fe^{Ⅲ}$ 形成 Λ 构型。铁（Ⅲ）、铬（Ⅲ）、钴（Ⅲ）与一种 1－含氧－22(1H)－吡啶的硫代硫酸盐(1－oxo－22(1H)－pyridinethionate)的手性衍生物形成非对映选择性的 Δ 或 Λ 配合物。

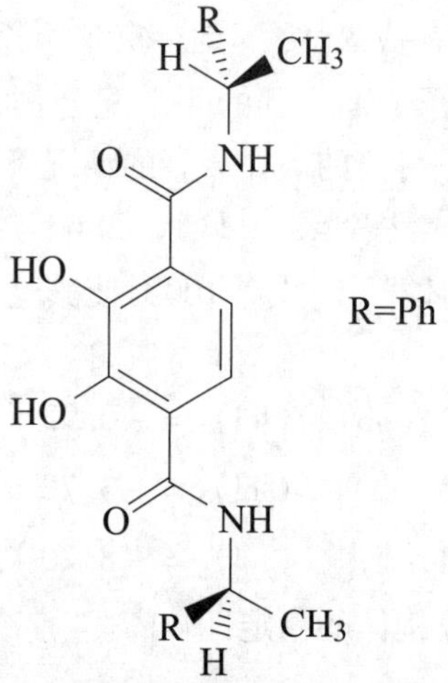

R=Ph　　(5.12)

因此，配体的手性决定金属配合物的手性。一些类似的情况在文献［114］中有所讨论。

在这里，我们对手性六齿配体——甲基五亚乙基六胺（methylpenten，mepenten）进行了详细分析，并测定了它的 $Co^{Ⅲ}$ 配合物的绝对构型[115]（图 5.55）。此外，甲基处于平伏位置。有趣的是，对这个配合物的一个早期的构象分析正确地预测了这个构象[116]。

Dwyer 和同事[117,118]研究了关于 PDTA（丙二胺四乙酸）的类似配合物。结果表明，这种配合物具有与六甲基四胺类相同的构型[119]。

一个有趣的自然发生的三齿手性配体是(S)－desferriferrithiocin(DFFT)(5.13)[120]。它在抗菌素链霉菌里用作含铁细胞。OC－6 配合物[$M(S-DFFT)_2$]原则上可以出现在 5 个手性非对映体中，它们没有被配体的空间位阻限制所排除。它们都具有 C_2 对称性，其中 3 个是面向的，2 个是经向的（均为构型 32）（图 5.56）。

$Cr^{Ⅲ}$ 的两个配合物形成的是经向构型，均对应于边缘构型 32。虽然这个构型是非手性的（对称性 D_{2d}），但对于对称配体（A^A^A）或（A^B^A），配位中心将变为手性的，甚至对非手性配体也是一样（A^B^C）。

在这种情况下，由于母体的边缘构型是非手性的，Δ/Λ 手性描述符不能明确表示，而定向线体系能够产生一个明确的命名。S 构型的碳中心原子在天然配体中分别呈现为两种形式 $\vec{\Delta}-[\mathrm{M}(\mathrm{A}\hat{}\mathrm{B}\hat{}\mathrm{C}\{S\})_2]$ 和 $\vec{\Lambda}-[\mathrm{M}(\mathrm{A}\hat{}\mathrm{B}\hat{}\mathrm{C}\{S\})_2]$ 的非对映异构体，如图 5. 56 所示。

为了得到对对映选择性反应具有催化活性的金属配合物，制备了许多手性双齿和三齿配体。这类配合物及其参与的反应总结于 7. 6 节。

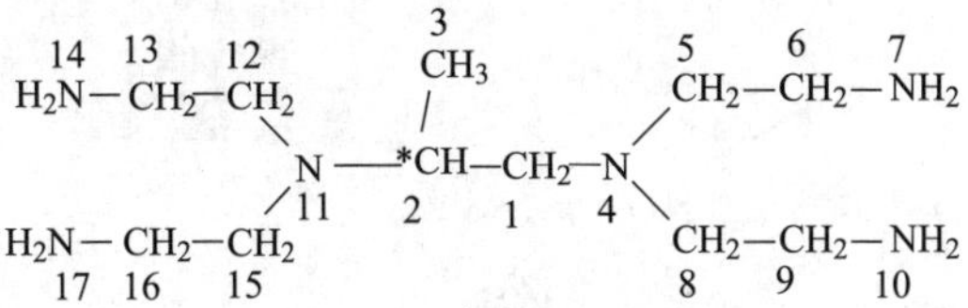

(a)

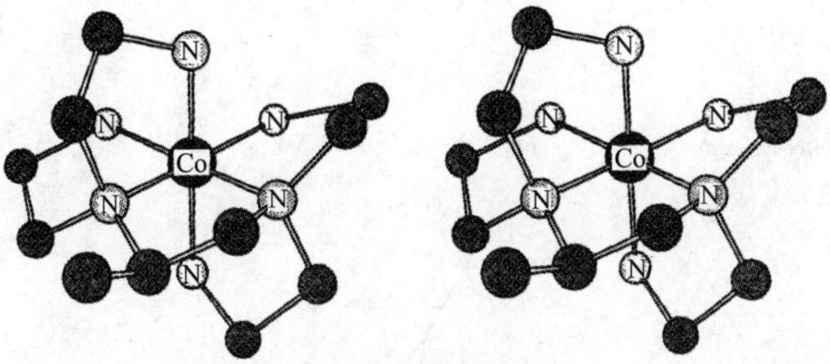

边缘构型41 (Λ)
OC-6-34-C
(b)

图 5. 55 (a)手性配体(*R*)-N,N,N',N'-四-(2'-氨乙基)-1,2 二氨基丙烷((*R*)-mepenten)和(b)Co^{III}配合物$\Delta_2\Lambda(-)_{589}$-[(R)-N,N,N',N'-四-(2'-氨乙基)-1,2-二氨基丙烷]Co^{III}

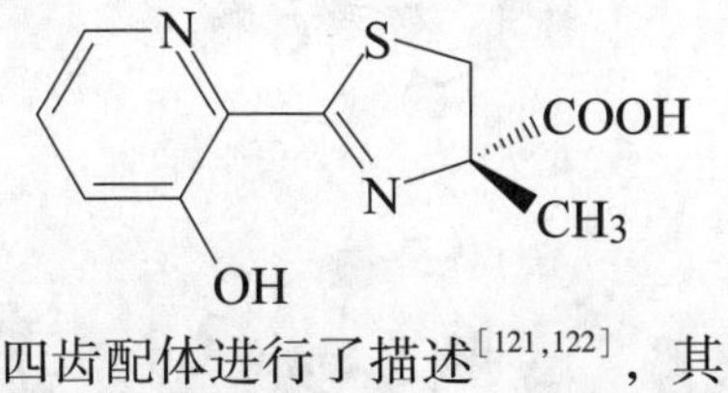

(5. 13)

最近对一系列手性四齿配体进行了描述[121,122]，其中配体的手性是通过预组装金属配合物的螺旋手性确定的。对于一般的线型四齿配体（A^A^A^A），可以形成三个非对映异构体（边缘构型 8、11、14），其中两个（8 和 11）是手性的。通过混合配体的一个或几个手性中心可以预组装构型，这样只能形成三个中的一个非对映异构体。如果使用一个纯对映异构的配体，则可预先测定出金属螺旋手性的绝对构型。由外消旋的或非手性的起始原料合成的具有手性中心的对称配体，将含有外消旋体(A^A[*R*]^A[*R*]^A)/(A^A[*S*]^A[*S*]^A)的纯手性 C_2 对称的分子和异手性 C_s 对称的内消旋形式(A^A[*R*]^A[*S*]^A)。根据配体手性中心的排列规则，通过选择合适的配体，将只形成与配合物匹配的对称性（配体对称性和边缘构型的对称性都是 C_2），产生一个外消旋体

Δ-[M(A^A[*R*]^A[*R*]^A)]/Λ-(A^A[*S*]^A[*S*]^A)或Λ-[M(A^A[*R*]^A[*R*]^A)]/Δ-(A^A[*S*]^A[*S*]^A)。如果使用一个纯对映异构的配体，将只形成一个立体异构体。

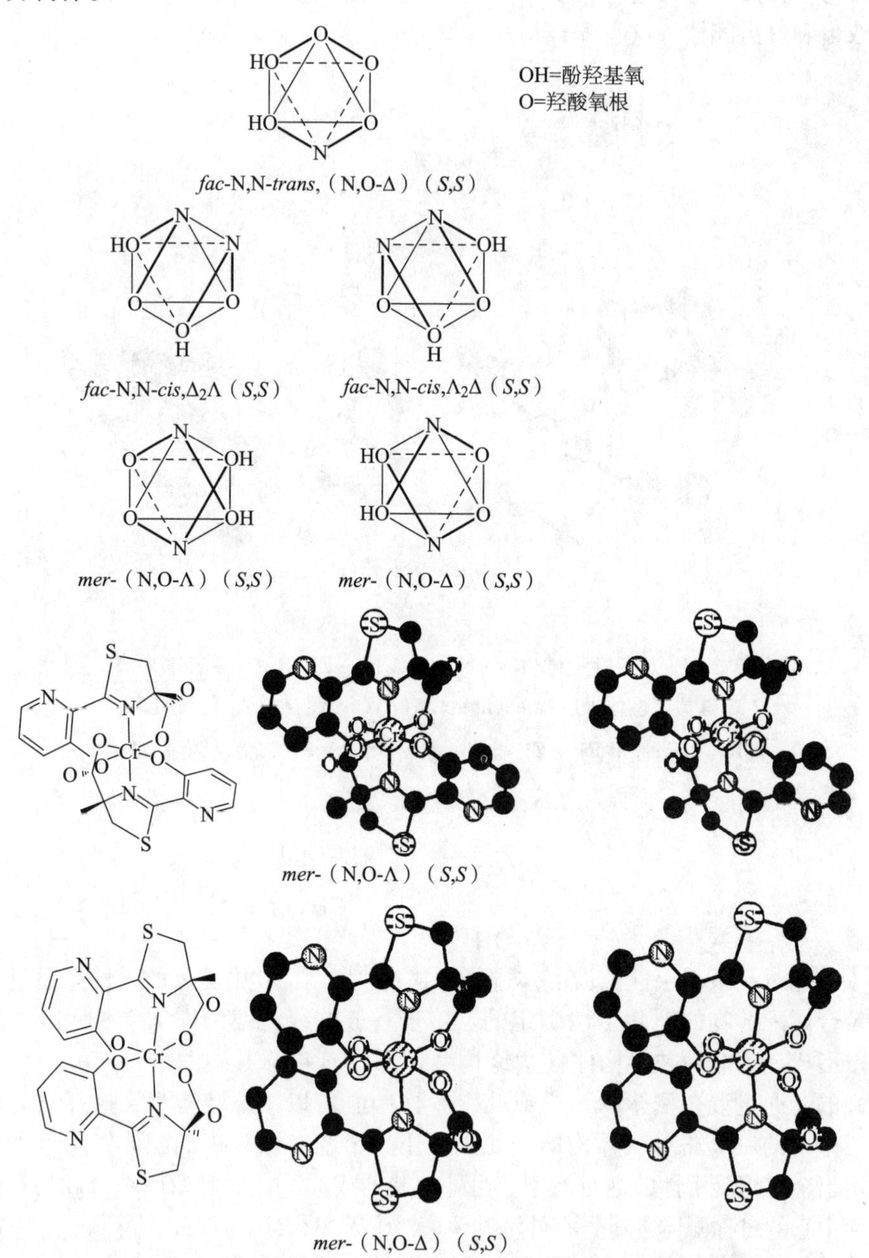

图5.56 配合物[M(*S*-DFFT)$_2$]的五种非对映异构体

在Cr^{III}配合物中有两种形式31，Λ和Δ[120]

“手性原（chiragens）”是满足上面提到的这些条件的一系列配体[122]（5.14）。合成过程允许在“手性原”配体中桥接单元（B）有广泛的选择，这提供了能与任何给定金属的配位几何构型相匹配的可能性。一些手性原配体已经可以作为桥基（5.15）。

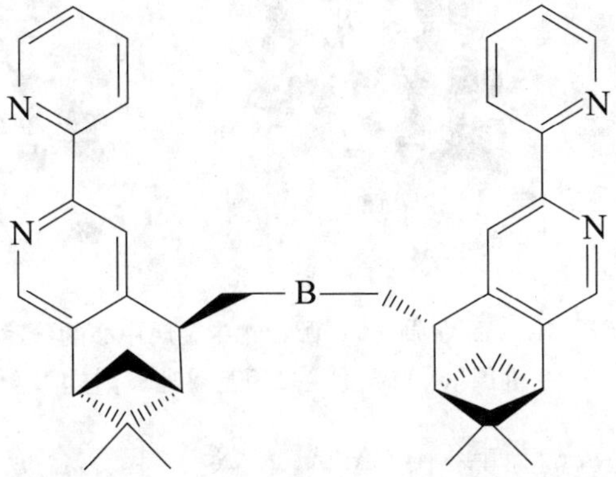

（5.14）

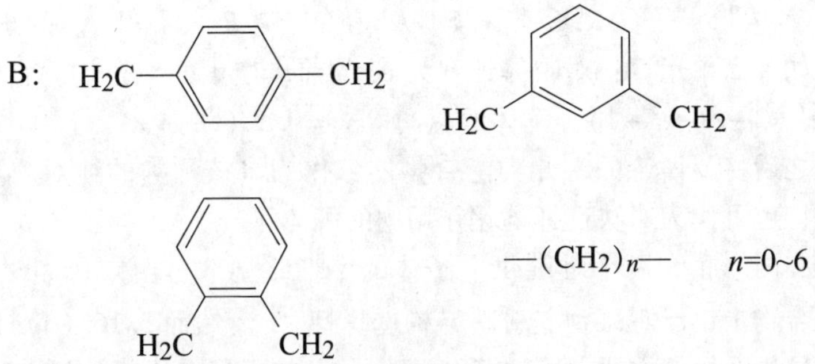

B：H_2C—⟨p-C₆H₄⟩—CH_2　　H_2C—⟨m-C₆H₄⟩—CH_2　　H_2C—⟨o-C₆H₄⟩—CH_2　　—$(CH_2)_n$—　n=0~6

（5.15）

下面将要介绍这类配体中其他的桥接单元。

在 C_2 对称的“手性原”配体的两半中，每一半包含三个手性中心，其中两个出现在蒎烯部分，另一个位于桥端。后者通过用于制备手性原配体的合成方法，以一个完全立体的方式形成[121]。图 5.57 显示了一个由计算机生成的含一个手性原配体的 Ru 配合物模型，这与由 X 射线晶体学测得的实际结构相一致。

由于手性原配体是由手性池前体合成的，因此，获得的配体是纯对映异构的化合物。如果前体的对映纯度达不到 100%，获得的配体至少是富对映体的化合物。因为配体中手性中心的绝对构型是已知的，所以可以用普通的 X 射线衍射方法测得配合物的绝对构型。

模型论述表明在两个桥端有 R 和 S 的“混合”配体不能与 OC－6 中心金属形成配合物。这导致在配位步骤中存在选择，这一步中金属配合物只能含有两种纯手性配体（R,R）和（S,S）。如果前体不是纯对映异构的，通过配位步骤中的这一选择过程，将出现手性放大的现象，用于这些合成的蒎烯衍

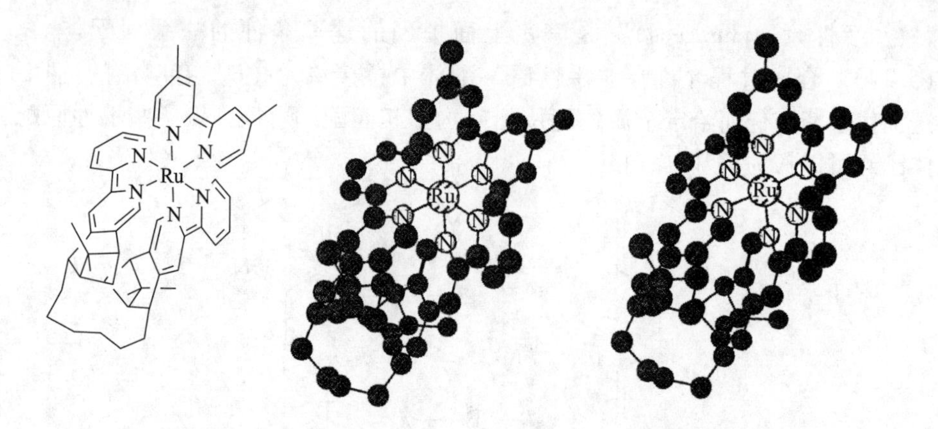

图 5.57　Ru－手性原［6］配合物中金属中心的预定手性
Δ－[Ru((＋)－手性原[6])(4,4’－二甲基双吡啶)]的 X 射线衍射结构

生物常发生这种情况。如果由(A^A[R,S])起始合成的配体产生一个(A^A[R]^A[R]^A)、(A^A[S]^A[S]^A)和(A^A[R]^A[S]^A)的统计比率，那么则有如下简单运算：对映体纯度为 ee 的前体产生的配合物，它的对映体纯度为 $ee' = 2ee/(ee^2 + 1)$，配体的总产量 $y_t = 0.5\ (ee^2 + 1)$。

正如之后将要讨论的，此类配合物能够作为多核种类的纯对映异构手性构成模块，也可作为对映选择催化作用中的配体。

在含有两个胺和两个吡啶供电子体的手性线型 N_4 配体（5.16）形成的 OC－6 配合物中也已观察到非对映异构选择性[123]。然而 5.16（a）以一种不是非对映异构选择的方式与 $Co^{Ⅲ}$ 发生配位，生成了具有边缘构型 8(C_2)(a－*cis*)和 11(C_1)(b－*cis*)的［$\Lambda - C_0C^{(Ⅲ)}(R-I)$］，（b）仅仅生成一种非对映异构体，它对应于边缘构型 8。很明显（a）和（b）之间的这一区别是由于两个吡啶部分之间的桥基可塑性不同引起的。

H_3C　H　H_2 C　N H　N H　N　N　　　H　H_2 C　CH_3　N　N　N　N

(a)　　　　　　　　(b)

(5.16)

Bernauer 及其合作者[124,125]描述了决定 OC－6 配合物螺旋手性的手性五齿配体（图 5.58）。这些配体以边缘构型 28 进行配位，如果手性碳中心有相同的绝对构型，将产生具有预先决定的绝对构型的 C_2 对称配合物。

无手性原子的手性 C_2 对称配体（阻转异构体分子）在对映选择性催化作用中变得非常重要，在7.6节将会讨论关于这方面的一些情况。这里仅讨论配合物$[Ru(bpy)_2(1,1'-biiq)]^{2+}$，它是另一个没有手性中心的手性配体（图5.59）[126]。

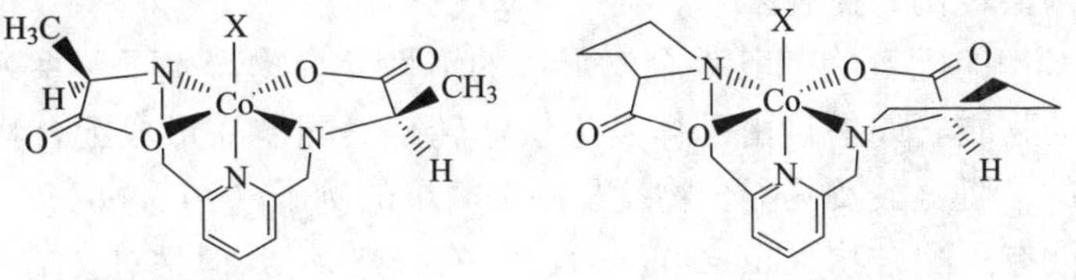

(a) (b)

图5.58 具有五齿配体的OC-6配合物的注定的绝对构型

(a) Δ-[Co((*R*,*R*)-alamp)X]$^+$；(b) Δ-[Co((*R*,*R*)-promp)X]$^+$

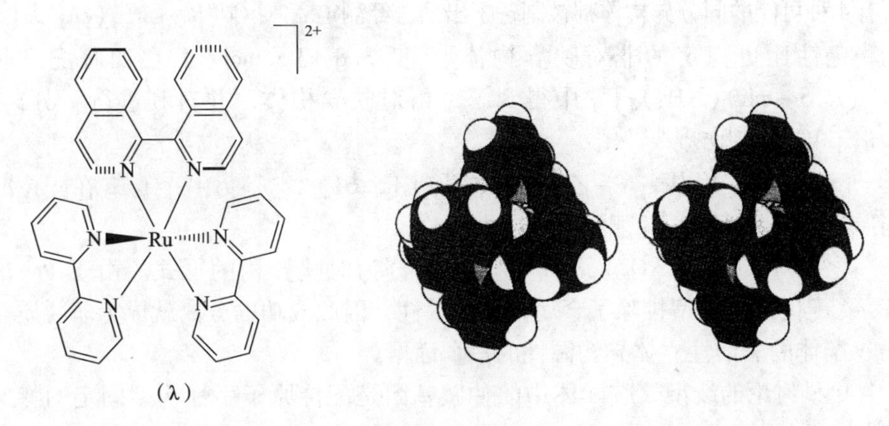

图5.59 $[Ru-(bpy)_2(1,1'-biiq)]^{2+}$[126] (1,1'-biiq=1,1'-二异喹啉)

1,1'-二异喹啉的非平面结构给配体引入了一种手性要素，在此可用符号δ和λ来描述手性。因此图5.59中的配合物存在4种构型，即两组对映异构体对，分别为Δ，δ/Λ，λ(A) 和Δ，λ/Λ，δ(B)。这种情况与非平面的乙二胺配体的构象异构相一致，唯一的区别在于δ→λ的转化存在更高的能量势垒（参见7.1节中对这种配合物异构化的进一步讨论）。在热力学平衡态时，这两组对映体对以3∶1的混合物（A∶B）形式存在。

5.5.2 配位时配位中心转化为立体的配体

配体分子中的TPY-3配体原子通常是手性的，因此自由配体以两种对映异构的形式存在，但是外消旋化是一个非常快的过程。不对称取代的仲胺或叔胺基团就是这种特殊的情况。TPY-3中，氮中心的转化通常以几个吉赫兹的时间比例发生。配位时，TPY-3 中心转化为 T-4 中心，如果金属-配体键是惰性的，那么 T-4 中心的构型也是惰性的。当然，只要是一个真正的 T-4 中心，其构型就是稳定的。如果 N-4 配位中心的配体之一是氢，脱质子化会把配位的配体转化成 TPY-3 中心，其结构将再次不稳定，因此，脱质子化成为构型转化的控制因素。

许多 Co^{III} 的配合物和其他金属形成的惰性配合物产生了一系列具有手性配体原子的物质。如果自由配体发生快速转变，配体在形成配合物之前往往是外消旋的，肌氨酸及其配合物就是一个简单的例子（图 5.60）。

很早就有对配合物$[Co(sar)(en)_2]^{2+}$的研究[127]，但是对其结构的具体研究都是在那大约 40 年后才开展，结果发现并非初始研究的所有内容都能被证实[128]。1976 年的 X 射线研究表明螯合环发生轻微的折叠，形式最稳定的对映异构体之一完整的立体化学表征是 $\Delta-[Co(S-sar_{\lambda})(en_{\lambda})(en_{\delta})X]^{2+}$。随后，所有 4 种可能的同分异构体都被制备了出来，经测定 $\Delta-[Co(R-sar_{\lambda})(en_2)X]^{2+}$ 的稳定性比更稳定的非对映异构体[129]低 3.8 $kJ \cdot mol^{-1}$。在四胺配合物 $[Co(R,S-sar)(NH_3)_4]^{2+}$ 中得到了一组对映异构体，并对其进行了分离，测定了其绝对构型[130,131]。

配合物 *N*-甲基-*N*-乙基甘氨酸（图 5.61）[132]是另一个含有在配位时能形成一个手性中心的配体的早期实例。

化合物 $K[Pt^{II}(NO_2)(AMAC)_2]$ 被拆分为对映异构的形式。由于 Pt^{II} 的 SP-4 配位几何构型排除了金属自身的手性，因此成功的分离就成为非脱质子化 *N* 配体的非活性立体异构源性的一个证据。

更早讨论的线型聚胺配体中的仲胺基团是配位原子手性构型固定的特殊情况。例如，我们考虑[M(A^A^A^A)]。如果(A^A^A^A)是三亚乙基四胺，那么两个仲胺在配位时变为手性[133]。对这种及相似情况的立体异构体的详细评估留给读者作为一个练习。

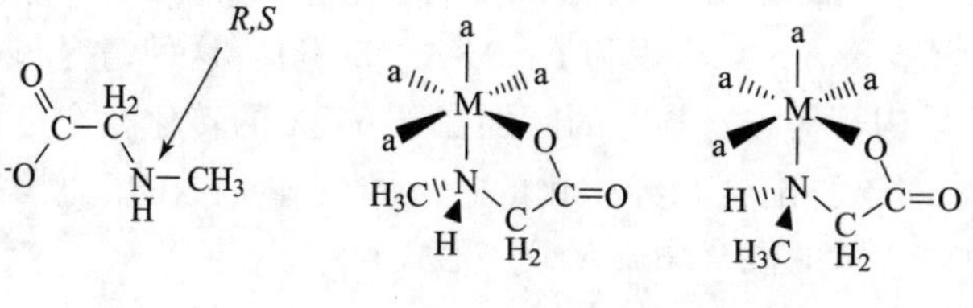

图 5.60 在配位时成为手性的配体

(a) 外消旋肌氨酸；(b)，(c) 手性[M(肌氨酸盐)a_4]的两个对映异构体

最近发表了一个关于三齿配体草甘膦 $[O_2CCH_2NHCH_2PO_3]^{3-}$，*N*-（膦酰基甲基）对羟苯基甘氨酸(PMG)(5.17)的配合物的非常系统的研究[134]，

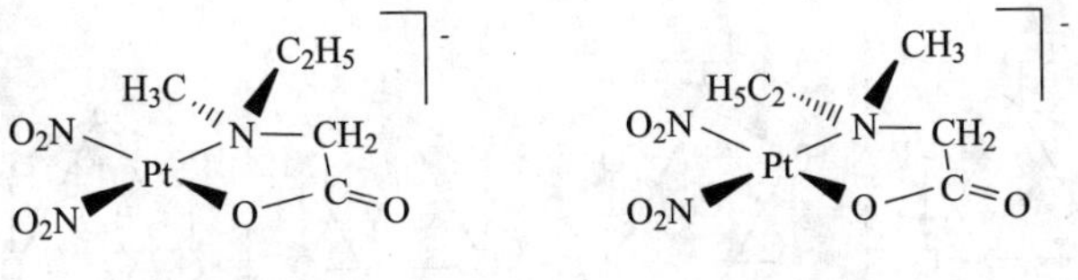

（a） （b）
（S） （R）

图5.61 SP－4 Pt^{II}配合物的对映异构体对：
***N*－甲基－*N*－乙基甘氨酸[$Pt(NO_2)_2$AMAC]$^{+}$[132]**

其中后者是一种商业除草剂的活性组分。

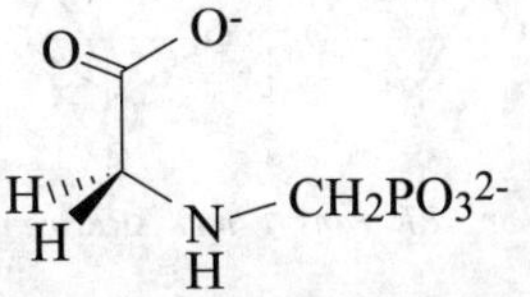

（5.17）

（A^B^C）型的配体有一个TPY－3氮，它在配位时变为T－4手性中心。在一个2∶1的OC－6配合物中有7对对映异构体和1个非手性非对映异构体（图5.62），可以在配合物［$Co(PMG)_2$］$^{3-}$的溶液中发现所有的同分异构体，唯一的非手性非对映异构体，具有C_i对称性的*fac RS*全－反式配合物能够从平衡混合物中结晶制得。

当然，存在在自由态及其他形式中都含有手性中心的配体，后者在配位时变为手性。例如（P^N）配体（5.18），因为该配体来自于缬氨酸，它含有一个已知手性（S）的手性碳，仲胺基团在配位时可变为S或R[135]。

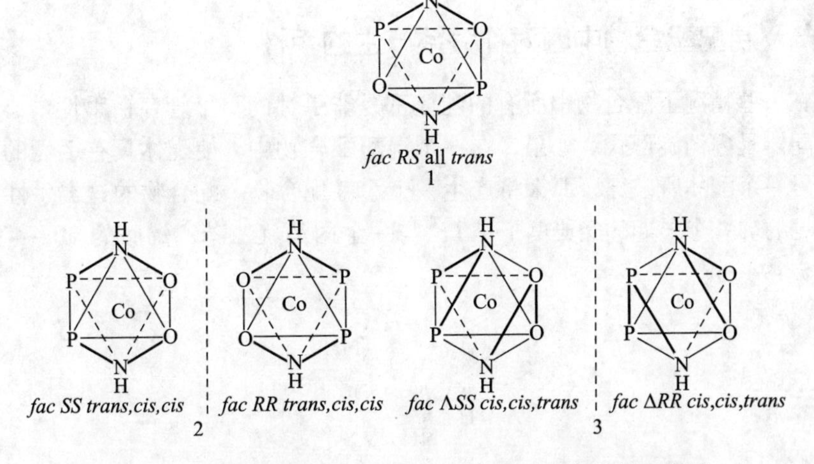

图5.62 所有可能的［$Co(PMG)_2$］$^{3-}$同分异构体的示意图

（P代表$CH_2PO_3^{2-}$，O代表$CH_2CO_2^-$基团）

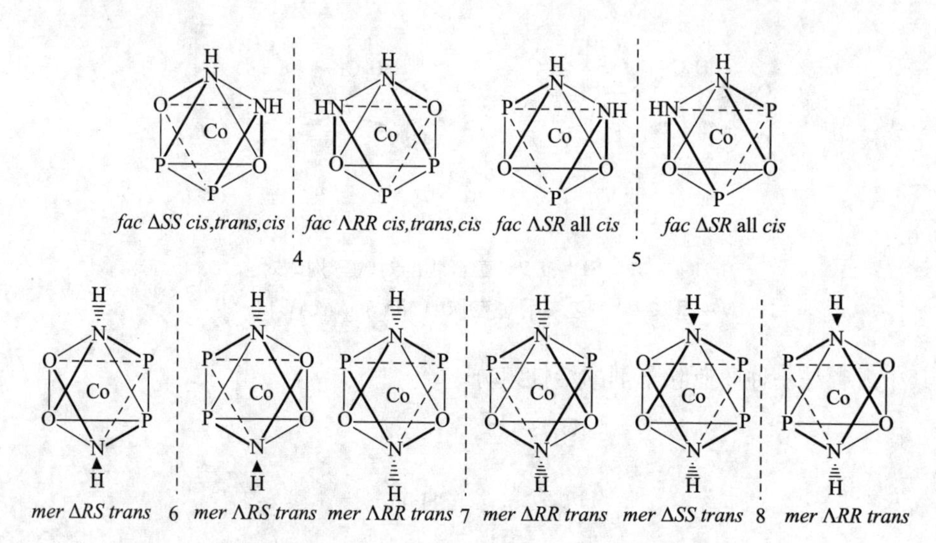

图 5.62　所有可能的［$Co(PMG)_2$］$^{3-}$同分异构体的示意图（续）

（P 代表 $CH_2PO_3^{2-}$，O 代表 $CH_2CO_2^-$ 基团）

(5.18)

5.5.3　混配配合物中因对称关系产生的手性

在一些情况下配合物中所有的配体都是非手性的，尽管存在手性中心，即自由配体是内消旋形式。如果，在一个混配配合物中，使配体具有手性的对称性被另一个配体所破坏，那么将产生一个手性配合物。配合物的这类手性是很不常见的。一个早期的经典例子是 Pt^{II} 与一个内消旋二苯乙烯胺的 SP－4 配合物（5.19）。

(5.19)

在混配配合物 SP－4［Pt(异丁烯双胺)(内消旋－二苯乙烯双胺)］$^{2+}$（图 5.63）中，使二苯乙烯双胺呈现内消旋形式的镜像平面，被第二个配体打破了，因此配合物具有 C_1 对称性，所以它是手性的。

类似的 T－4 配合物将仍具有 C_s 对称，因此它是非手性的。成功将 Pt^{II} 配合物拆分为一对对映异构体[136]对于 Pt^{II} 的 SP－4 配位来说是一个简单的“化学”证据。

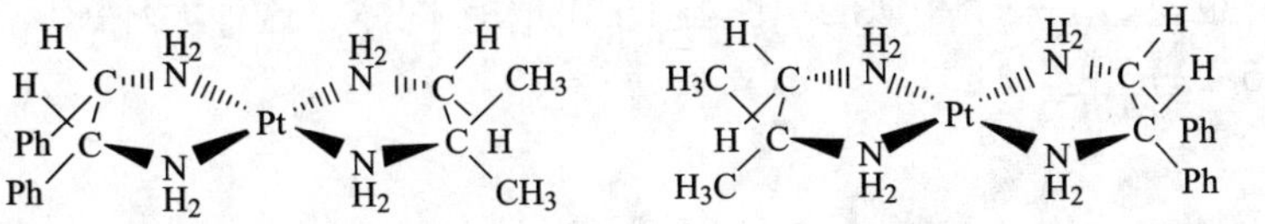

图 5.63　SP－4［Pt(异丁烯双胺)(内消旋－二苯乙烯双胺)］$^{2+}$ 的对映异构体[136]

5.6　单环配体的配位单元

环状配体在共价键连接的闭环结构中至少要有 3 个供电子体原子。这样看来闭环至少应有 9 个原子，由于经典有机化学主要讨论小于等于六元的环，这样的分子被称为大环分子。Bernal 编写的《有机金属化合物和无机化合物的立体化学》系列丛书中，有新的一卷涉及了大环配体的立体化学性质，其中有关于这个领域[137－139]在不同方面的三部分详细阐述了有关这类配合物的研究。

在这部分，我们只讨论单环配体，即只有一种在供电子体原子位置开始由共价键形成完整环的可能性。多环配体将在 5.7 节讨论。大环配体中的供电子体原子通常是 O、S、N 或 P。有些大环配体只有一种供电子体原子，如冠醚（5.20）和环拉胺（cyclam）配体，但也有许多大环配体，环上有两种或三种不同的供电子体原子。自从生物体系中非常重要的两种金属配合物被确认为大环配体的金属配合物，大环分子和它们的金属配合物在天然物化学中已经为人熟知了相当长时间。一些铁作为配位中心的血红素分子，如肌红蛋白、血红蛋白和叶绿素镁复合物分子，都含有卟啉（5.20）大环配体。

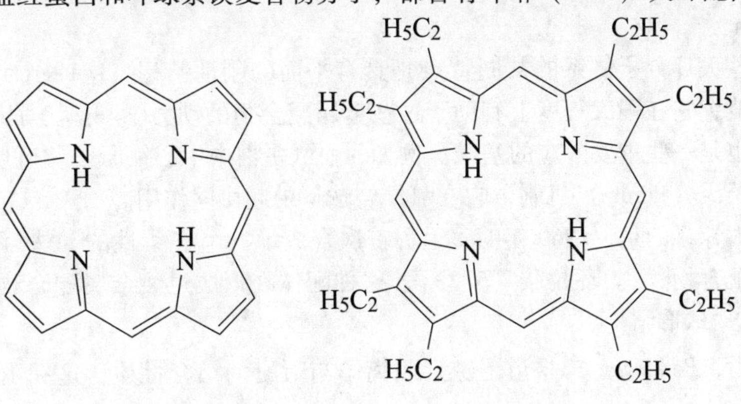

(5.20)

酞菁配体体系（5.21）是人工合成的类似的配位单元，通过相对简单的方式首次合成了它的 Cu^{II} 配合物[140]。它已成为染料的大规模工业化生产的基础[141]。

在第一个用 X 射线衍射技术完全确定的天然物质结构——维生素 B_{12} 分子中[142]，也找到了一个相似的但明显不同的大环配体，这种大环配体称为咕啉结构（5.22）。

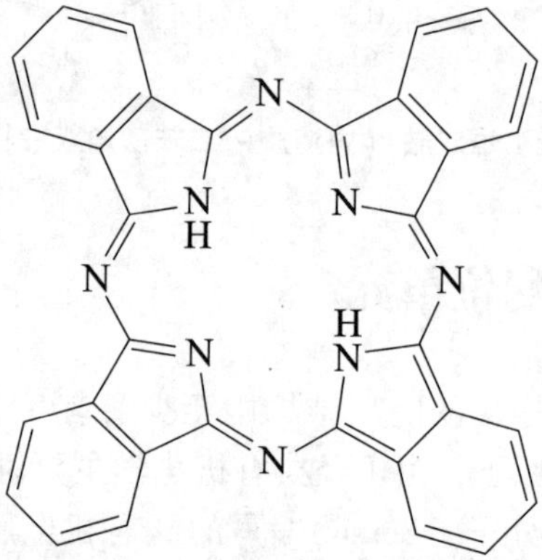

(5.21)

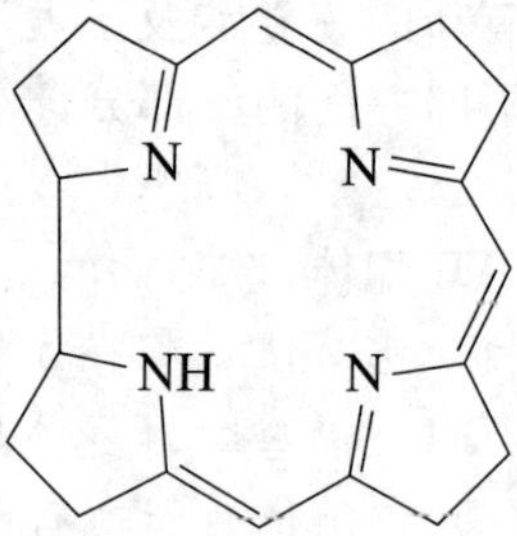

(5.22)

卟啉和酞菁结构都含有一个 16 元环，其在配位时只会形成六元螯合环。其中两个配位氮原子供电子体配体在配位时发生去质子化，使配体成为双阴离子。相比之下，咕啉结构具有一个 15 元环，它在配位时形成 3 个六元螯合环和 1 个五元螯合环。只有一个氮原子在配位时发生去质子化，使配体成为单阴离子。

这些大环分子体系的共同特点是具有平面的刚性结构。这种刚性具有重要的影响，它在很大程度上有助于这些金属配合物的动力学和热力学稳定性。同时它也是一些重要效应的基础。例如，血红蛋白中中心铁原子“呼吸运动”的佩鲁茨氏（Perutz）机制，它在氧结合输运中起协同作用。

令人惊喜的是，1960 年的报道称首次合成了一个“柔性的”大环配体及其金属配合物[143]。环拉胺（5.23），这种配体在形成过渡金属配合物时，形成一个 N_4 球形结构。

随后，Pedersen[144]报道了碱金属离子与冠醚的结合性质，这在随后几十年中引起了广泛的研究。(5.24) 中给出了两个例子。

这个领域相应地得到了发展，大量的结构被解析出来。结构信息的种类太多，不能全部包含在一本有关配位化合物的立体化学的教材中。其中的详细信息，尤其是有关无冠醚的大环配合物的构象分析，可以参考文献 [137]；一般的大环配合物的结构可在最新出版的一些书中找到[145,146]。

一般来说，通常的命名法特别适用于环状配体及其金属配合物。IUPAC 命名法通常给这类结构产生非常复杂的命名。所以通常用习惯命名法 *ad hoc* 命名含这些基团的配体，如冠醚。Melson[147] 提出的一种简明的命名法被广泛使用。这种命名法灵活简洁，而且可以很容易地适应实际情况。它的命名通常由三部分组成：环上的原子数、不饱和度的名称和按字母表顺序排列的配位原子的符号。如果含有取代基，就放在命名的前面，并标出其所在位置。位置数按 CA 法则从杂环原子数起，其先后顺序是 O > S > Se > N > P > As > Sb 等。含有氧原子供电子体的大环配体通常特称为“冠”。

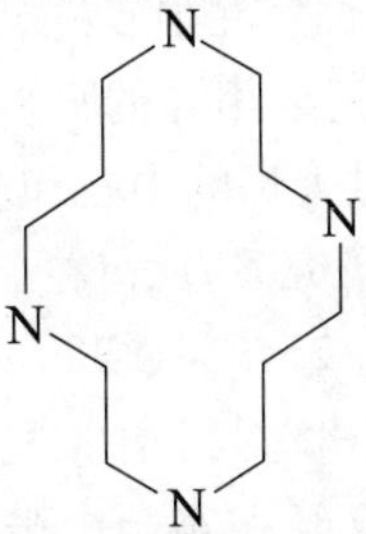

(5.23)

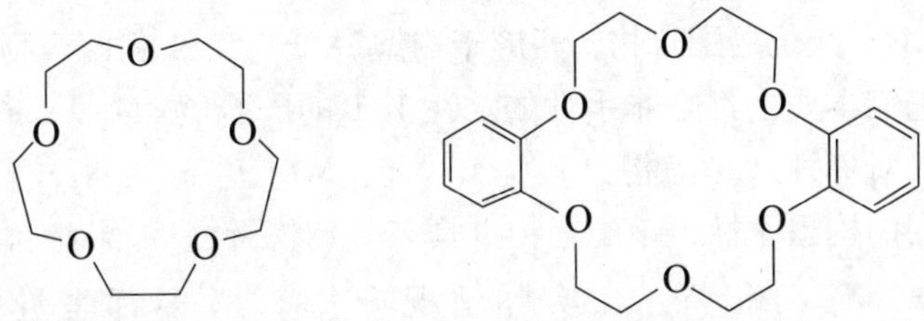

(5.24)

(a)　　(b)

上面举的两个例子的名称是：(5.23) [14] ane-1,4,8,11 - N_4；(5.24) 15 - 冠 - 5。下边将给出更多大环配体的命名实例。

5.6.1　配位原子为 N、S 和 P 的大环配合物

按照参考文献 [137] 把大环配体化合物分成三种：小环化合物、中环化合物、大环化合物。它们之间的区别在于，如果环是一个几乎平面的构象，它能够容纳金属的可能性。若大环配体不能够容纳金属原子，称之为小环；若恰好可以容纳金属原子，称之为中环；若容纳了金属原子后，还有大的剩余空间，称之为大环。

小环的大环配体 对这类配体研究最多的是九元环，即3个配位原子和3个含两个碳（通常为CH_2）的桥基。这些称为［9］ane（5.25）。

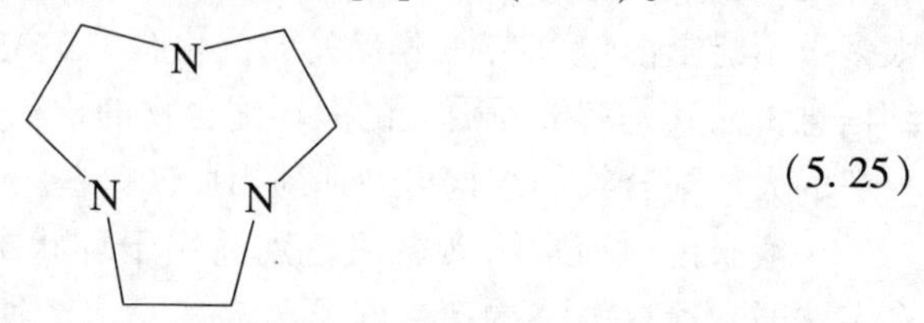

(5.25)

研究发现，不论单核还是多核（第6章），大部分这类配合物都具有OC－6配位几何构型。同时也存在一些其他配位几何构型。例如，组成为[Cu([9]ane－N_3)X_2]的SPY－5 Cu^{II}配合物，其中X代表卤素；和具有SPY－4配位构型的[Pt([9]ane－N_3)$_2$]$^{2+}$配合物，其中每个配体中有一个氮原子没有参与配位。这两个例子说明，Cu和Pt的配合物一般不形成六配位八面体配位几何构型。其他的含这种大环配体的单核配合物一般形成六配位八面体几何构型，其中三个配位的氮原子形成八面体的一个面。在很多情况下各个独立的M—N—C—C—N螯合环的构象（在固态时）是完全相同的，从而形成（δδδ)/(λλλ）外消旋体。在这种情况下，三重轴穿过大环的中心和金属原子。

通过对八面体边缘构型的研究发现，除了四元配位原子，含有这类配体的配合物可能具有排列10、18、25、37、38、43、44、45、46、55、60、66、68、70、71、76、78、83、84、85。其中一些是手性的，一些是非手性的。显然，只有一小部分的可能性已经在实验中被证实。三齿小环化合物相应于构型10产生1∶1配位的配合物，相应于构型78产生2∶1的配合物。除了配体环的结构，它们本质上都是非手性的。在1∶1的配合物[M[9]ane－N_3(l)$_3$]中，最可能的对称性（考虑构象）是C_3。在[M([9]ane－N_3)$_2$]中，如果螯合环具有相同的构象手性，该配合物也具有C_3对称性，如果相对的大环的手性不同，则是S_6对称性。在实际情况中[148]，大多都是近似S_6对称性(图5.64)。

[9]ane－N_3的衍生物TACAT，虽然其与Cr^{III}和Ni^{II}形成OC－6配合物[149]，但是非常容易与某些金属形成TP－6配位的几何构型。其边缘构型对应于83，是手性的。如果只考虑侧基，那么描述符Δ/Λ是适用的。这种配体代表了一类配合物的最简单的例子，在这类配合物中，配位点的连接方式是金属原子在一边开口的空腔内。这些配合物被称为半笼结构，将在5.7节讨论。

小环N_3配体的硫类似物也已经制得，并对其中一些的结构进行了表征[150,151]。在[Co([9]ane－S_3)$_2$]$^{3+}$类物质中，配位几何构型无疑为八面体六配位结构。

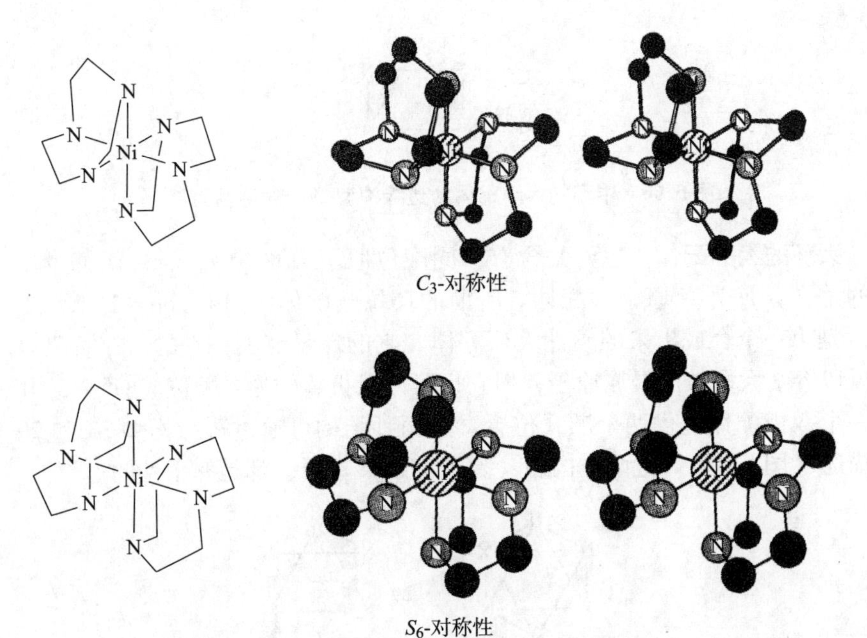

图5.64　具有 C_3 和 C_6 对称性的［M([9]ane－N_3)$_2$］
［Ni([9]ane－N_3)$_2$](NO$_3$)Cl·H$_2$O 中的双(1,4,7－三氮杂环壬烷)镍(Ⅱ)结构

把大环配体扩大到十元环，对于 $Ni^{Ⅱ}$，配合物［Ni([10]ane－N_3)$_2$］具有 C_s 对称性[152]（图5.65）。

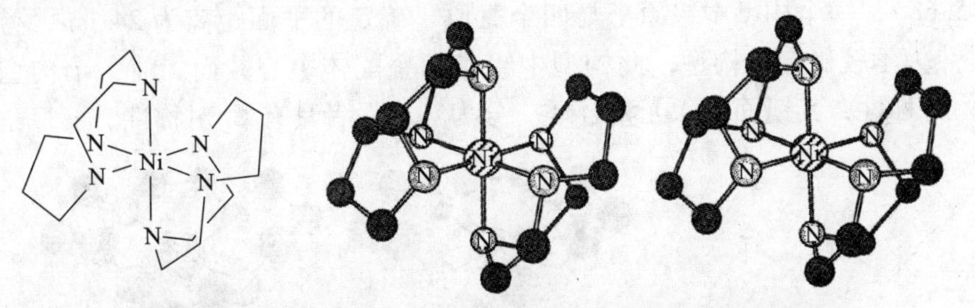

图5.65　化合物双（1,4,7－三氮杂大环)镍(Ⅱ)高氯酸盐，
[Ni([10]ane－N_3)$_2$](ClO$_4$)$_2$ 中的[Ni([10]ane－N_3)$_2$][152]

中环的大环配体　大多数为含有3个或4个配位原子的［12]ane 和[13]ane 配体。这些环由于体积太小不能在环内完全容纳大多数的金属离子，但通常环上的4个配体原子能够与金属原子配位。一个含有三重对称轴的［12]ane－P_3 配体能够与 Mo(CO)$_3$ 形成 C_3 对称的配合物，占据八面体的一个面，这与上面讨论的［9]ane－N_3 配体相似。[12]ane－N_4 配体及其衍生物，在与如 $Co^{Ⅲ}$ 和 $Ni^{Ⅱ}$ 的金属离子配位时，为两个单齿配合物提供两个顺式配位点。这一配合物对应于边缘构型29，本质上是非手性的排列，如图5.66所示。

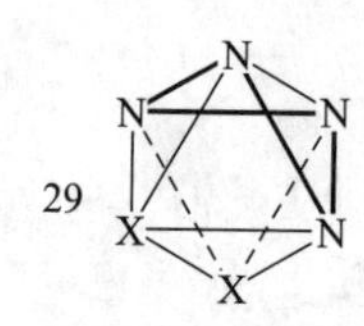

图 5.66　中环的大环配体的边缘构型 29，对称性为 C_s

大环的大环配体　主要是含有不同配位原子 D 的[14]ane－D_4 配体，最多的是含有 D 为 N 原子的配体。所谓的环拉胺配体，[14]ane－1,4,8,11－N_4，是第一个合成出来的柔性大环配体。它的环足够大，它的"平面"构象中可以容纳大多数的金属原子，但它也可以以折叠的形式配位成 OC－6 构型，给一个双齿配体提供两个顺式位置。这两种结构可通过边缘构型 33 和 29 进行描述（图 5.67）。这两种构型（除了构象）本质上都是非手性的。

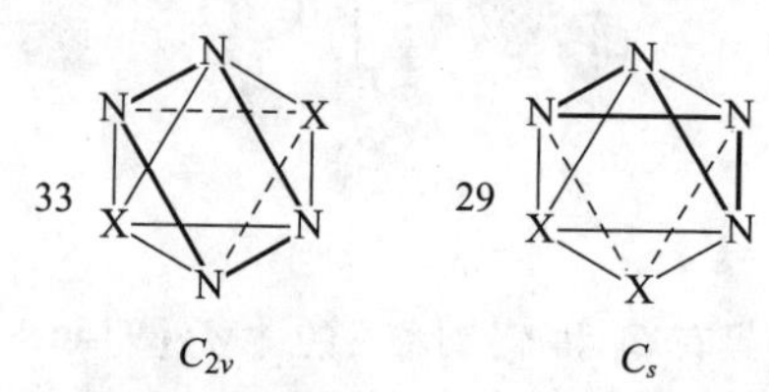

图 5.67　较大中环的大环化合物 M([14]ane－N_4)X_2 的边缘构型 33 和 29

在某些情况下，环状结构可以使不常见的氧化态稳定。Ag^{I} 与环拉胺歧化产生银元素和 Ag^{II} $4d^9$ 配合物。有趣的是，后者显示出两个异构形式[153,154]（图 5.68），一个构型中银原子与四个氮原子确定的平面距离为 24 pm，另一个是热力学较稳定的构型，此构型中银与四个配体中心共面。前一个构型具有 C_s 对称性，其镜面把六元螯合环一分为二；后者具有 C_i 对称性。

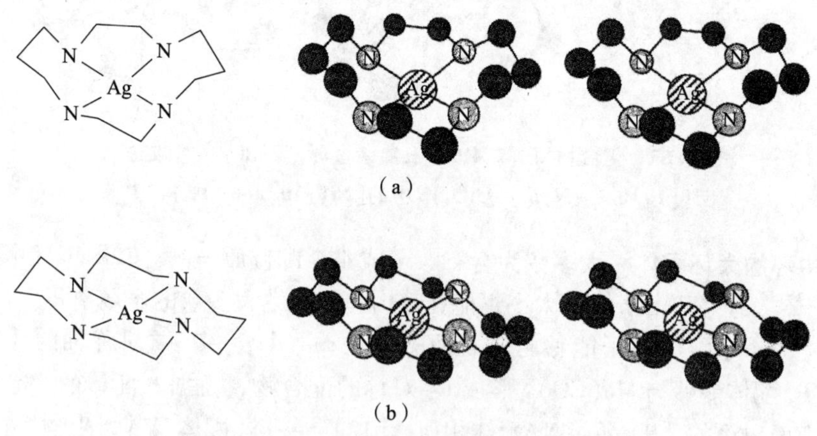

图 5.68　Ag^{II}－环拉胺的两个异构体[153]

含 C－和 N－取代的环拉胺的差异　以[14]ane－1,4,7,11－N_4 和[14]

ane－1,4,7,10－N_4 为例，这些配体的一些配合物的结构已被表征[137]。对环拉胺的硫类似物进行了研究。软硫配体原子为像 Hg^{II} 这样的软金属提供了一个合适的环境。已经发现了 ClO_4^- 为阴离子的 Hg^{II} 的 SPY－5 配合物，其中 Hg 中心在 S_4 平面上 48 pm[155]。Ru^{II} 和另两个 Cl^- 配体与这个 S_4 环共同构成一个顺式配合物（边缘构型 29）。

[15]ane 配体由 4 个 N 配体或 5 个配位原子的混合型 N_2OS_2 配体构成。后者的例子是两个同分异构配体[15]ane－7,10－N_2－1－O－4,13－S_2 和[15]ane－4,13－N_2－1－O－7,10－S_2。这两个大环与 Ni^{II} 形成了边缘构型 51 的配合物（图 5.69）。这两个配体在非配位形式时都具有 C_{2v} 对称性。[15]ane－7,10－N_2－1－O－4,13－S_2(N *cis*)可形成非手性 C_s 对称性配合物[156]，而[15]ane－4,13－N_2－1－O－7,10－S_2 形成配合物时配体对称性完全被破坏，形成一个手性构型[157]。配合物的绝对构型可使用交叉线参照系定义为 Λ(N^O)/(S^S)。

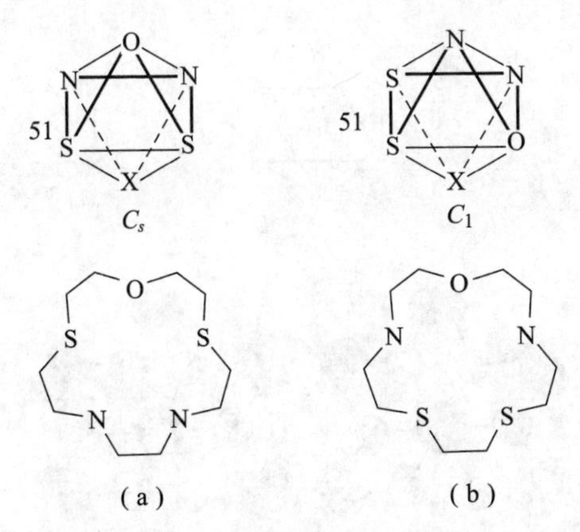

图 5.69 与 Ni^{II} 配位的 [15]ane 配体

(a) [15]ane－7,10－N_2－1－O－4,13－S_2；

(b)D(N^O)/(S^S)－[15]ane－4,13－N_2－1－O－7,10－S_2

1,5,9,13－[16]ane－N_4 的 16 元环的平面投影（5.26）与卟啉类化合物和酞菁染料的环状体系相类似。它的配体平面中可以容纳金属离子。

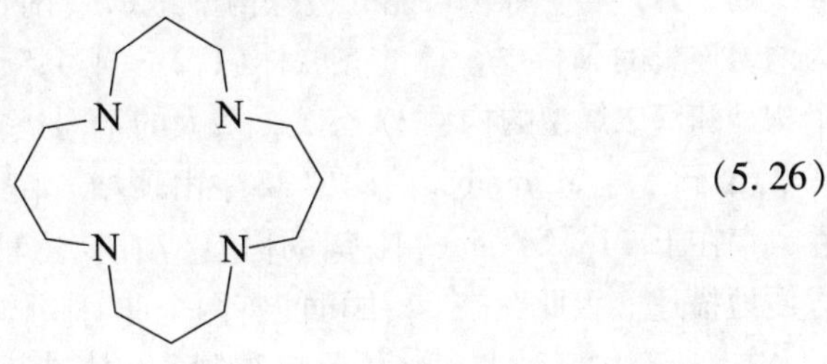

(5.26)

[16]ane-1,4,7,10,13-N_5 是环上含5个N配位原子的16元环体系，所有的N配体与Co键合形成Co^{III}配合物，对应于边缘构型51，它具有 C_s 对称性，甚至包括构象也是 C_s 对称性[158]（图5.70）。

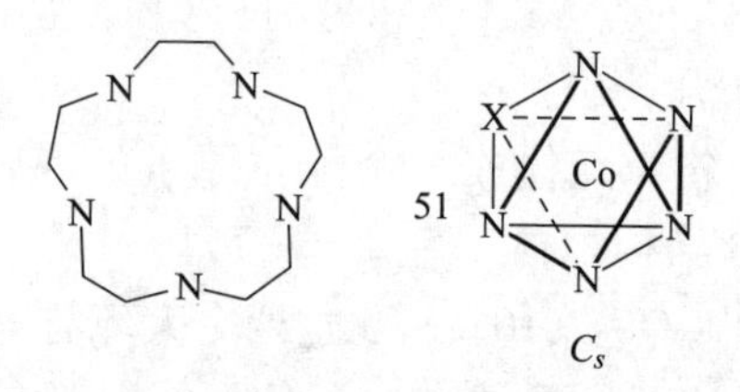

图5.70 大环五齿配体的Co^{III}配合物中的边缘构型51

更大的环常见于冠醚中，并广泛被研究，因此将与冠醚一起讨论。[18]ane-N_6 配体在它的Co^{III}配合物中具有非手性的79型构型（图5.40），此构型导致配合物阳离子具有 D_{3d} 对称性（图5.71），因此它是非手性的。

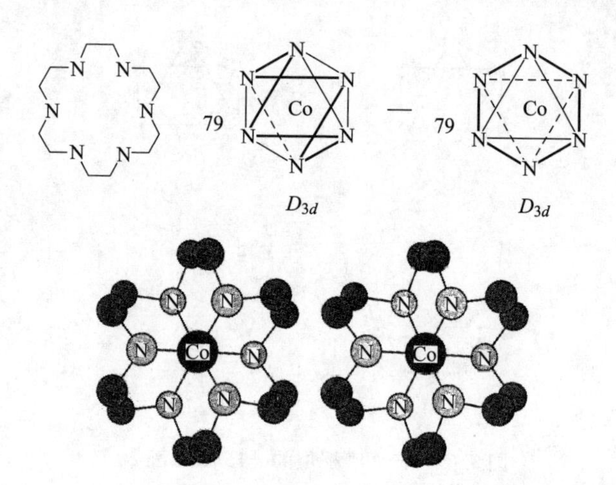

图5.71 对应于边缘构型79的 D_{3d} 非对映异构形式的配合物[Co([18]ane-N_6)]$^{3+}$[159,160]

边缘构型79可命名为*fac*-，因为三个连贯的N供电子体的所有排列都是面式的。另外一个唯一可能的边缘构型是87（图5.72），它可被称为*mer*-，因为两组连贯的N供电子体的三联体(1,2,3或4,5,6)是经式的（图5.72）。这个构型和双二烯型的构型32有关，最大的不同是它本质上是手性的（$\Delta_6\Lambda_2=\Delta$ 和 $\Lambda_6\Delta_2=\Lambda$）。M(dien)$_2$ 的构型32中由顶端N配位原子的T-4构型导致的手性也存在于[M([18]ane-N_6)]的构型87中。这种手性可通过定向线体系$\vec{\Delta}/\vec{\Lambda}$方便地描述。因此，在87中可能有两个非对映体，即 $\Delta(\vec{\Delta})/\Lambda(\vec{\Lambda})$ 和 $\Lambda(\vec{\Delta})/\Delta(\vec{\Lambda})$。所有的三种非对映体都已被制备出[159,160]。

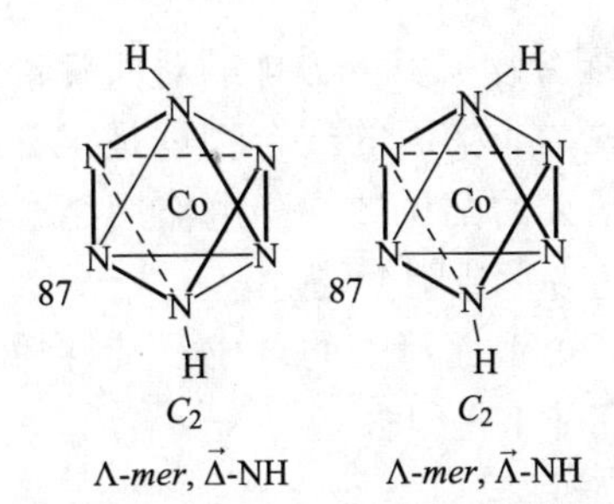

图5.72　配合物$[Co([18]ane-N6)]^{3+}$的两种边缘构型87的非对映异构形式Λ－*mer*/$\vec{\Delta}$－NH；Λ－*mer*/$\vec{\Lambda}$－NH，每一个都是一对对映体

5.6.2　以氧供电子体为主的配体构成的大环配合物

在Pedersen[144]发现了冠醚的碱金属配合物的形成后，引起了对这类大环化合物更多的研究。冠醚的基本结构是组成为$(CH_2CH_2O)_n$（$n=4$，5，6，7）的环状结构。根据Pedersen的命名法，现在它们通常称为12－冠－4（12C4）（a）、15－冠－5（15C5）（b）、18－冠－6（18C6）（c）、21－冠－7（21C7）（d）等（5.27）。

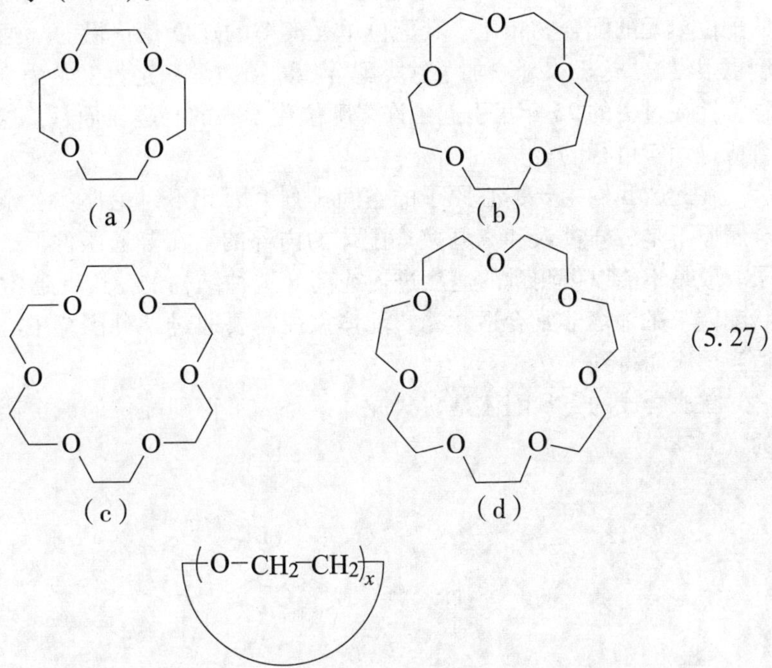

对冠醚的大部分研究集中在一个给定的配体对一系列金属离子的“选择性”上。这些供氧配体构成的配合物，其金属与配体之间的相互作用主要是静电作用，其热力学稳定性主要由熵参数决定[138]。12C4太小，不能完全容纳一个金属离子，因此形成2∶1的配合物。例如，配位几何构型介于SA－8

和 CU－8 之间的八配位配合物（其立方体的对面旋转了 30°）。

对一些较大的环来说，非平面的配合物也是很常见的。如果按 2∶1 的比例进行配位，则可能出现大的配位数。静电作用结合协同高配位数有利于稀土金属离子与冠醚配体结合形成配合物。

Stoddard[161] 已经描述了手性冠醚的合成及其性质，但对含有这些有趣的配体的金属配合物的研究并不是很多。

5.7 包含多环配体的配位单元（笼状结构）

配位原子位于多环结构中的配体生成的金属配合物具有全新的性能。从根本上来说，这是由于配体从配位中心离解的方式不同（当然配合物的生成方式也不同）。单齿配体可以通过简单的键断裂从配合物中心分离出去（虽然这种过程总是伴随着与新配体形成新的化学键的过程）。螯合配体在经过一系列这样的离解步骤后，可以与金属中心分离。甚至在单环配体中，可以想到配体从配位中心分离出来的过程也是分步进行的，除非配体非常牢固。另外，多环配体的离解往往需要多重键同时断裂，因此，与只含有相似的“敞开”的配位单元的配合物相比，其配位单元离解的速度是很慢的（通常其形成速度也很慢）。这极大地增加了这类配合物的动力学稳定性及热力学稳定性，这种特性在过去的 25 年里引起了许多配位化学家的兴趣。而且，这种配合物的合成是切实可行的。

在此，我们主要关心原子的空间排列，因此不讨论那些复杂的问题，如金属原子是怎样进入和离开多环配体的内部的。在普通条件下，这些中心原子一般是不能以可测量的速度进入或离开这种结构的。因此通常采用的“笼状配体”的命名非常合适。笼状配体往往需要通过某种围绕中心原子进行的适当反应而得到。

首次合成的笼状配体是穴式配体，是为了得到配位的碱金属离子而设计的（5.28）[162]。

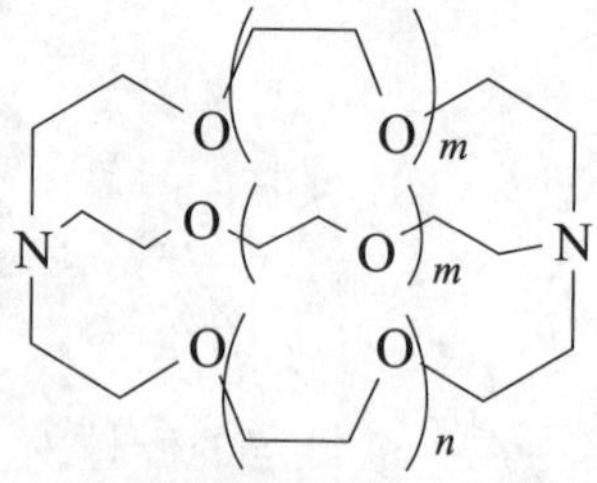

(5.28)

由于碱金属离子是球形实体，因此配合物的结构基本上是由电荷之间的相互作用决定的。热力学和动力学稳定性主要依赖于笼的大小。人们已经做了许多研究，试图确立决定这些金属配合物性质的参数。

通过 Boston 和 Rose[163] 对胺基配体与过渡金属笼状配合物的研究工作，我们很容易制备这些物质。他们的工作表明，$Co^{Ⅲ}$ 的三（dimethylglyoxamato）化合物与三氟化硼反应可以制得如图 5.73 所描述的配合物。

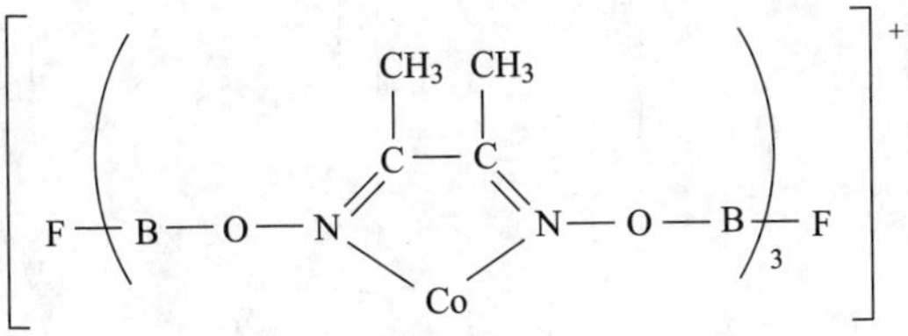

（a）

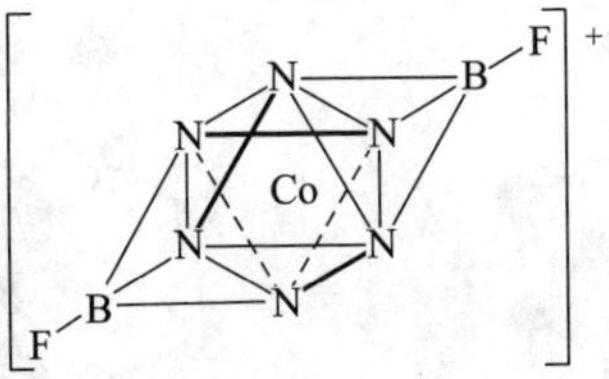

（b）

图 5.73　由丁二酮肟、三氟化硼和 $Co^{Ⅲ}$ 生成的含有 BF_3 帽化[163]螯合环的笼状配合物

（（b）中的加粗线表示配合物的螯合环）

Sargeson 和他在澳大利亚的小组[164] 开发了一种封装金属的通用合成方法，从那以后这类笼状化合物被大量研究[165]。

笼[M(sep)]和[M(sar)]（图 5.74）分别是由[$M(en)_3$]配合物与 CH_2O、NH_3 和 CH_2O/CH_3NO_2 反应而得到的，生成了一个三（双齿）配位单元的冠盖。[$M(en)_3$]单元在反应中保持不变。这种笼状化合物存在两个基本的立体化学问题：①扭转角 θ 有多大？其决定了位于 OC-6($\varphi=60°$)和 TP-6（$\varphi=0°$）之间的配位几何构型；②配合物中 NH—CH_2—CH_2—NH 单元的构象是怎样的？最近，这两个问题被通过应变能最小化计算进行了研究[56,166]。经计算，$[Co(sep)]^{3+}$ 中 en 型的单个五元螯合环的内转换能量为 21.6 $kJ \cdot mol^{-1}$[56]。由于 N 配位原子在配位时变为手性，笼的构象数目大于[$M(en)_3$] 单元。

例如，[$M(en)_3$]的 D_3 对称的对映体对 Δ(λ，λ，λ)/Λ(δ，δ，δ) 和 Δ(δ，δ，δ)/Δ（λ，λ，λ），它们可以分别命名为 $D_3(lel)_3$ 和 $D_3(ob)_3$，在 M(sep) 和 M(sar) 中可以以两种非对映体形式存在：这两种冠盖要么是同手性的，并保持 D_3 对称性；要么是异手性的，同时对称性降低为 C_3。$D_3(lel)_3$

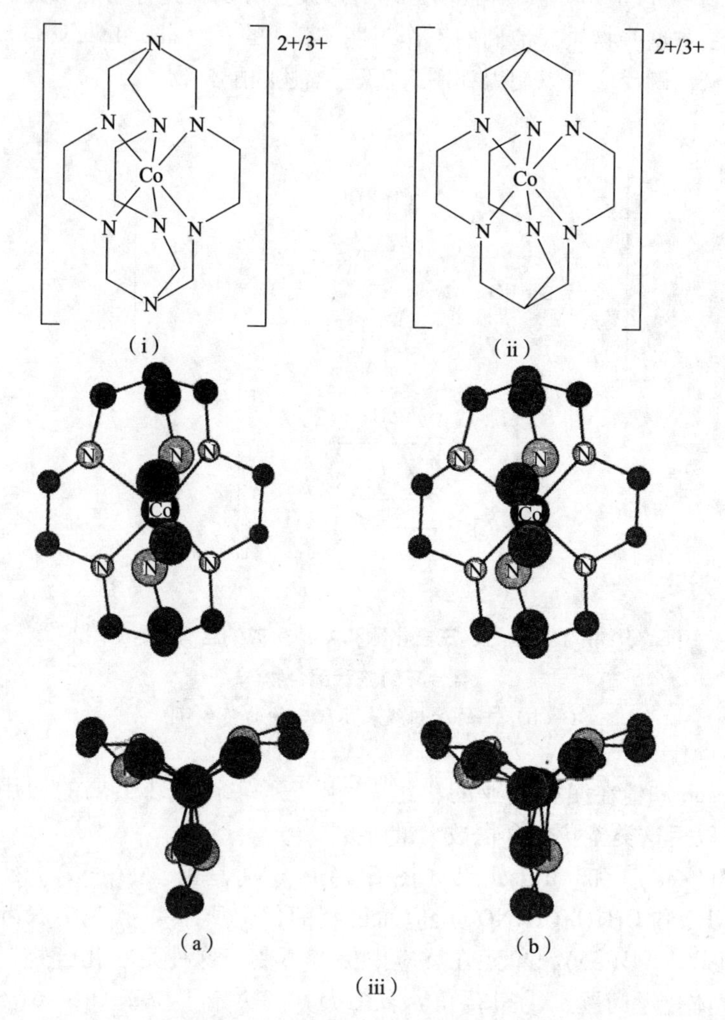

图 5.74 D_3 对称的笼状配合物[M(sep)]和[M(sar)]:(i)[Co(sep)]$^{2+/3+}$和(ii)[Co(sar)]$^{2+/3+}$(示意图表示);(iii)Δ-[Co(sar)]$^{2+/3+}$立体对,(a)沿 C_3 轴观察和(b)沿 C_2 轴观察

也存在具有 D_3 对称性的第二构象能量极小值点,称为 $D_3(lel')_3$,它与 $D_3(lel)_3$ 的区别是扭转角不同[166]。实验结果[167]表明其产生了不同的几何构型。表 5.9 给出了观察到的结构。

双帽型(*bicapping*)OC-6 配合物的合成方法可扩展到帽两边都有不同配位原子,特别是 *N* 和 *S* 的配合物(图 5.75)[168]。

表 5.9 过渡金属的乌洛托品笼状配合物的实验结构参数[166]

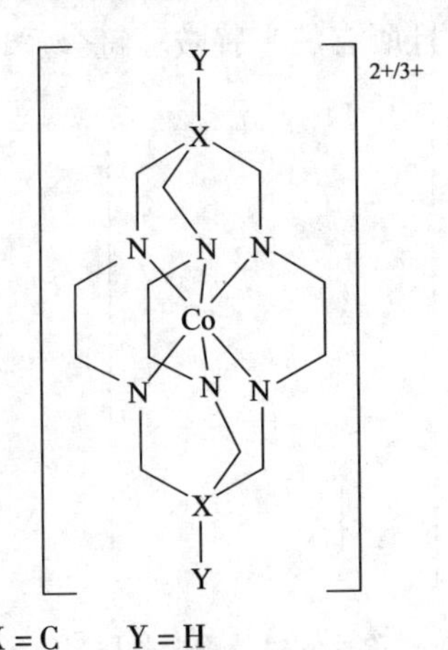

sar: X = C Y = H

diamsar: X = C Y = NH_2

di(amH)sar^{2+}: X = C Y = NH_3^+

di(NH_2OH)sar^{2+}: X = C Y = NH_2OH^+

sep: X = N

化合物	构型	M—N_{av}/Å	平均扭角/(°)
$Co^{III}sep(NO_3)_3$	$D_3(lel)_3$	1.974	56.7
$Co^{III}di(NH_2OH)sarCl_5 \cdot 4H_2O$	$D_3(ob)_3$	1.974	58.3
$Fe^{III}sar(NO_3)_3$	$D_3(lel)_3$	2.007	52.8
$Cr^{III}diamsarCl_3 \cdot H_2O$	$C_3(lel)_3$	2.073	49.0
$Ni^{II}di(amH)sar(NO_3)_4 \cdot H_2O$	$D_3(lel)_3$	2.110	47.1
$Ni^{II}di(amH)sarCl_4 \cdot H_2O$	$C_2(lel)_2(ob)_3$	2.111	45.7
$Ni^{II}sep(ClO_4)_2$		2.111	48.0
$Co^{II}sepS_2O_6 \cdot H_2O$	$D_3(lel)_3$	2.164	42.4
$Cu^{II}di(amH)sar(NO_3)_4 \cdot H_2O$	$D_3(lel')_3$	2.169	29.8
$Co^{II}di(amH)sar(NO_3)_4 \cdot H_2O$	$D_3(lel')_3$	2.170	29.0
$Mg^{II}di(amH)sar(NO_3)_4 \cdot H_2O$	$D_3(lel')_3$	2.188	27.8
$Zn^{II}di(amH)sar(NO_3)_4 \cdot H_2O$	$D_3(lel')_3$	2.190	28.6
$Fe^{II}di(amH)sar(NO_3)_4 \cdot H_2O$	$D_3(lel')_3$	2.202	28.6
$Mn^{II}di(amH)sar(NO_3)_4 \cdot H_2O$	$D_3(lel')_3$	2.238	27.6
$Ag^{II}di(amH)sar(NO_3)_4 \cdot H_2O$	$D_3(lel')_3$	2.286	28.8
$Cd^{II}di(amH)sar(NO_3)_4 \cdot H_2O$	$D_3(lel')_3$	2.30	27.4
$Hg^{II}di(amH)sar(NO_3)_4 \cdot H_2O$	$D_3(lel')_3$	2.35	25.8

利用 X 射线衍射晶体学研究了配合物 $[Co(azacapten)]^{3+}$ 在它的 $ZnCl_4^{2-}/Cl^-$ 盐中的结构，它作为外消旋体和对映异构体 $[(+)_{510}]$ 之一（图 5.75）。

模型表明对映异构体在晶体中变为无序，因此形成了外消旋溶液。纯对映异构配合物具有 C_3 对称性，且所有的半胱胺环符合“lel”构型。

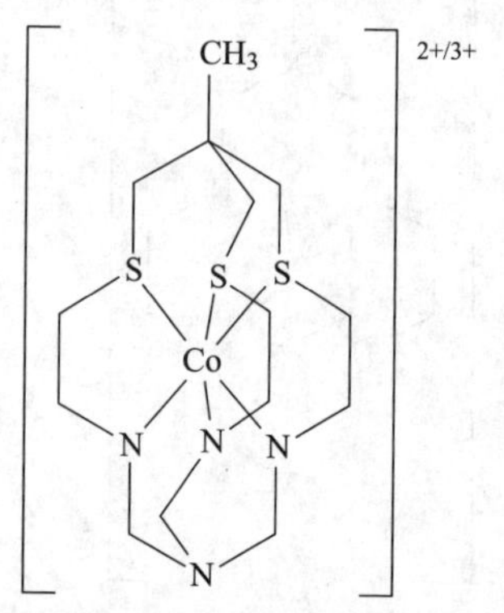

图 5.75　具有 C_3 对称性的笼状配合物 $[Co(azacapten)]^{2+/3+}$
（参考文献［168］，第 2704 页）

对映异构体的绝对构型已经确定，因此配合物的立体化学可清晰地命名为$(+)_{510}-\Lambda(\delta\delta\delta)$，$\lambda_{Scap}$，$\delta_{Ncap}$，其中（δδδ）指出了五元半胱胺螯合环的构象，$\lambda_{Scap}$和$\delta_{Ncap}$表明了配位单元两边的帽的构象。另外一种表明这一立体化学的方式是将手性配位原子的绝对构型用 CIP 命名法命名。则有$(+)_{510}-\Lambda(\delta\delta\delta)$，$\lambda_{Scap}$，$\delta_{Ncap}=(+)_{510}-\Lambda(S-RRR,\ N-SSS)$。

另外一种作为基本配位单元的笼状配体类型来源于邻苯二酚。自从发现$[Fe(BCT)]^{3-}$在它的钠盐中具有 TP－6 配位几何构型[169－171]，一系列笼状配体 BCT^{6-}和 $BCTPT^{6-}$（5.29）的 $Al^{Ⅲ}$、$Ga^{Ⅲ}$、$Fe^{Ⅲ}$、$Ti^{Ⅳ}$和 $V^{Ⅳ}$的配合物被进行了系统的研究[113]。

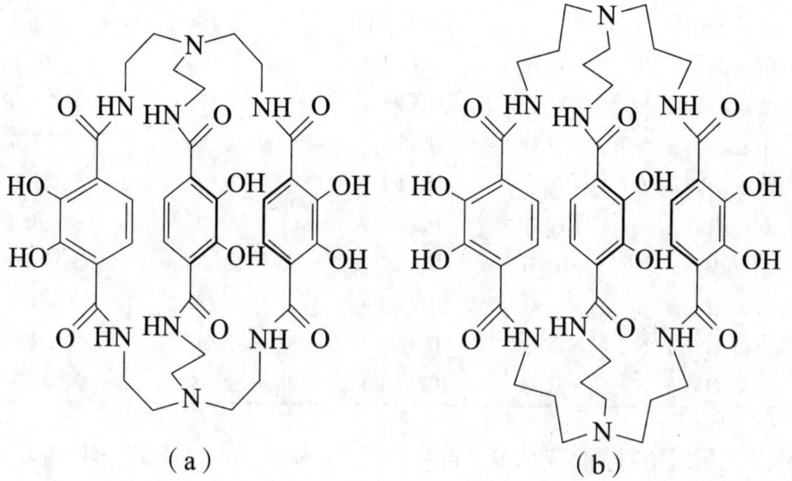

（a）　　　　（b）

（5.29）

BCT配体倾向于三扭角相对于OC－6偏离30°的结构。它在$Na_3[Fe(BCT)]$中具有真正的TP－6配位几何构型（图5.76）。

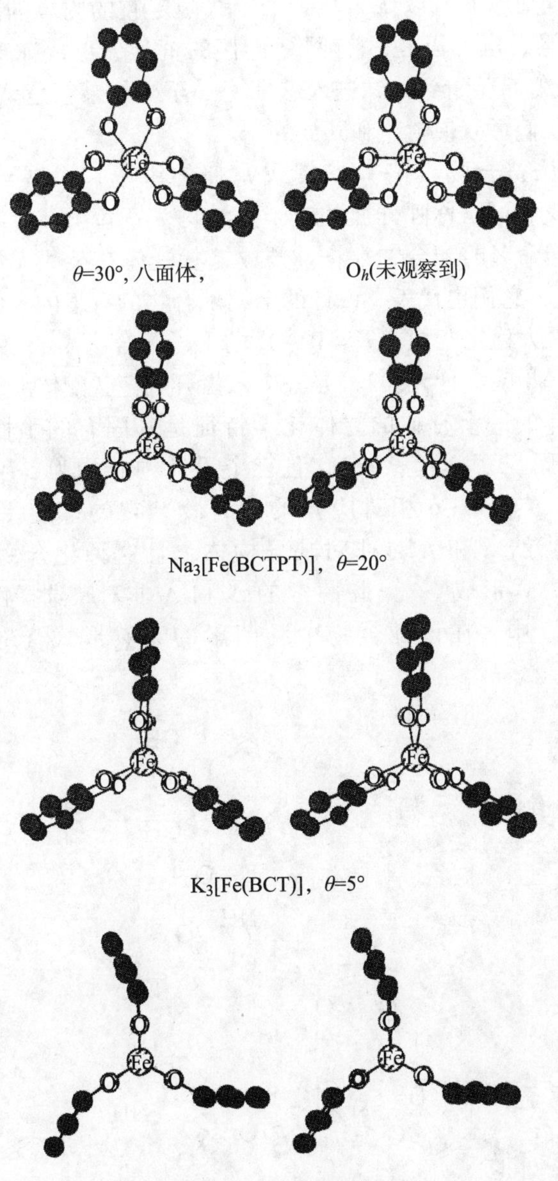

图5.76　含有BCT配体的6个配合物，沿三重轴方向的透视图

$\theta=0°$，对应于TP－6；$\theta=30°$，对应于OC－6

含有8个配位原子的邻苯二酚型笼状配体已经被合成[172]，但还没有确定的邻苯二酚配体的金属配合物的结构。模型表明在笼内容纳如 Pu^{IV} 的金属还是有可能的。

根据韦氏词典，笼可以认为是一个永久限定它的内容的圈占地，从而禁止物体逃脱；但它也可以是“有网络连接的框架，形成冰球和曲棍球的球门”。显然，我们希望看到冰球进入这个笼（至少如果它是“其他”的目标）并且再出去。我们可以说封闭和开放的笼。

如果词源从螯合物（一只螃蟹或龙虾的钳子）扩展到另一种海洋生物——章鱼，我们可以称呼开放的或半笼结构为章鱼配体。我们也知道，没有普遍接受这样命名的配合物存在。开放笼状配体在某些无机系统中发挥了重要的作用[113]，它们也代表了设计的金属配合物的有趣的实例[173-176]。

已知含有最大稳定常数（$K = 10^{49}$）的 Fe^{III} 配合物[177]，由大肠杆菌产生的含铁细胞——肠菌素（5.30），是一个六齿开放笼状配体。

肠菌素配体的一个有趣的立体化学特征是其固有的手性性质。分子的帽盖部分来源于三（l-丝氨酸），且三个手性中心均为 *S* 手性。这个明显为OC-6 构型（与 TP-6 相对应）的配合物，它的螺旋手性似乎是完全预先注定的。当然 Δ 和 Λ 是非对映异构体，且这种化合物似乎以高度非对映选择性的方式形成[113]。肠菌素的 Δ 和 Λ 非对映选择性也体现在配合物$[Cr^{III}(ent)]^{3-}$中，在该配合物中肠菌素的天然形式（*SSS*）具有 Δ 构型(图 5.77)[178]。

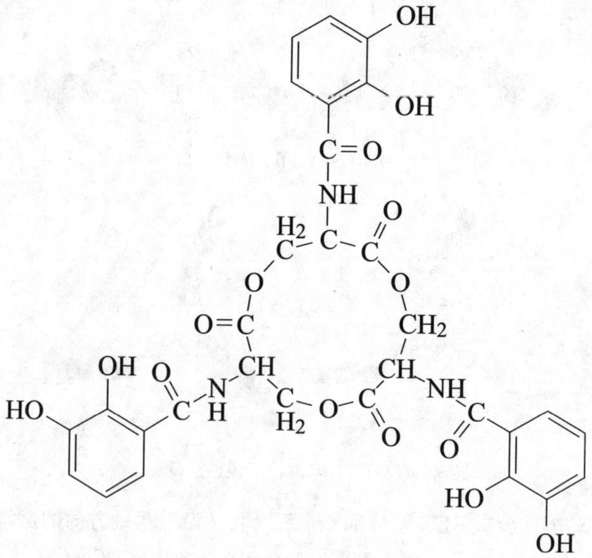

(5.30)

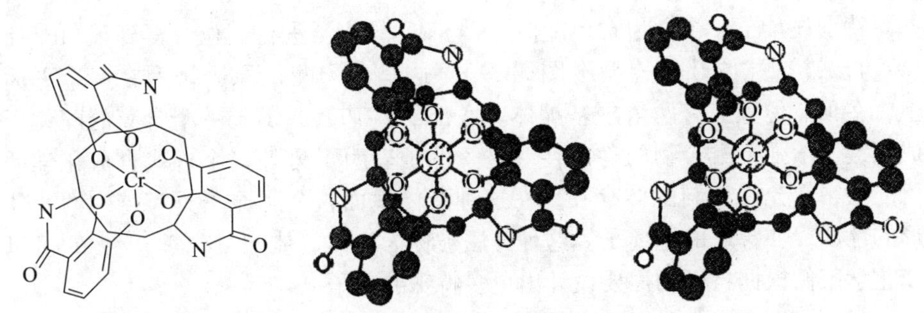

图 5.77　Λ – Cr – (*SSS*) – 肠菌素配合物的立体图，沿 C_3 轴观察

来源于天然纯对映异构的氨基酸的铁链霉素类似物，与 Fe^{III} 配位时会偏向于形成手性结构[179]。

含有双吡啶型的双齿配位单元的笼状和章鱼配体及其相应的配合物已经有所报道[173,180-182]。这些配体是有效的金属离子螯合剂，图 5.78 中给出了一个实例。

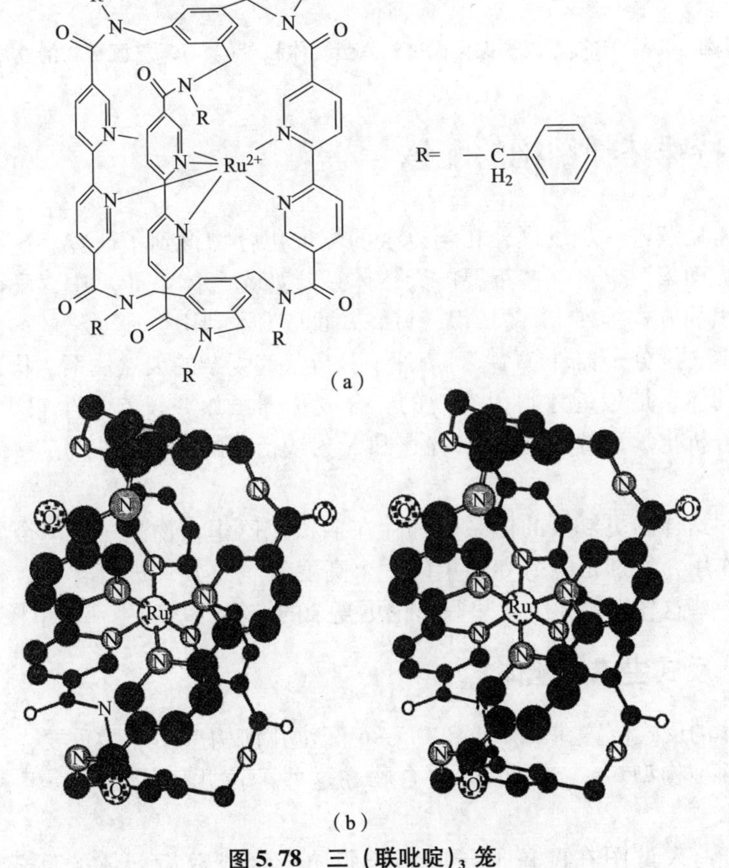

图 5.78　三（联吡啶）$_3$ 笼

(a) 示意图；(b) Δ 对映异构体的立体像对

特别设计了一个六齿章鱼配体[183]与 UO_2^{2+} 离子进行配位，得到了 HB－8（六方双锥）配位几何构型（图 5.79）。这里 6 个配位原子排列在一个平面上，在顶点位置上有两个羰基配体。底部的氨基氮原子与一个含氧的配体形成氢键，增强了配合物的稳定性。这个例子表明了另外一个现代合成化学的可能性，它允许特制配体存在，在这种配体里面，金属原子具有特殊的非球形的性质，如含氧的阳离子。这种方法被称为实体立体配位化学[183]，它可以使化学家们根据自己的需要设计出更多特殊的分子。

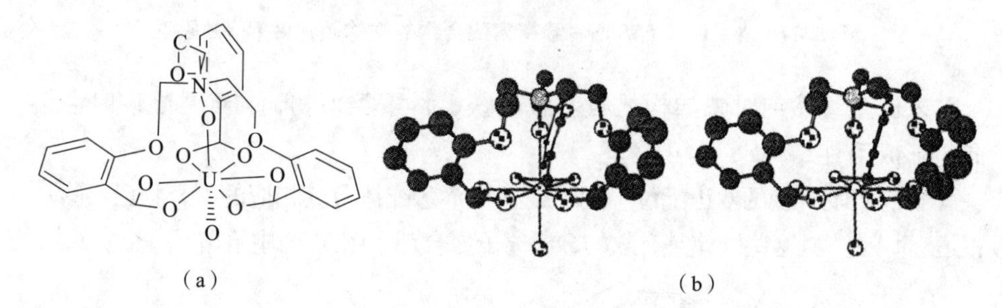

图 5.79 （a）与铀酰离子实体配位的六齿配体和（b）UO_2^{2+} 配合物的立体像对

5.8 特殊拓扑结构的配体

随着后续进一步发展，相当复杂的配位化合物得到了研究。这一兴趣的基础一方面来源于对一些重要的天然体系（如光合体系Ⅱ）中，配位单元以高度组织的方式排列[184]的认识，另一方面是为了利用金属元素的多功能的性质来构造人工分子器件[162,185]。当然，分析这些复杂的天然体系，构造分子器件所需的体系是最近才得以实现的。合成步骤虽然并没有发生很大的变化，但现代分析化学，特别是 NMR 光谱和 X 射线衍射的分析方法为这一发展提供了可能。

许多这样的更复杂的体系中都存在多核配位化合物，在这里金属会起到不同的作用，特别是电荷和能量以一个高度有序的方式进行转移。第 6 章将会讨论一些这样的体系，这里只讨论更复杂的结构的基础：一些单核单元。

5.8.1 反式生成的配体

配体的反式位置在 SP－4 和 OC－6 配位几何构型中非常重要，当然不只限于这两种构型。“普通的”螯合物在这些配位几何构型中一般占据顺式位置。

早期有人试图在配位原子间用长脂肪链合成双齿配体的反式配合物。Schlesinger[186]在 1925 年制备出系列配体（5.31）的铜（Ⅲ）配合物。观察发现，当 $n=2$ 或 3 时，化合物呈蓝色；当 $n=10$ 时，化合物呈紫色；当 $n=7$ 时，化合物呈蓝色或紫色；因此，他猜想长链配体是反式生成的。同样，Issleib 和 Hohlfeld[187] 也得到了以二磷烷（5.32）为配体的不同的 Ni^{II} 配合物，只在 $n=3$ 和 $n=5$ 时有区别。Mochida 等[188] 尝试用三齿氨基作为配体与 Pt^{IV} 反式配位得到配合物，后来它转变为双齿配体在 SP－4 构型的 Pt^{II} 配合物中生成了反式位置。但这种配合物是非常不稳定的，而且很容易恢复成正常键合的配体。

在 Venanzi 及其合作者[189,190] 发表的系列出版物中，他们报道了许多刚性的双齿磷化氢配体的配合物（图 5.80）。这种配体与 Ni^{II}、Pd^{II}、Pt^{II} 形成了 SP－4 配合物。这是另一个配体本身预先决定了配合物立体化学的配体实例。

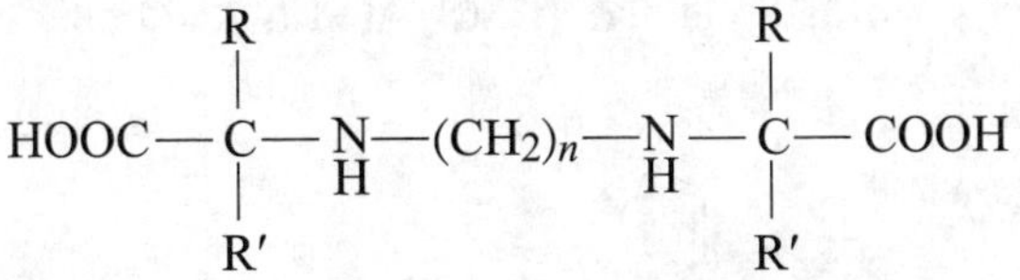

$$\mathrm{HOOC{-}C(R)(R'){-}NH{-}(CH_2)_n{-}NH{-}C(R)(R'){-}COOH} \tag{5.31}$$

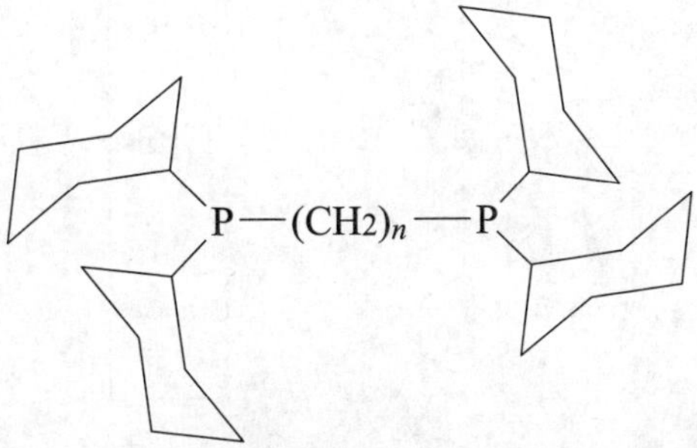

$$\mathrm{P{-}(CH_2)_n{-}P} \tag{5.32}$$

双齿二磷烷配体也可反式生成八面体配合物[191]。在这种情况下，当两个单齿磷化氢配体与 Ru^{II} 中心金属配位后，占据反式位置所需的大螯合环就会闭合（图 5.81）。这个环共含有 21 个原子（1 个 Ru，2 个 P，2 个 N，16 个 C）。

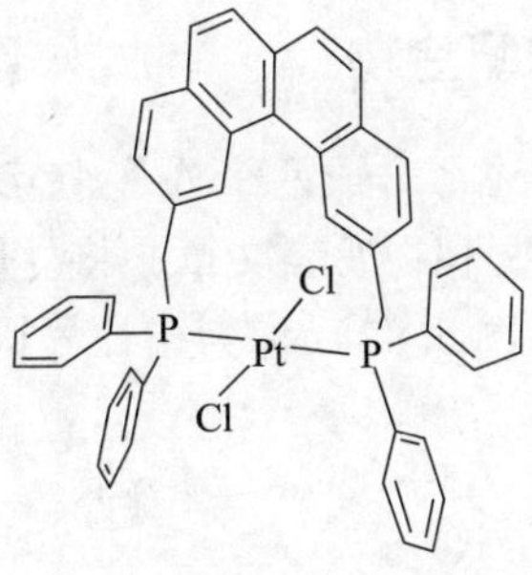

Cl
P　Pt　P
Cl

(a)

图 5.80　反式生成的磷化氢配体

(a) 2,11－双（二苯基膦基甲基）苯并［c］菲

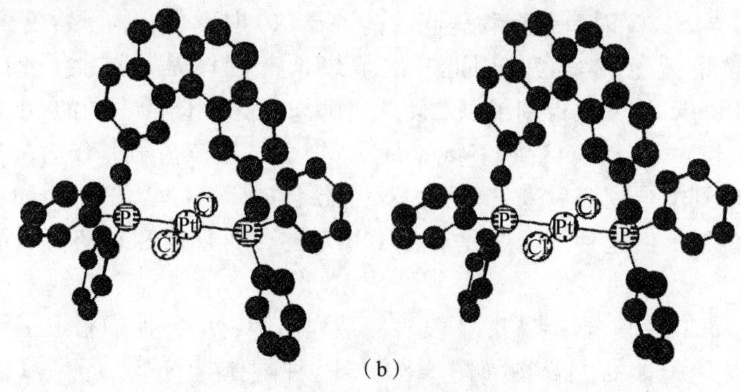

（b）

图 5.80　反式生成的磷化氢配体（续）

(b) *trans* – $[MX_2(i)]$；M = Ni；X = Cl，Br，I，NCS；M = Pd；X = Cl，Br，I；M = Pt；X = Cl，I

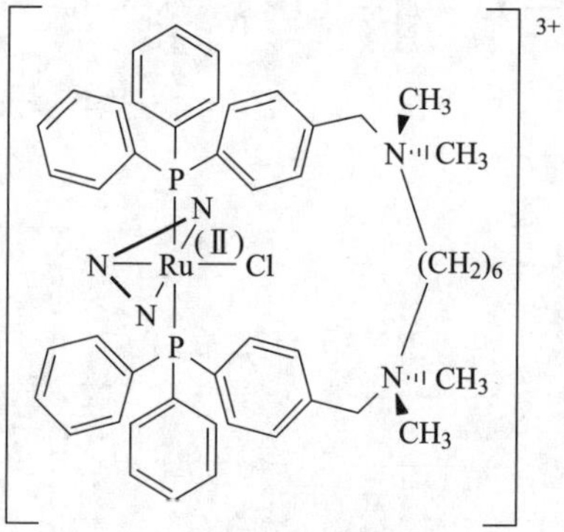

图 5.81　反式 OC – 6 配合物[191]

$[(terpy)Ru^{II}$（二苯 – *P* – 苯甲基 – $N(Me)_2$ – $(CH_2)_6$ – $N(Me)_2$ – 苯甲基 – *P* – 二苯）$(Cl)](PF_6)_3$（其中 terpy = N—N—N ═2,2′,2″ – 三吡啶）

5.8.2　带连锁环配体的配合物

化学家们花了很长时间思考合成两个或多个互锁分子环的可能性。Frisch 和 Wassermann[192] 在一个重要刊物发表文章，将立体化学与拓扑联系起来，把环状分子的两种排列方式（图 5.82）称为拓扑异构体。

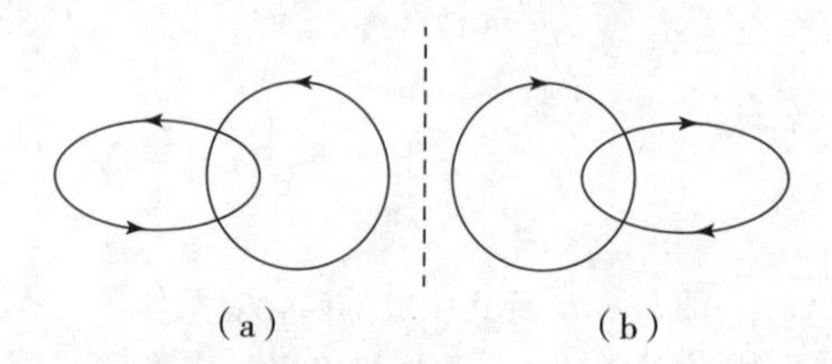

图 5.82　相互连接的环的两个拓扑异构体（参考文献［192］，第 3789 页）

Dietrich－Buchecker 和 Sauvage[193] 发明了一种合成二联锁分子的现代、高效的方法，该方法使用一个金属配合物作为基本的构筑工具。在这篇文章里也记载了联锁环在化学史上的发展。

对于“简单的”［2］环连体（两个互锁的环，更高级的索烃将在第6章讨论），成功发展了两种方法（图5.83）。在这两种情况下，金属中心均是T－4配位构型。因此形成的金属配合物，称为“链接”[193]，可以去金属化以得到想要的二联锁环结构。配合物需要允许一个（方法A）或两个（方法B）大环形成时，只有一个过渡金属可以结合其热力学稳定性和特定条件下的动力学不稳定性，脱去金属中心。通过2,9－取代的1,10－邻菲罗啉和 Cu^{+} 金属中心反应实现了这一合成。两个环均有30个共价键连原子（2N，6O，22C），铜被作为配体的 CN^{-} 除去。虽然在氰化物的影响下铜“链接”的解离相对缓慢，但是对于制备反应已经足够快了，这也再次表明了T－4金属配位中心普遍存在不稳定性。

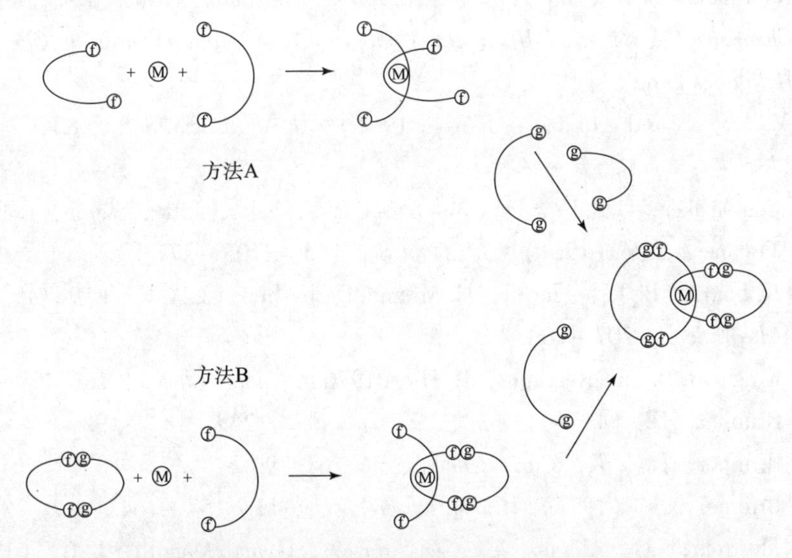

图5.83 利用过渡金属M的模板效应合成互联环的方法，f和g基团互相选择性地结合（参考文献［193］，第801页）

参考文献

［1］Brunner，H（1969），*Angew. Chem.*，*Int. Ed. Engl.*，**8**，382－383.

［2］Brunner，H.（1971），*Angew. Chem.*，*Int. Ed. Engl.*，**10**，249－260.

［3］Brunner，H.，*Transition Metal Chemistry and Optical Activity－Werner－Type*

Complexes, *Organometallic Compounds*, *Enantioselective Catalysis*, *in Chiralit-From Weak Bosons to the a – Helix*, R. Janoschek (Ed.), Springer, Berlin, 1991, pp. 166 – 179.

[4] Brunner, H. and Schmidt, E. (1970), *J. Organomet. Chem.*, **21**, P53 – P54.

[5] Albright, T. A., Burdett, J. K. and Whangbo, M. – H., *Orbital Interactions in Chemistry*, Wiley, New York, 1985, p. 95.

[6] Blackburn, B. K., Davies, S. G. and Whittaker, M., in *Stereochemistry of Organometallic and Inorganic Compounds*, I. Bernal (Ed.), Vol. 3, Elsevier, Amsterdam, 1989, Chapter 2.

[7] Kauffman, G. B., *Classics in Coordination Chemistry*, *Classics of Science*, *Twentieth – Century Papers* (1904 – 1935), Vol. 8, Part 3, Dover, New York, 1978.

[8] Kauffman, G. B., *Inorganic Coordination Compounds*, *Nobel Prize Topics in Chemistry*, *A Series of Historical Monographs on Fundamentals of Chemistry*, Heyden, London, 1981.

[9] Vaska, L. and DiLuzio, J. W. (1961), *J. Am. Chem. Soc.*, **83**, 2784 – 2785.

[10] Coussmaker, C. R. C., Hutchmson, M. H., Mellor, J. R., Sutton, L. E. and Venanzi, L. M. (1961), *J. Chem. Soc.*, **3**, 2705 – 2713.

[11] Kilbourn, B. T., Powell, H. M. and Darbyshire, J. A. C. (1963), *Proc. Chem. Soc.*, 207 – 208.

[12] King, R. B. and Reimann, R. H. (1976), *Inorg. Chem.*, **15**, 179 – 183.

[13] Brunner, H. (1974), *Ann. N. Y. Acad. Sci.*, **239**, 182 – 192.

[14] Brunner, H., *Top. Curr. Chem.*, **56**, 67 – 90.

[15] Brunner, H. (1977), *Chem. Unserer Zeit*, **11**, 157 – 164.

[16] Mestroni, G., Alessio, E., Zassinovich, G. and Marzilli, L. G. (1991), *Comments Inorg. Chem.*, **12**, 67 – 91.

[17] Reisner, G. M., Bernal, I., Brunner, H., Muschiol, M. and Siebrecht, B. (1978), *J. Chem. Soc.*, *Chem. Commun.*, **16**, 691 – 692.

[18] Raymond, K. N., Corfield, P. W. R. and Ibers, J. A. (1968), *Inorg. Chem.*, **7**, 1362 – 1372.

[19] Haaland, A., Hammel, A., Rypdal, K. and Volden, H. V. (1990), *J. Am. Chem. Soc.*, **112**, 4547 – 4549.

[20] Leigh, G. J., *Nomenclature of Inorganic Chemistry*, Blackwell, Oxford,

1990.

[21] Essen, L. N. and Gelman, A. D. (1956), *Zh. Neorg. Khim.*, **1**, 2475.

[22] Essen, L. N., Zakharova, F. A. and Gelman, A. D. (1958), *Zh. Neorg. Khim.*, **3**, 2654 - 2661.

[23] Bailar, J. C., Jr (1957), *J. Chem. Educ.*, **34**, 334 - 341.

[24] Mayper, S. A. (1957), *J. Chem. Educ.*, **34**, 623.

[25] Shimba, S., Fujinami, S. and Shibata, M. (1979), *Chem. Lett.*, 783 - 784.

[26] Von Zelewsky, A. (1968), *Helv. Chim. Acta*, **51**, 803 - 807.

[27] Kang, S. K., Tang, H. and Albright, T. A. (1993), *J. Am. Chem. Soc.*, **115**, 1971 - 1981.

[28] Morse, P. M. and Girolami, G. S. (1989), *J. Am. Chem. Soc.*, **111**, 4114 - 4116.

[29] Eliel, E. L. and Wilen, S. H., *Stereochemistry of Organic Compounds*, Wiley-Interscience, New York, 1994.

[30] Jørgensen, C. K., *Inorganic Complexes*, 2nd edn, Academic Press, London, 1963, p. 22.

[31] Bock, C. W., Kaufman, A. and Glusker, J. P. (1994), *Inorg. Chem.*, **33**, 419 - 427.

[32] Corey, E. J. and Bailar, J. C., Jr (1959), *J. Am. Chem. Soc.*, **81**, 2620 - 2629.

[33] Hawkins, C. J. and Palmer, J. A. (1982), *Coord. Chem. Rev.*, **44**, 160.

[34] Rasmussen, K., *Potential Energy Functions in Conformational Analysis*, *Lecture Notes innChemistry*, Vol. 37, Springer, Berlin, 1985.

[35] Schwarzenbach, G. (1952), *Helv. Chim. Acta*, **35**, 2344 - 2359.

[36] Schwarzenbach, G. (1973), *Chimia*, **27**, 115.

[37] Mills, W. H. and Gotts, R. A. (1926), *J. Chem. Soc.*, 3121 - 3131.

[38] Liu, J. C. I. and Bailar, J. C., Jr (1951), *J. Am. Chem. Soc.*, **73**, 5432 - 5433.

[39] Bernal, I., LaPlaca, S., Korp, J., Brunner, H. and Herrmann, W. A. (1978), *Inorg. Chem.*, **17**, 382 - 388.

[40] Kepert, D. L., *Inorganic Stereochemistry*, *Inorganic Chemistry Concepts*, Vol. 6, Springer, Berlin, 1982.

[41] Bailar, J. C., Jr and Peppard, D. F. (1940), *J. Am. Chem. Soc.*, **62**, 105 - 109.

[42] Bailar, J. C. , Jr (1946), *Inorg. Synth.* , **2**, 222 - 225.
[43] Werner, A. (1911), *Chem. Ber.* , **44**, 3272 - 3278.
[44] Sievers, R. E. , Moshi, R. W. and Morris, M. L. (1962), *Inorg. Chem.* , **1**, 966 - 967.
[45] Cartwright, P. , Gillard, R. D. , Sillanpaa, R. and Valkonen, J. (1987), *Polyhedron*, **6**, 1775 - 1779.
[46] Evans, E. H. M. , Richards, J. P. G. , Gillard, R. D. and Wlffimer, F. L. (1986), *Nouv. J. Chim.* , **10**, 783 - 791.
[47] Krause, R. A. , Wickenden - Kozlowski, A. and Cronin, J. L. (1982), *Inorg. Synth.* , **21**, 12 - 16.
[48] Gerlach, H. and Müllen, K. (1974), *Helv. Chim. Acta*, **57**, 2234 - 2237.
[49] Eisenberg, R. and lbers, J. A. (1966), *Inorg. Chem.* , **5**, 411 - 416.
[50] Chassot, L. , Mueller, E. and Von Zelewsky, A. (1984), *Inorg. Chem.* , **23**, 4249 - 4253.
[51] Deuschel - Cornioley, C. , Stoeckli - Evans, H. and Von Zelewsky, A. (1990), *J. Chem. Soc.* , *Chem. Commun.* , 121 - 122.
[52] Habu, T. and Bailar, J. C. , Jr(1966), *J. Am. Chem. Soc.* , **88**, 1128 - 1130.
[53] Raymond, K. N. , Corfield, P. W. R. and Ibers, J. A. (1968), *Inorg. Chem.* , **7**, 842 - 844.
[54] Raymond, K. N. and Duesler, E. N. (1971), *Inorg. Chem.* , **10**, 1486 - 1492.
[55] Raymond, K. N. and lbers, J. A. (1968), *Inorg. Chem.* , **7**, 2333 - 2338.
[56] Hambley, T. W. (1987), *J. Comput. Chem.* , **8**, 651 - 657.
[57] Jurnak, F. A. and Raymond, K. N. (1972), *Inorg. Chem.* , **11**, 3149 - 3152.
[58] Niketic, S. R. and Woldbye, F. (1973), *Acta Chem. Scand.* , **27**, 621 - 642.
[59] Nagao, R. , Marumo, F. and Saito, Y. (1973), *Acta Crystallogr.* , *Sect. B*, **29**, 2438 - 2443.
[60] Jurnak, F. A. and Raymond, K. N. (1974), *Inorg. Chem.* , **13**, 2387 - 2397.
[61] Thummel, R. P. , Lefoulon, F. and Korp, J. D. (1987), *Inorg. Chem.* , **26**, 2370 - 2376.
[62] Bernauer, K. , *Diastereoisomerism and Diastereoselectivity in Metal Complexes*,

in *Topics in Current Chemistry – Theor. Inorg. Chem.* Ⅱ, Vol. 65, Springer, Berlin, 1976, pp. 1 – 35.

[63] Borovik, A. S., Dewey, T. M. and Raymond, K. N. (1993), *Inorg. Chem.*, **32**, 413 – 421.

[64] Branca, M., Micera, G., Dessi, A., Sanna, D. and Raymond, K. N. (1990), *Inorg. Chem.*, 29, 1586 – 1589.

[65] Brorson, M., Damhus, T. and Schäffer, C. E. (1983), *Inorg. Chem.*, **22**. 1569 – 1573.

[66] Constable, E. C. (1986), *Adv. Inorg. Chem. Radiochem.*, **30**, 69 – 121.

[67] Keene F. R. and Searle, G. H. (1972), *Jnorg. Chem.*, **11**, 148 156.

[68] Keene, F. R., Searle, G. H., Yoshikawa, Y., Imai, A. and Yamasaki, K. (1970), *J. Chem. Soc.*, *Chem. Commun.*, 784 – 786.

[69] Kobayashi, M., Marumo, F. and Saito, Y. (1972), *Acta Crystallogr.*, *Sect. B*, **28**, 470 – 474.

[70] Geue, R. J. and Snow, M. R. (1977), *Inorg. Chem.*, **16**, 231 – 241.

[71] Selbin, J. and Bailar, J. C., Jr (1960), *J. Am. Chem. Soc.*, **82**, 1524 – 1526.

[72] Buckingham, D. A., Marzili, L. G. and Sargeson, A. M. (1967), *J. Am. Chem. Soc.*, **89**, 5133 – 5138.

[73] Buckingham, D. A., Marzilli, L. G., Maxwell, I. E., Sargeson, A. M. and Freeman, H. C. (1969), *J. Chem. Soc. D*, **11**, 583 – 585.

[74] Emmenegger, F. P. and Schwarzenbach, G. (1966), *Helv. Chim. Acta*, **49**, 625 – 643.

[75] Muto, A., Marumo, F. and Saito, Y. (1970), *Acta Crystallogr.*, *Sect. B*, **26**, 226 – 233.

[76] Saito, Y., *Top. Stereochem.*, **10**, 95 – 174.

[77] Sato, S. and Saito, Y. (1975), *Acta Crystallogr.*, *Sect. B*, **31**, 2456 – 2460.

[78] Yoshikawa, Y. (1976), *Bull. Chem. Soc. Jpn.*, **49**, 159 – 162.

[79] Yoshikawa, Y. and Yamasaki, K. (1973), *Bull. Chem. Soc. Jpn.*, **46**, 3448 – 3452.

[80] Okamoto, K., Tsukihara, T., Hidaka, J. and Shimura, Y. (1973), Chem. *Lett.*, 145 – 148.

[81] Collins, J., Dwyer, F. P. and Lions, F. (1952), *J. Am. Chem. Soc.*, **74**, 3134 – 3136.

[82] Dwyer, F. P. and Lions, F. (1947), *J. Am. Chem. Soc.*, **69**, 2917 – 2918.

[83] Dwyer, F. P. and Lions, F. (1950), *J. Am. Chem. Soc.*, **72**, 1545 – 1550.

[84] Dwyer, F. P., Lions, F. and Mellor, M. P. (1950), *J. Am. Chem. Soc.*, **72**, 5037 – 5039.

[85] Bailar, J. C., Jr (1990), *Coord. Chem. Rev.*, **100**, 1 – 27.

[86] Weatherall, D. J., Pippard, M. J. and Callender, S. T. (1983), *N. Engl. J. Med.*, **308**, 456 – 458.

[87] Leong, J. and Raymond, K. N. (1975), *J. Am. Chem. Soc.*, **97**, 293 – 296.

[88] Hossain, M. B., Jalal, M. A. F. and Van Der Helm, D. (1986), *Acta Crystallogr., Sect. C*, **42**, 1305 – 1310.

[89] Bickel, H., Hall, G. E., Keller – Schierlein, W., Prelog, V., Vischer, E. and Wettstein, A. (1960), *Helv. Chim. Acta*, **43**, 2129 – 2138.

[90] Matzanke, B. F., Müller, G. I. and Raymond, K. N. (1984), *Biochem. Biophys. Res. Commun.*, **121**, 922 – 930.

[91]① Müller, G., Matzanke, B. F. and Raymond, K. N. (1984), *Biochem. Biophys. Res. Commun.*, **121**, 922 – 930.

[92] Busch, D. H. and Bailar, J. C., Jr (1956), *J. Am. Chem. Soc.*, 78, 716 – 719.

[93] Harrowfield, J. M. and Wild, S. B., in *Comprehensive Coordination Chemistry*, Vol. 1, G. W. Wilkinson (Ed.), Pergamon Press, Oxford, 1987, pp. 179 – 212.

[94] Shimura, Y. (1958), *Bull. Chem. Soc. Jpn.*, **31**, 315 – 319.

[95] Wernier, A. (1918), *Helv. Chim. Acta*, **1**, 5 – 32.

[96] Cooley, W. E., Liu, C. F. and Bailar, J. C., Jr (1959), *J. Am. Chem. Soc.*, 81, 4189 – 4195.

[97] Dunlop, J. H. and Gillard, R. D. (1965), *J. Chem. Soc.*, 6531 – 6541.

[98] Mori, M., Shibata, M., Kyono, E. and Kanaya, M. (1961), *Bull. Chem. Soc. Jpn.*, **34**, 1837 – 1842.

[99] Dunlop, J. H. and Gillard, R. D. (1966), *Adv. Jnorg. Chem. Radiochem.*, **9**, 185 – 215.

[100] Dunlop, J. H., Gillard, R. D., Payne, N. C. and Robertson, G. B. (1966), *J. Chem. Soc., Chem. Commun.*, **23**, 874 – 876.

① 文献［91］与［90］重复，原版如此，特此注释说明。

[101] Dunlop, J. H., Gillard, R. D. and Ugo, R. (1966), *J. Chem. Soc. A*, **11**, 1540 – 1547.
[102] Gillard, R. D. (1967), *Inorg. Chim. Acta*, **1**, 69 – 86.
[103] Harnung, S. E., Kallesoe, S., Sargeson, A. M. and Schaeffer, C. E. (1974), *Acta Chem. Scand.*, *Ser. A*, **28**, 385 – 398.
[104] Dwyer, F. P. and Garvan, F. L. (1959), *J. Am. Chem. Soc.*, **81**, 1043 – 1045.
[105] Dwyer, F. P., Sargeson, A. M. and James, L. B. (1964), *J. Am. Chem. Soc.*, **86**, 590 – 592.
[106] Kojima, M., Yoshikawa, Y. and Yamasaki, K. (1973), *Inorg. Nucl. Chem. Lett.*, **9**, 689 – 692.
[107] Iwasaki, H. and Saito, Y. (1966), *Bull. Chem. Soc. Jpn.*, **39**, 92 – 100.
[108] Kuroda, R. and Saito, Y. (1974), *Acta Crystallogr.*, *Sect. B*, **30**, 2126 – 2130.
[109] Harnung, S. E., Sørensen, B. S., Creaser, I., Maegaard, H., Pfenninger, U. and Schäffer, C. E. (1976), *Inorg. Chem.*, **15**, 2123 – 2126.
[110] Kobayashi, A., Marumo, F. and Saito, Y. (1972), *Acta Crystallogr.*, *Sect. B*, **28**, 2907 – 2915.
[111] Saito, Y., *Inorganic Molecular Dissymmetry*, *Inorganic Chemistry Concepts*, Vol. 4, Springer, Berlin, 1979.
[112] Abu – Dari, K. and Raymond, K. N. (1992), *J. Coord. Chem.*, **26**, 1 – 14.
[113] Karpishin, T. B., Stack, T. D. P. and Raymond, K. N. (1993), *J. Am. Chem. Soc.*, **115**, 182 – 192.
[114] Karpishin, T. B., Stack, T. D. P. and Raymond, K. N. (1993), *J. Am. Chem. Soc.*, **115**, 6115 – 6125.
[115] Kobayashi, A., Marumo, F. and Saito, Y. (1974), *Acta Crystallogr.*, *Sect. B*, **30**, 1495 – 1498.
[116] Gollogly, J. R. and Hawkins, C. J. (1967), *Aust. J. Chem.*, **20**, 2395 – 2402.
[117] Buckingham, D. A., Dwyer F. P. and Sargeson, A. M., *Chelating Agents and Metal Chelates*, Academic Press, New York, 1964, p. 208.
[118] Dwyer, F. P. and Garvan, F. L. (1961), *J. Am. Chem. Soc.*, **83**, 2610 – 2615.
[119] Duncan, J. F. (1973), *Proc. R. Aust. Chem. Inst.*, **40**, 151 – 157.
[120] Hahn, F. E., McMurry, T. J., Hugi, A and Raymond, K. N. (1990),

J. Am. Chem. Soc., **112**, 1854 - 1860.

[121] Hayoz, P. and Von Zelewsky, A. (1992), *Tetrahedron Lett.*, **33**, 5165 - 5168.

[122] Hayoz, P., Von Zelewsky, A. and Stoeckli - Evans, H. (1993), *J. Am. Chem. Soc.*, **115**, 5111 - 5114.

[123] Fenton, R. R., Stephens, F. S., Vagg, R. S. and Williams, P. A. (1992), *Inorg. Chim. Acta*, **197**, 233 - 242.

[124] Bemauer, K. and Pousaz, P. (1984), *Helv. Chim. Acta*, 67, 796 - 803.

[125] Stoeckli - Evans, H., Brehm, L., Pousaz, P., Bernauer, K. and Bürgi, H. - B. (1985), *Helv. Chim. Acta*, **68**, 185 - 191.

[126] Ashby, M. T., Govindan, G. N. and Grafton, A. K(1994), *J. Am. Chem. Soc.*, **116**, 4801 - 4809.

[127] Meisenheimer, J., Angermann, L. and Holstein, H. (1924), *Liebigs Ann. Chem.*, **438**, 261 - 278.

[128] Blount, J. F., Freeman, H. C., Sargeson, A. M. and Turnbull, K. R. (1967), *J. Chem. Soc.*, *Chem. Commun.*, **7**, 324 - 325.

[129] Fujita, M., Yoshikawa, Y. and Yamatera, H. (1976), *Chem. Lett.*, 959 - 962.

[130] Halpern, B., Sargeson, A. M. and Turnbull, K. R. (1966), *J. Am. Chem. Soc.*, **88**, 4630 - 4636.

[131] Larsen, S., Watson, K. J., Sargeson, A. M. and Turnbull, K. R. (1968), *J. Chem. Soc.*, *Chem. Commun.*, **15**, 847 - 849.

[132] Kuebler, J. R., Jr and Bailar, J. C., Jr (1952), *J. Am. Chem. Soc.*, **74**, 3535 - 3538.

[133] Buckingham, D. A., Marzilli, P. A., Sargeson, A. M., Mason, S. F. and Beddoe, P. G. (1967), *J. Chem. Soc.*, *Chem. Commun.*, **9**, 433 - 435.

[134] Heineke, D., Franklin, S. and Raymond, K. N. (1994), *Inorg. Chem.*, **33**, 2413 - 2421.

[135] Albinati, A., Lianza, F., Berger, H., Pregosin, P. S., Rüegger, H. and Kunz, R. W. (1993), *Inorg. Chem.*, **32**, 478 - 486.

[136] Mills, W. H. and Quibell, T. H. H. (1935), *J. Chem Soc.*, 839 - 846.

[137] Boeyens, J. C. A. and Dobson, S. M., in *Stereochemistry of Organometallic and Inorganic Compounds. Stereochemical and Stereaphysical Behaviour of Macrocycles*, Vol. 2, I. Bernal (Ed.), Elsevier, Amsterdam, 1987, pp. 2 - 102.

[138] Buschmann, H. - J., in *Stereochemistry of Organometallc and Inorganic Compounds. Stereochemical and Stereaphysical Behaviour of Macrocycles*, Vol. 2, I. Bernal (Ed.), Elsevier, Amsterdam, 1987, pp. 103 - 185.

[139] Matthes, K. E. and Parker, D., in *Stereochemistry of Organometallic and Inorganic Compounds Stereochemical and Stereophysical Behaviour of Macrocycles*, Vol. 2, I. Bernal (Ed.), Elsevier Amsterdam, 1987, pp. 187 - 226.

[140] De Diesbach, H. and Von der Weid, E. (1927), *Helv. Chim. Acta*, **10**, 886 - 888.

[141] Price, R., in *Comprehensive Coordination Chemistry. The Synthesis, Reactions, Properties & Applications of Coordination Compounds. Applications*, Vol. 6, G. W. Wilkinson (Ed.), Pergamon Press, Oxford, 1987, pp. 87 - 91.

[142] Crowfoot - Hodgkin, D. (1965), *Angew. Chem.*, **77**, 954 - 962.

[143] Curtis, N. F. (1960), *J. Chem. Soc.*, 4409 - 4413.

[144] Pedersen, C. J. (1967), *J. Am. Chem. Soc.*, **89**, 7017 - 7036.

[145] Gokel, G., *Crown Ethers and Cryptands*, *Monographs in Supramolecular Chemistry Series*, J. F. Stoddart (Ed.), Royal Society of Chemistry, Cambridge, 1991.

[146] Inoue, Y. and Gokel, G. W., (Eds), *Cation Binding by Macrocycles - Complexation of Cationic Species by Crown Ethers*, Marcel Dekker, New York, 1990.

[147] Melson, G. A. in *Coordination Chemistry of Macrocyclic Compounds*, G. A. Melson (Ed.), Plenum Press, New York, 1979, pp. 1 and 17.

[148] Zompa, L. J. and Margulis, T. N. (1978), *Inorg. Chim. Acta*, **28**, L157.

[149] Wieghardt, K., Bossek, U., Chaudhuri, P., Herrmann, W., Menke, B. C. and Weiss, J. (1982), *Inorg. Chem.*, **21**, 4308 - 4314.

[150] Setzer, W. N., Ogle, C. A., Wilson, G. S. and Glass, R. S. (1983), *Inorg. Chem.*, **22**, 266 - 271.

[151] Wieghardt, K., Kueppers, H. J. and Weiss, J. (1985), *Inorg. Chem.*, **24**, 3067 - 3071.

[152] Zompa, L. J. and Margulis, T. N. (1980), *Inorg. Chim. Acta*, **45**, L263 - L264.

[153] Ito, T., Ito, H. and Toriumi, K. (1981), *Chem. Lett.*, 1101 - 1104.

[154] Mertes, K. B. (1978), *Inorg. Chem.*, **17**, 49 - 52.

[155] Alcock, N. W., Herron, N. and Moore, P. (1978), *J. Chem. Soc.*,

Dalton Trans., 394 – 399.

[156] Louis, R., Metz, B. and Weiss, R. (1974), *Acta Crystallogr.*, *Sect. B*, **30**, 774 – 780.

[157] Louis, R., Agnus, Y. and Weiss, R. (1979), *Acta Crystallogr.*, *Sect. B*, **35**, 2905 – 2910.

[158] Bombieri, G., Forsellini, E., Del Pra, A., Cooksey, C. J., Humanes, M. and Tobe, M. L. (1982), *Inorg. Chim. Acta*, **61**, 43 – 49.

[159] Searle, G. H. (1989), *Bull. Chem. Soc. Jpn.*, **62**, 4021 – 4032.

[160] Yoshikawa, Y., Toriumi, K., Ito, T. and Yamatera, H. (1982), *Bull. Chem. Soc. Jpn.*, **55**, 1422 – 1424.

[161] Stoddard, F. J. (1987), *Top. Stereochem.*, **17**, 207.

[162] Lehn, J. – M. (1988), *Angew. Chem.*, *Int. Ed. Engl.*, **27**, 89 – 112.

[163] Boston, D. R. and Rose, N. J. (1968), *J. Am. Chem. Soc.*, **90**, 6859 – 6860.

[164] Sargeson, A. M. (1979), *Chem. Br.*, **15**, 23 – 27.

[165] Sargeson, A. M. (1991), *Chem. Aust.*, **58**, 176 – 178.

[166] Comba, P. (1989), *Inorg. Chem.*, **28**, 426 – 431.

[167] Comba, P., Sargeson, A. M., Engelhardt, L. M., Harrowfield, J. M., White, A. H., Horn, E. and Snow, M. R. (1985), *Inorg. Chem.*, **24**, 2325 – 2327.

[168] Gahan, L. R., Hambley, T. W., Sargeson, A. M. and Snow, M. R. (1982), *Inorg. Chem.*, **21**, 2699 – 2706.

[169] Garrett, T. M., McMuηy, T. J., Hosseini, M. W., Reyes, Z. E., Hahn, F. E. and Raymond, K. N. (1991), *J. Am. Chem. Soc.*, **113**, 2965 – 2977.

[170] McMurry, T. J., Hosseini, M. W., Garrett, T. M., Hahn, F. E., Reyes, Z. E. and Raymond, K. N. (1987), *J. Am. Chem. Soc.*, **109**, 7196 – 7198.

[171] McMurry, T. J., Rodgers, S. J. and Raymond, K. N. (1987), *J. Am. Chem. Soc.*, **109**, 3451 – 3453.

[172] Xu, J., Stack, T. D. P. and Raymond, K. N. (1992), *Inorg. Chem.*, **31**, 4903 – 4905.

[173] De Cola, L., Barigelletti, F., Balzani, V., Belser, P., Von Zelewsky, A., Voegtle, F., Ebmeyer, F. and Grammenudi, S. (1988), *J. Am. Chem. Soc.*, **110**, 7210 – 7212.

[174] Libman, J., Tor, Y. and Shanzer, A. (1987), *J. Am. Chem. Soc.*, **109**, 5880-5881.

[175] Tor, Y., Libman, J., Shanzer, A., Felder, C. E. and Lifson, S. (1992), *J. Am. Chem. Soc.*, **114**, 6661-6671.

[176] Tor, Y., Libman, J., Shanzer, A. and Lifson, S. (1987), *J. Am. Chem. Soc.*, **109**, 6517-6518.

[177] Loomis, L. D. and Raymond, K. N. (1991), *Inorg. Chem.*, **30**, 906-911.

[178] Isied, S. S., Kuo, G. and Raymond, K. N. (1976), *J. Am. Chem. Soc.*, **98**, 1763-1767.

[179] Yakirevitch, P., Rochel, N., Albrecht-Gary, A.-M., Libman, J. and Shanzer, A. (1993), *Inorg. Chem.*, **32**, 1779-1787.

[180] Belser, P., De Cola, L. and Von Zelewsky, A. (1988), *J. Chem. Soc., Chem. Commun.*, **15**, 1057-1058.

[181] Rodriguez-Ubis, J.-C., Alpha, B., Plancherel, D. and Lehn, J.-M. (1984), *Helv. Chim. Acta*, **67**, 2264-2269.

[182] Seel, C. and Voegtle, F., in *Perspectives in Coordination Chemistry*, C. Floriani, A. F. Williams and A. E. Merbach, (Eds), Verlag Helvetica Chimica Acta, Weinheim, 1992, pp. 31-53.

[183] Franczyk, T. S., Czerwinski, K. R. and Raymond, K. N. (1992), *J. Am. Chem. Soc.*, **114**, 8138-8146.

[184] Pascard, C., Guilhem, J., Chardon-Noblat, S. and Sauvage, J.-P. (1993), *New J. Chem.*, **17**, 331-335.

[185] Balzani, V. and De Cola, L. (Eds), *Supramolecular Chemistry*, *NATO ASI Series*, Kluwer, Dordrecht, 1992.

[186] Schlesinger, N. (1925), *Chem. Ber.*, 1877-1889.

[187] Issleib, K. and Hohlfeld, G. (1961), *Z. Anorg. Alig. Chem.*, **312**, 169-179.

[188] Mochida, I., Mattern, J. A. and Bailar, J. C., Jr (1975), *J. Am. Chem. Soc.*, 97, 3021-3026.

[189] Büirgi, H.-B., Murray-Rust, J., Camalli, M., Caruso, F. and Venanzi, L M. (1989), *Helv. Chim. Acta*, **12**, 1293-1300.

[190] De Stefano, N. J., Johnson, D. K. and Venanzi, L. M. (1974), *Angew. Chem.*, *Int. Ed. Engl.*, **13**, 133-134.

[191] Leising, R. A., Grzybowski, J. J. and Takeuchi, K. J. (1988), *Inorg.*

Chem. , **27**, 1020 – 1025.

[192] Frisch, H. L. and Wassermann, E. (1961), *J. Am. Chem. Soc.* , **83**, 3789 – 3795.

[193] Dietrich – Buchecker, C. O. and Sauvage, J. – P. (1987), *Chem. Rev.* , **87**, 795 – 810.

第6章

多核配位单元的拓扑立体化学

第1~5章讨论的主要是单配位中心的配合物。如果要更系统、更全面地描述配合物，金属元素的配位数和配位几何构型的变化广度就需要更加深入地讨论。因此，在一个分子单元中，几个配位中心的组合可能是相当复杂的，对此进行详尽的考虑变得不太可能。多中心金属配合物可以分为两类：一类是含有直接的金属-金属键；另一类是金属原子仅通过桥联配体相连。一般把第一类叫作金属簇。这里我们只讨论通过桥联配体形成的多核配合物。因为第1~5章讨论的立体化学原理可以应用到这些分子中，而金属簇还需要其他的立体化学描述符。这里我们不讨论的另一类多核类型是氧桥联配合物，一般称作聚氧离子（参考文献［1］，第807页）。已经获得了大量有价值的、关于这些结构的物种的信息，且主要集中在早期过渡元素的化合物中。

描述多核配位类型的一个合理的方式是选择一种金属作为配位中心，而把其他金属看作模型配体的一部分。在某些情况下，配位中心的选择可能是唯一的，而在另外一些情况下，如当几个金属中心相同时，配位中心的选择就具有任意性。

6.1 简单桥联配体的多核配合物

下面将讨论分为两部分：(1) 具有简单桥联配体的多核配合物；(2) 具有对整个分子的立体化学有特殊影响的配体的多核配合物。简单的配体如氢化物、卤化物、类卤化物、OH^-和其他小的无机配体，以及简单的有机分子或离子。那些设计的能产生螺旋状、更高的链状、结状等的特殊配体将在6.2节讨论。

最简单的情况是两个金属通过一个或几个只有一个原子的桥进行连接。这种情况往往发生在单原子的桥联配体中，如卤化物、含硫、含氧的化合物。双原子配体既可以通过一个原子桥联两个中心，如OH^-，也可以通过两个原子连接两个中心，如 CN^-。“作为配体的金属配合物”这个概念很容易应用于单原子桥联物，其中单原子指的是桥本身，也就是 M—{μ－L(R′)}—M，并不一定是整个桥联配体。两个金属中心可以通过一个桥（两个配位多面体的公共角）、两个桥（公共边）、三个或更多的桥（公共面）进行连接，图 6.1 给出了 OC－6/OC－6 的这三种情况的示意图说明。

在图 6.1（a）中，桥可以是线型的[2]或弯曲的。对 OC－6 单桥双核配合物$(l_1)_5M\{\mu-(l_1)\}M(l_1)_5$ 来说，它的直线结构的最可能的对称性是 C_{4v}，弯曲结构的是 C_{2v}。M 和桥联配体共面（单原子配体最可能的情况）的双桥联配合物$(l_1)_4M\{\mu-(l_1)_2\}M(l_1)_4$ 也具有 C_{2v} 对称性，而三桥联配合物$(l_1)_3M\{\mu-(l_1)_3\}M(l_1)_3$ 具有 C_{3v} 对称性。这些结构都是非手性的。

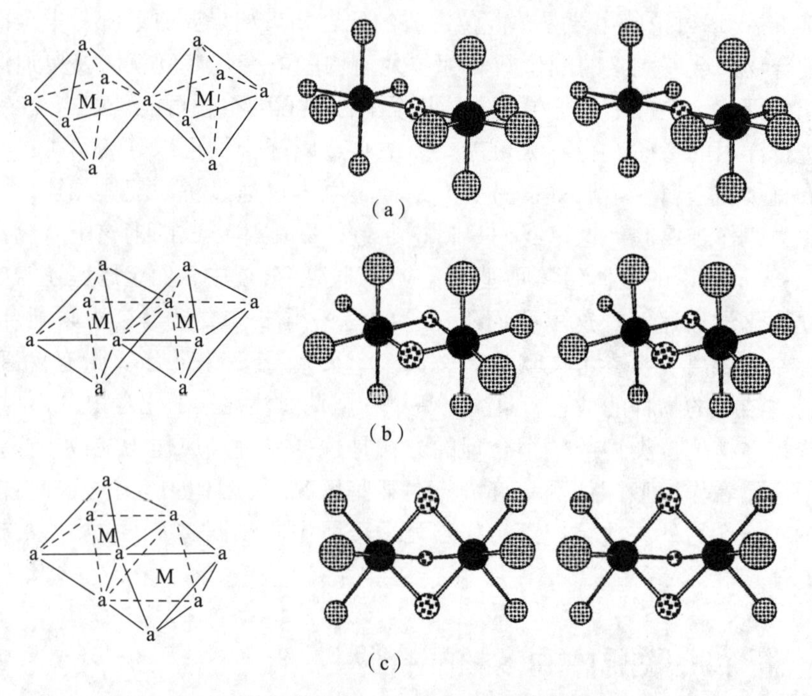

图 6.1　与一个、两个和三个球形桥联配体连接的三种不同的 OC－6/OC－6 的示意图

具有卤桥的三核类型的简单例子，不仅在气态配合物中，而且在固态配合物中都有所描述。Müller[3] 在一本关于无机结构化学的书里描述了连接多面体的各种方法。

如桥连的 OH^- 配体，若从单原子配体考虑到双原子配体，物种的对称性会发生改变。跟其他双原子配体一样，OH^- 是 1 个 ABE_3 类型，在配位原子上有 3 对孤对电子。VSEPR 模型表明在 M—(OH)—M 桥联单元中，4 个原子将很可能不是共面的，也就是说氧具有 TPY－3 配位几何构型。因此，配合物$(l_1)_5M\{\mu-OH\}M(l_1)_5$ 具有 C_s 对称性（图6.2（a）），而杂金属配合物应该是手性的，因为与三个不同的配位原子（M，M'，H）和一对孤对电子连接的氧是手性的。但是由此获得的对映异构体会很快地发生外消旋化。

双桥联类型$(l_1)_4M\{\mu-OH\}_2M(l_1)_4$ 可以以两种非对映异构形式存在，C_{2v} 对称性（图6.2（b））或 D_{2h} 对称性（图6.2（c））。三桥联类型$(l_1)_3M\{\mu-OH\}_3M(l_1)_3$ 也可以以两种非对映异构形式存在，C_s 对称性（图6.2（d））或 D_{3h} 对称性（图6.2（e））（含有一系列配体的桥联多核配合物曾被 Thewalt 等[4]从立体化学观点详细地讨论过）。

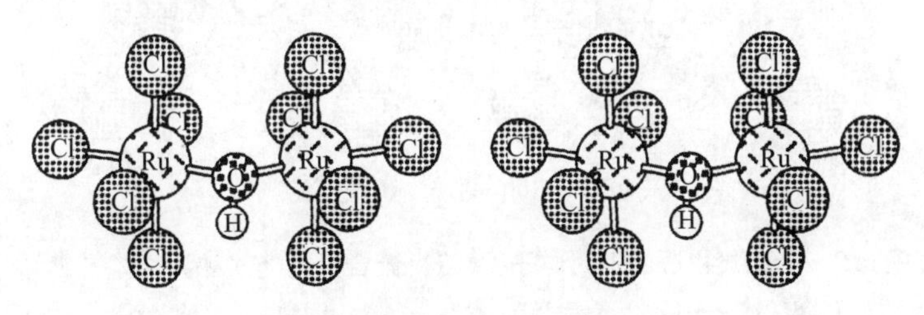

（a）$(Cl)_5Ru(\mu\text{-}OH)_1Ru(Cl)_5\text{–}C_s$

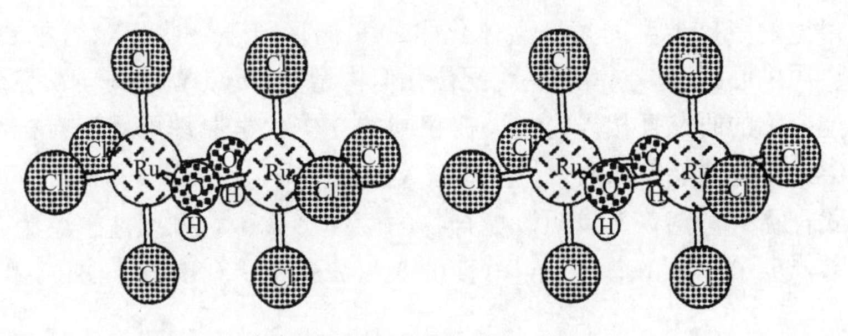

（b）$(Cl)_4Ru(\mu\text{-}OH)_2Ru(Cl)_4\text{–}C_{2v}$

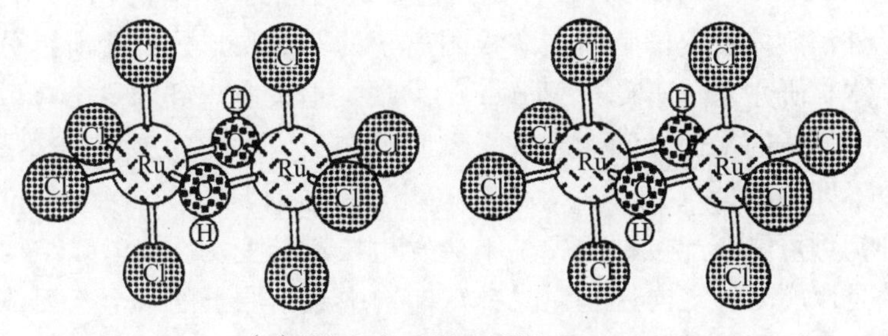

（c）$(Cl)_4Ru(\mu\text{-}OH)_2Ru(Cl)_4\text{–}D_{2h}$

图6.2　考虑氧中心的孤对电子 OH^- 桥配合物的非对映异构体

（a）$\mu-OH$，对称性 C_s；（b）$(\mu-OH)_2$ 对称性 C_{2v}；

（c）$(\mu-OH)_2$ 对称性 D_{2h}

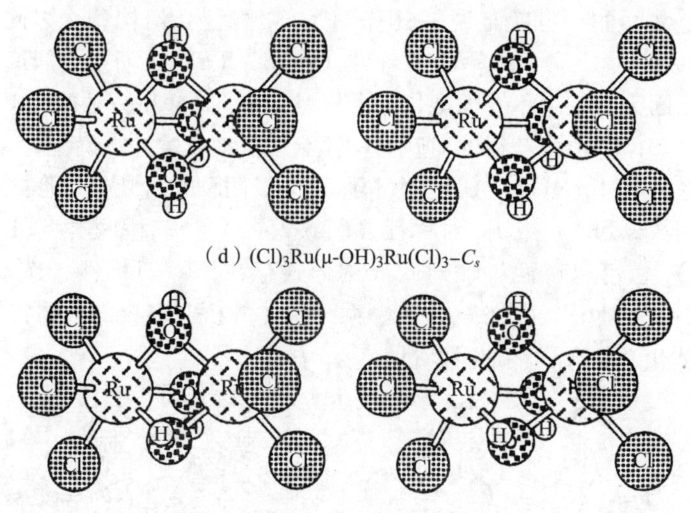

(d) $(Cl)_3Ru(\mu\text{-}OH)_3Ru(Cl)_3\text{–}C_s$

(e) $(Cl)_3Ru(\mu\text{-}OH)_3Ru(Cl)_3\text{–}D_{3h}$

图 6.2　考虑氧中心的孤对电子 OH^- 桥配合物的非对映异构体（续）

(d) $(\mu-OH)_3$，对称性 C_s；(e) $(\mu-OH)_3$，对称性 D_{3h}

将讨论的多核类型的拓扑立体化学的实例局限于一些相对简单的情况，也就是金属中心的 OC－6 和 T－4 配位几何构型。Alfred Werner 首次完成了关于多核配合物的研究且相当完美。在相同的立体化学原理可用于有机和无机物种的尝试中，他能够证明[5] $[Co\{Co(NH_3)_4(OH)_2\}_3]^{6+}$ 以两种可分离的对映体形式存在[6]。图 6.3 表明该配合物的两种形式，它可以被想象为是由一个中心 Co^{III} 原子，被 3 个单个正电性的双齿 *cis*－$Co^{III}(NH_3)_4(OH)_2$ “配体”配位形成。

因此，OC－6 $[M(A\hat{}A)_3]$ 种类的构型最可能的对称性为 D_3，它显然是手性的。外消旋体被溴樟脑磺酸酸根阴离子的非对映形式的盐所拆分。现代 X 射线晶体学研究完全证实了 Werner 的发现。他没有想到的一个有趣的细节是螯合环中原子的平面性问题。桥联氧原子在配位时变为手性，这是因为它们与 3 个不同的配体（加上一对孤对电子）配位时具有 TPY－3 配位几何构型，这种构型可能在配位种类中是不会发生快速转变的。X 射线结构测定表明，不论是以顺时针定向还是逆时针定向，中心钴原子的一个八面体面上的所有 OH 基团都是同手性的。原则上，桥联氧原子中心的立体异构可以产生相对数量较多的异构体。$\Delta(S)_6$、$\Delta(S)_5(R)$、$\Delta(S)_4(R)_2$、$\Delta(S)_3(R)_3$ 构型都是非对映异构的。当一个给定的构型中存在一个以上的氧原子时，在中心金属周围存在着多种分散中心的可能性，对 $[Co\{Co(NH_3)_4(OH)_2\}_3]^{6+}$ 来说，这种构型产生的可能的立体异构体数目可达 10 对对映异构体（2 个 D_3，1 个

C_3，2个C_2，5个C_1）。这些非对映体一般将发生快速的互变，实验结果表明有一个形式比其他形式更稳定。但是，举例来说，如果我们对这些配合物进行能量最优化计算，很可能有14种非对映体在势能面上表现出局域极小值点，我们必须注意到这种复杂性。

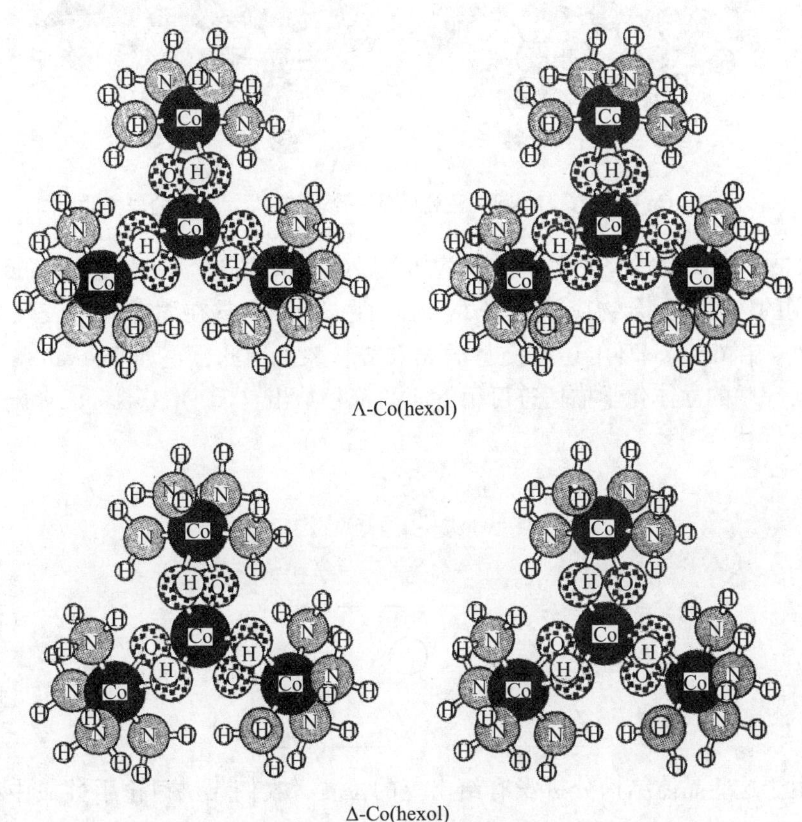

图6.3　Werner[5]于1914年拆分的四核“hexol”配合物对映体的立体异构对；描述了同手性桥联基团的形式

从立体化学的观点来看，四核配合物$[Co\{Co(NH_3)_4(OH)_2\}_3]^{6+}$和与其化学性质相似的$[Co\{Co(en)_2(OH)_2\}_3]^{6+}$（图6.4）相比，是比较简单的类型。对于后者，在不考虑外围金属的en螯合(δ/λ)构象或氧桥联中心的立体异构性的情况下，所有的Co原子中心都是螺旋手性的，产生四对可能的对映异构体：$\{\Delta(\Delta)_3/\Lambda(\Lambda)_3$；$\Delta\{(\Delta)_2\Lambda\}/\Lambda\{(\Lambda)_2\Delta\}$；$\Delta\{(\Lambda)_2\Delta\}/\Lambda\{(\Delta)_2\Lambda\}$；$\Delta(\Lambda)_3/\Lambda(\Delta)_3\}$。

如果考虑δ/λ构型，异构体的数目可能有208种（如果考虑氧桥的不同构型，会有2912种）[4]。分离出了几个Co^{III}的四核配合物并对其进行了结构表征[4,8,9]，发现其既存在如$\Delta\{(\Lambda)_2\Delta\}/\Lambda\{(\Delta)_2\Lambda\}$的混合构型异构体[9]，还

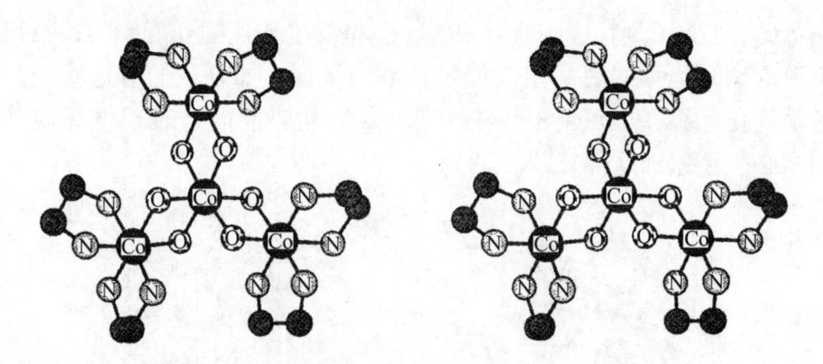

图6.4 Co－en 的“hexol”配合物的一个具有 C_3 对称性的异构体[7]

存在如 $\Delta(\Lambda)_3/\Lambda(\Delta)_3$ 的纯构型异构体[7]。对后者来说，如果所有的 en 环具有相同的构象，配合物应该具有 D_3 对称性，然而，它在固态时仅表现为 C_3 对称性，在6个 en 环上还有交替的 λ 和 δ 构象。因此，正如 Thewalt 等[4]提出的，完整的立体化学描述符可用下面的符号给出（6.1）（不考虑氧配位中心的手性）。

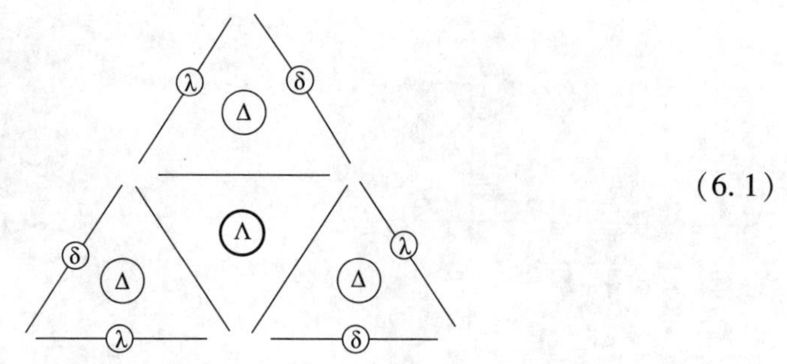

(6.1)

由于这些晶体结构分析没有给出氢的位置，我们无法讨论手性氧中心的构型。

与 Werner 的 hexol 配合物具有相同分子式的一个四核配合物 $[M_4(OH)_6(NH_3)_{12}]^{6+}$ 和 $[M_4(OH)_6(en)_6]^{6+}$，清楚地表明了预测多核配合物的立体化学性质的难度。当 $M=Co^{III}$ 时，上面讨论的配合物是目前得到的唯一产物，尽管它们经常代表了几个紧密相关的异构体的混合状态。当 $M=Cr^{III}$ 时，最初认为它具有与 Co^{III} 配合物相同的结构，然而 X 射线衍射发现它具有完全不同的骨架（图6.5）[11,12]。Cr^{III} 似乎也存在类似 Co—hexol 的骨架[8]。

Co^{III} 和 Cr^{III} 配合物骨架之间的差别（结构的两种类型本质上是同分异构体），一直是早期光谱研究的课题[13]。对 Cr 骨架的异构体的计数，考虑 en 环的构象，表明含 en 环的配合物将产生 84 个异构体[4]。另外，氨基配体的配合物具有 C_s 对称性，因此它是非手性的，既不存在对映异构体，也不存在紧密相关的非对映异构体。

在溶液中以它的 2912 种立体异构体中的几个异构体的混合物形式存在的 $[Co\{Co(en)_2(OH)_2\}_3]^{6+}$ 配合物，是又一个可以在金属配合物中出现模糊立体化学的例子。这种现象尤其与金属中心是螺旋手性的多核配合物相关。在很多情况下，制备的多核配合物不具有完全意义上的立体化学，即会出现许多异构体的混合物[14-16]。通过光谱研究发现四核配合物 $[Ru(bpym)_3(Ru(bpy)_2)_3]^{8+}$（图 6.6）从立体化学观点来看是具有 4 个螺旋手性中心的四核种类的最简单的形式，因为在这个配合物中没有发现其他手性元素。

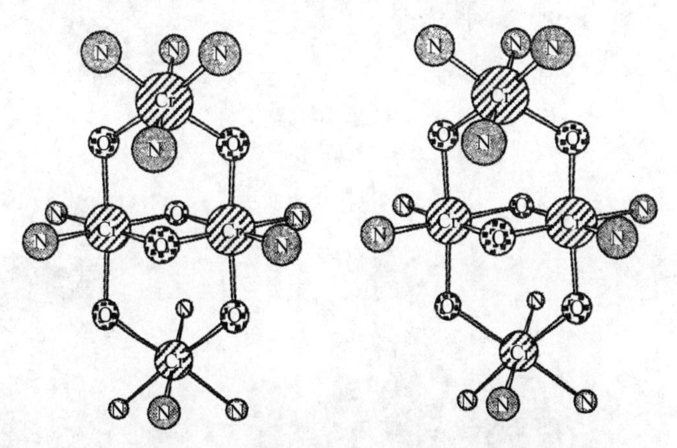

图 6.5　Cr^{III} “hexol” 骨架，如果不考虑桥联 OH 的质子，对称性就是 D_{2d}

因此，仅有 8 个异构体（4 对对映异构体），其立体化学符号为 Δ(ΔΔΔ)/Λ(ΛΛΛ)，Δ(ΛΔΔ)/Λ(ΔΛΛ)，Δ(ΛΛΔ)/Λ(ΔΔΛ)，Δ(ΛΛΛ)/Λ(ΔΔΔ)。毫无疑问，这 8 个异构体的光谱学性质和大部分其他的物理、化学性质是非常相似的，尽管还没有开展这类配合物的关于一种单一异构体的详尽研究。这些复杂的混合物不能被简单地拆分成其各组分，使我们无法对合成获得的材料进行完整的表征。特别是两种测定物质结构的最有效的方法：X 射线衍射和光谱分析，也无法应用于此。对于 X 射线衍射，由于没有获得良好的单晶，而无法实现表征；对于光谱分析，由于所有的非对映异构体具有不同的 NMR 光谱，使得指定 NMR 光谱的吸收几乎是不可能的。

因此，发展具有特定意义的立体化学多核物种的合成方法是十分重要的。它的原理很清楚，而且可以来自生物化学。因为在生物化学中，包含许多手性元素的大分子往往是由对映体纯的基本成分（如蛋白质和多糖）组合的。对于上述类型的多核配合物，其金属配合物的对映体纯的基本成分可以是构型上稳定的、分解的 *cis* - $[M(A\hat{}A)_2(l)_2]$ 类型的 Δ/Λ 配合物，或者是像手性配合物一样，中心金属离子有预先决定的螺旋性的配合物。使用 Δ - 和/或

Λ－[Ru(bpy)$_2$(py)$_2$]$^{2+}$或相应的邻菲罗啉配合物作为基本成分，可能获得图6.7所示的异构体单一的配合物[17,18]。利用这个原理也能够得到其他桥联配体的单一异构形式的配合物[19,20]。

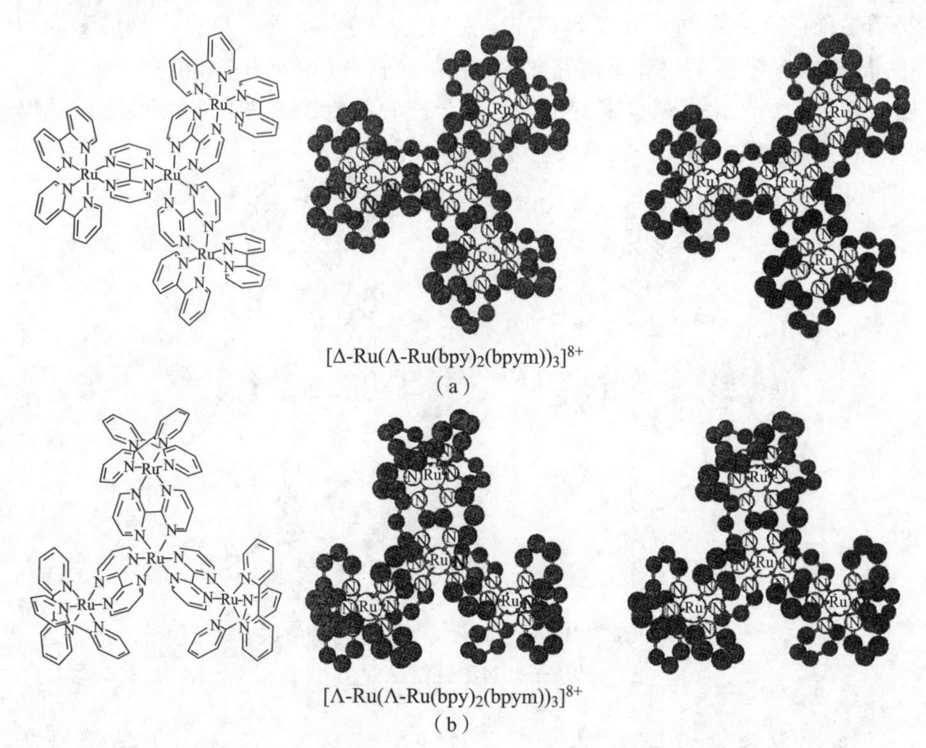

[Δ-Ru(Λ-Ru(bpy)$_2$(bpym))$_3$]$^{8+}$
（a）

[Λ-Ru(Λ-Ru(bpy)$_2$(bpym))$_3$]$^{8+}$
（b）

图6.6　四核配合物[Ru(bpym)$_3$(Ru(bpy)$_2$)$_3$]$^{8+}$的8个立体异构体中的两个，给出了（a）Δ(Λ)$_3$和（b）Λ(Λ)$_3$异构体的立体异构对

如果把三吡啶单元代替双吡啶配体作为构筑单元，聚吡啶金属配合物就可以避免模糊的立体化学[21]。但是这种配合物可能不具有双吡啶型配合物有趣的光物理性质。

对多核配合物的主要兴趣之一是它们参与大部分的生物化学体系。自然界似乎没有其他元素能比铁元素形成更多的多中心配合物。已知的两种重要类型是：氧桥联和硫桥联的多核配合物。Lippard[22]的一篇综述描述了铁蛋白中心的几个体系，从血红蛋白和酸性磷酸酶的双核形式到多核形式，在蛋白质覆盖的球形结构中能够包含约4500个铁原子。

长期以来人们已经认识到铁能够形成小分子量的双核和三核配合物。其中的两个例子是由一个简单的O(－Ⅱ)氧桥连接的双核形式，它们几乎是直线型的[23,24]。

众所周知，所谓的铁羧酸盐的许多例子[25－27]，都具有D_{3h}对称性的三铁骨架，且中心的氧配体联结所有3个铁中心（图6.8）。

在几个生物系统中发现的二铁中心的模型配合物，是由2个三齿氮供电子体配体面式配位，即三（1-吡唑）硼化物[28-30]（图6.9）或微大环化合物1,4,7-三氮杂环壬烷[31]（图6.10）合成的。

最近报道了含10个锌中心的环状多核配合物的性质[32]。它有4个T-4（$ZnCl_4$），2个T-4[$Zn(H_2O)Cl_3$]，2个TB-5（$ZnCl_2N_3$）和2个扭曲的OC-6[$Zn(OH_2)Cl_2N_3$]中心，表明锌作为配位中心具有很高的可塑性。

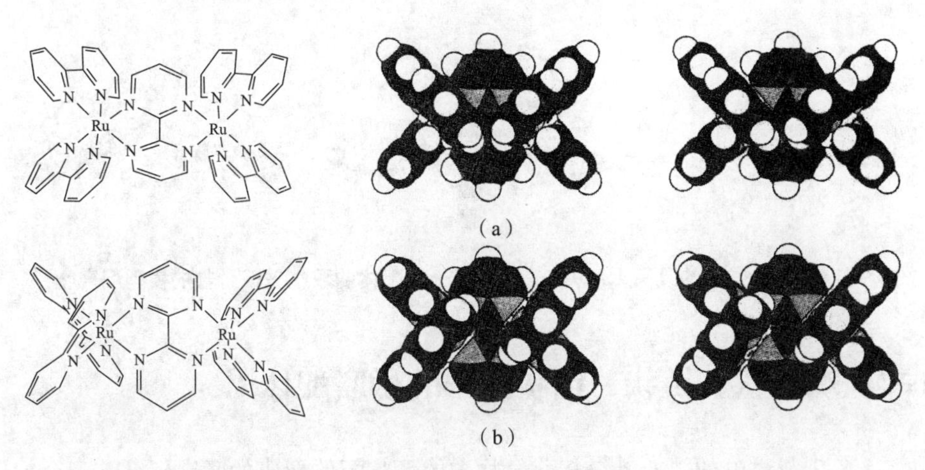

图6.7　两个非对映异构体（a）Δ，Δ[{Ru(bpy)$_2$}$_2$bpym]$^{4+}$（C_2 对称性，手性），和（b）Δ，Λ[{Ru(bpy)$_2$}$_2$bpym]$^{4+}$（C_s 对称性，非手性）的立体异构对

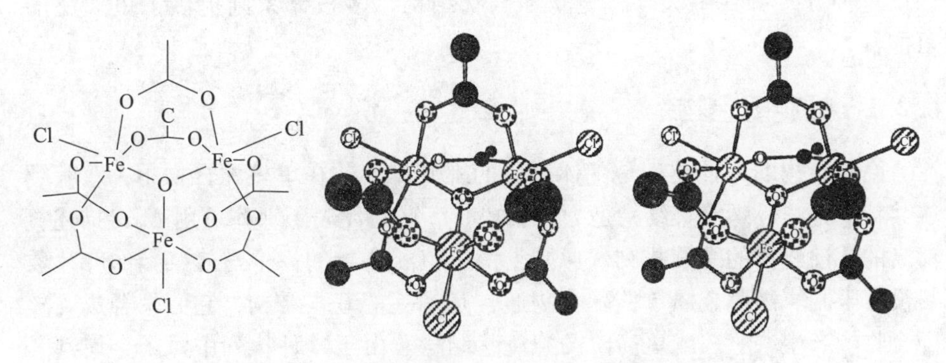

图6.8　三核羧酸铁配合物的D_{3h}对称的排列

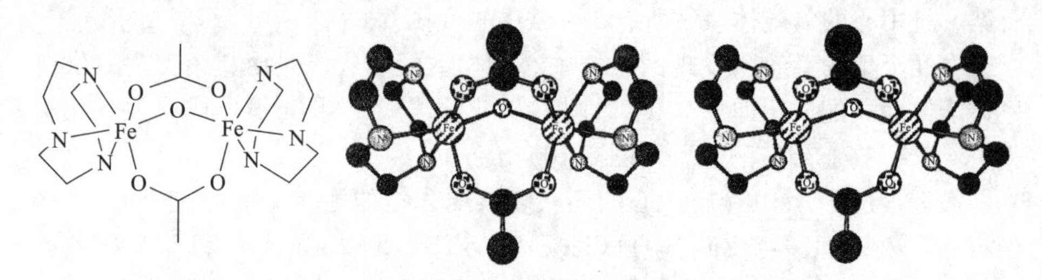

图 6.9 具有三（1－吡唑）硼化物配体的双核铁配合物的模型配合物[28,29]

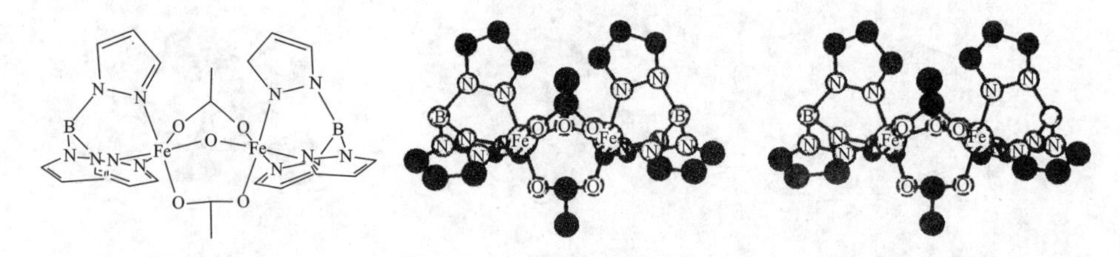

图 6.10 生物上重要的具有 1,4,7－三氮杂环壬烷配体的双核铁配合物的模型配合物[31]

6.2 螺旋状、链状、结状分子的桥联配体

5.8.2 节讨论的由 Cu^{I} 链接化合物中的环状配体形成的联锁环，其配合物结构代表了分子（配体）倾向的一般原则的一种特殊情况，它具有高阶拓扑结构。近期，该原理的运用产生了各种类型的有趣结构。在单核配合物中以这种方式得到了大环、笼状和链状结构，多核体系则提供了更广泛的可能性。

6.2.1 螺旋配合物

高阶结构的一种类型是配体分子的螺旋排列。在单核配合物中，双叶螺旋桨特别是三叶螺旋桨结构是为人熟知的，它们代表了那些可用 Δ/Λ 描述符命名的手性配体的螺旋排列。原则上，单核配合物的一个螺旋桨上的叶片数目没有限制。因此金属单核配合物通常是螺旋的基本结构，它们聚合成高核配合物能产生二、三或更高阶的螺旋状结构。由于这种排列中每个金属都是手性中心，所以它们之间的联系是很重要的。有三种简单的情况，可以想象（图 6.11）如下：

（a）给定的多核（至少是双核）体系中所有中心是同手性的。这种情况下，以非手性的或外消旋的基本成分进行合成，一般将得到这两种多核螺旋类型的外消旋化合物（外消旋混合物或外消旋变体）。原则上，这个外消旋化合物能分离成对映体形式。如果一个配位中心的结构引起邻近的配位中心具有相同的手性，这种情况就可以发生。这样手性会传播到整个分子。

(b) 另一种可能性是：配体的排列为配体与一个中心配位引起邻近配位中心的结构具有相反的手性。在具有偶数个金属中心的多核配合物中，这将会产生非手性分子。而具有奇数个金属中心的配合物仍然是手性分子。

(c) 如果邻近配位中心的螺旋性没有倾向，将形成一个无序的结构。

情况 (a) - (c) 对应于周期的（周期长度 = 一个配合物单元）或任意的排列，当然也有其他周期性的可能。如果合成化学以像过去十年那样的节奏发展，我们就能够看到在预定的位置将长螺旋链切断的螺旋物，这种结构在分子器件和生物化学中可能有有趣的应用[33]。但是，这样的观点在今天仍然处在纯粹的设想阶段。在最近的文献中已经描述了简单螺旋状化合物的几个例子。

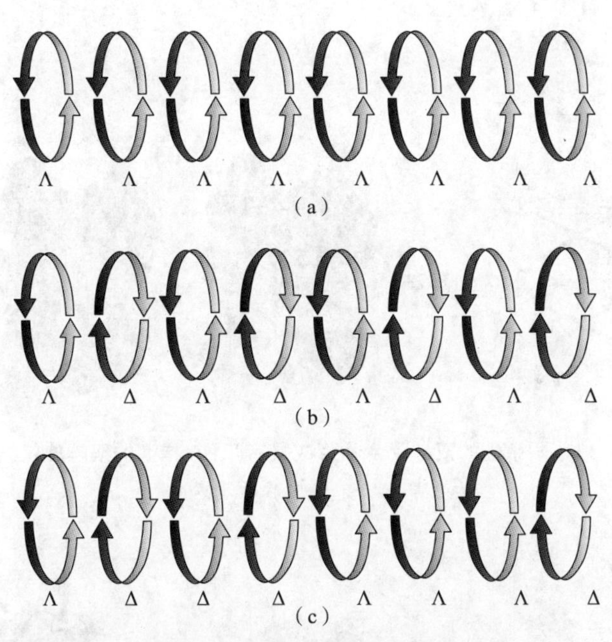

图 6.11　多核种类中局部螺旋配合物的三种不同排列

(a) 同手性，形成一个真正的螺旋状分子；
(b) 反手性，形成一个分子内消旋体种类；(c) 无序

已经报道了具有各种配体的双核螺旋分子结构的配合物。在一个相对较早的研究中[34]，八乙基甲酰胆汁氯酸盐配体（图 6.12）形成一个 SPY - 5 的单体配合物，其中水配体占据了 SPY - 5 构型的顶点。在脱水时，则形成螺旋状的双核配合物，其中两个配体与两个金属中心桥联，变为 T - 4 构型。

另一个具有类似配体[35,36]的双核 T - 4 螺旋结构表明，螺旋结构的形成可

以是一般结构原理的结果。

金属的立体化学影响无疑对线型四吡咯的螺旋配合物的结构起着重要作用。对类似的四吡咯 Ni^{II} 配合物的研究表明，Ni 倾向于与这种配体形成 SP－4 配位几何构型[37]。它形成了单核类型，尽管实际上配体的末端氧之间有强烈的空间位阻斥力，致使这个化合物采取像前面讨论的双叶螺旋桨的螺旋结构。与双齿配体的铂配合物不同，这个单核 Ni 配合物的结构是一个单链螺旋结构(图 6.13)。

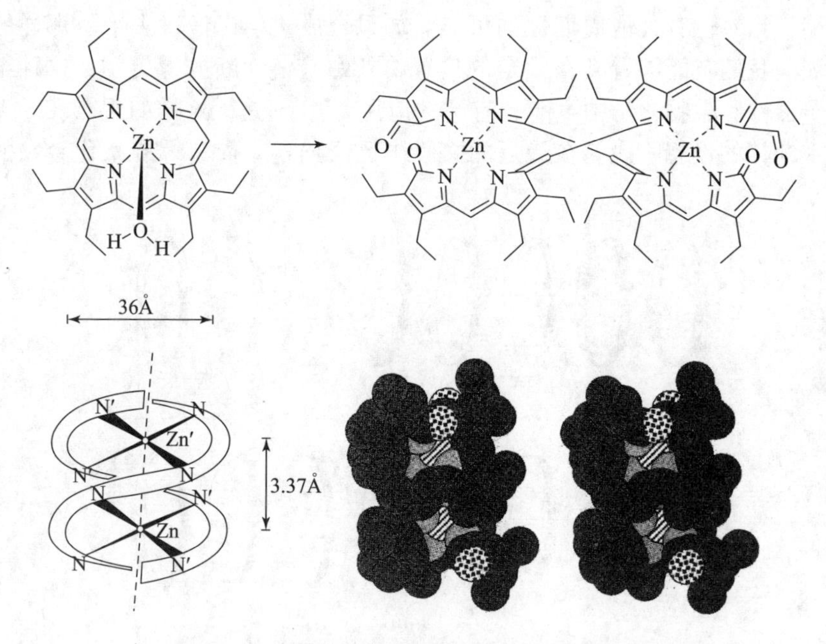

图 6.12　同手性的双核配合物形成具有 T－4 构型的双螺旋状结构

（参考文献［34］后的示意图）

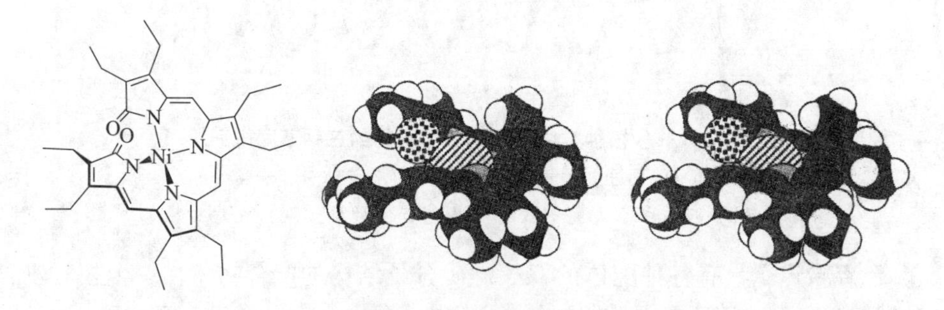

图 6.13　局部 SP－4 配合物的单链螺旋结构

以 Ag^{I} 和 Cu^{I} 为中心金属时，C_{2v} 对称的四齿配体$(R,S)-1,2-(6-R'-py-2-CH{=}N)_2(cy)$($R'=H$ 或 CH_3, cy＝环己烷)（图 6.14）可以形成

同手性（Δ，Δ或Λ，Λ）的螺旋结构[38,39]。

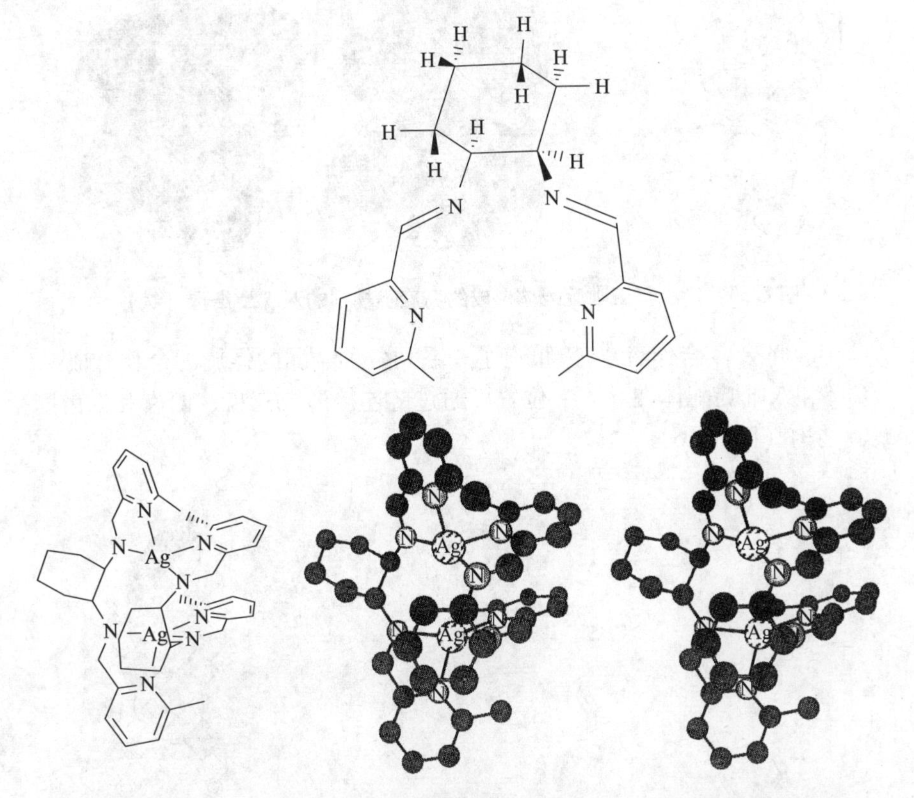

图6.14　与Ag^{I}以强烈扭曲的局部T-4构型配位形成双螺旋结构的配体

（由于配体是内消旋形式，同手性的双核配合物以外消旋体形式形成）

五吡啶配体（图6.15）与Cu^{II}的醋酸盐形成双核螺旋状配合物，且两个Cu中心的配位方式不同[40]。两个五吡啶配体提供了10个N配位原子。一个OC-6（相对O_h强烈扭曲）CuN_6，一个TPY-5的CuN_4O以及一个配位的醋酸盐形成了二聚物的两个中心。

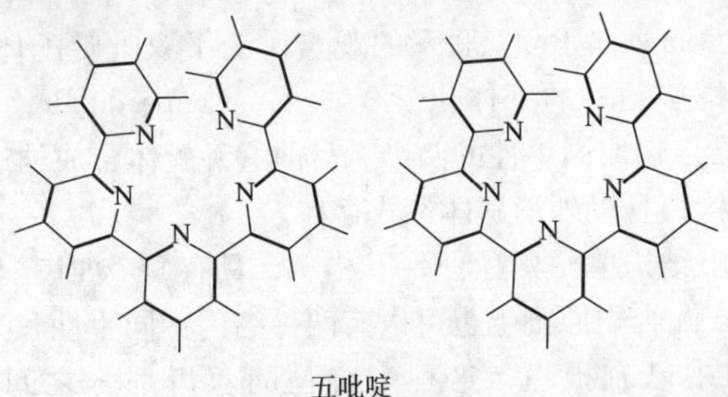

五吡啶

图6.15　Cu^{II}与五吡啶配体形成的高度不规则的双螺旋结构

图 6.15　Cu^{II} 与五吡啶配体形成的高度不规则的双螺旋结构（续）

Constable 及其合作者[41-44]报道了一系列各种金属的螺旋配合物合成。

Cu^{I} 和双吡啶配体在 6,6' – 位置可通过链连接形成三齿、四齿和五齿同手性螺旋结构（图 6.16）[45,46]。

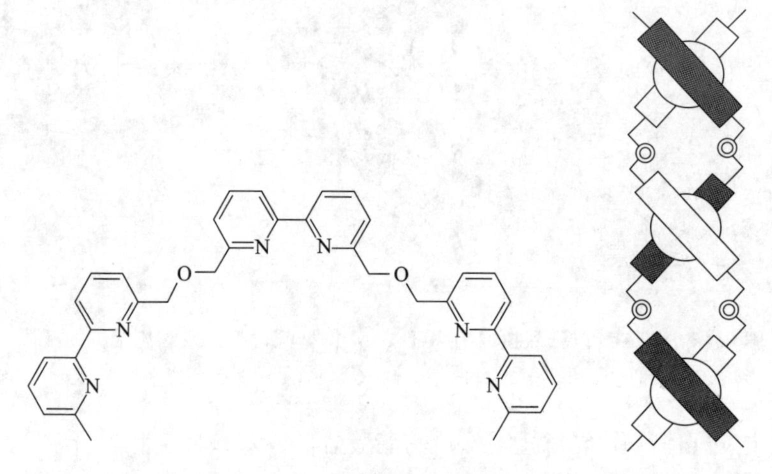

图 6.16　由两个含三个双吡啶单元的配体在 6,6' – 位置相连形成的三核三重螺旋结构的示意图

（阴影表示其中一个配体的配位单元）

最近从与“Coupe du Roi”联系的观点讨论了双吡啶配体在 Cu^{I}/Ag^{I} 配合物中形成的双螺旋结构的立体化学[47]。La“Coupe du Roi”是把一个球体（例如：一个苹果）切成同手性的两半。目前这种配体合成的螺旋物似乎都是同手性的螺旋结构，且以外消旋体形式存在。

三重螺旋要求结构单元具有 OC – 6 构型，具有 3 个四齿配体（M∶L = 2∶3）的双核 OC – 6 配合物原则上也可以有两种结构：同手性和异手性排列。前者在 Fe^{II} 配合物中已有报道，这种配合物的双齿部分之间存在柔性的桥（6.2）[48]。尽管配合物中两个同手性元素之间的桥并没有形成一个明显的螺旋结构，最终产生的结构仍可以认为是三重螺旋结构。

Williams 等[49] 报道的 Co^{II} 配合物就是这种情况。配体是一个相对刚性的双（双齿）分子（6.3），第一个配位中心形成的螺旋结构使分子的另一半也倾向于形成螺旋结构。配合物在固态时的对称性接近 D_3，与普通的［$M(A\hat{}A)_3$］配合物相同（图 6.17）。

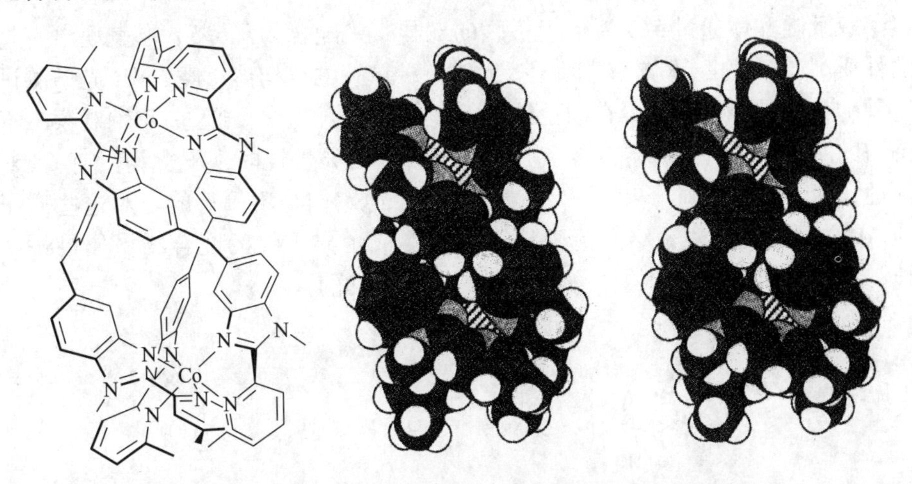

图 6.17　四齿配体与 Co^{II} 的 3∶2 配位形成的双核三螺旋结构

（两个金属位置是同手性的）

Stratton 和 Busch[50] 报道了一个具有 3 个四齿配体的双核配合物，这可能是一个较早的三重螺旋结构。该配体是 pyridinaldizine，见（6.4）。配体能够与一个或两个金属中心以不同的方式进行配位，因此，他们提出了“弹性齿”的命名。这篇文献没有讨论该双核配合物是同手性还是异手性的问题。

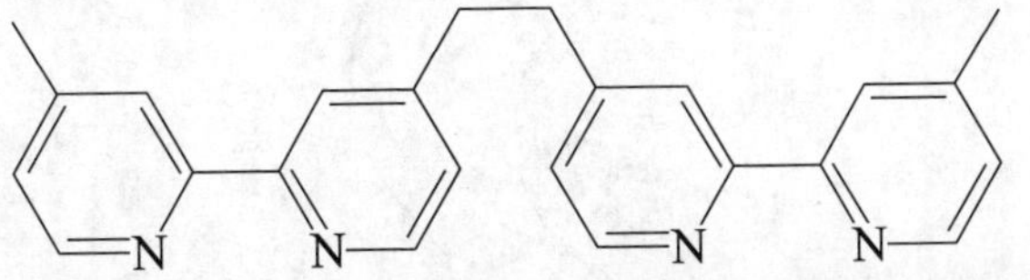

（6.2）

1,2－二［4－(4'－甲基－2,2'－双吡啶)］乙烷

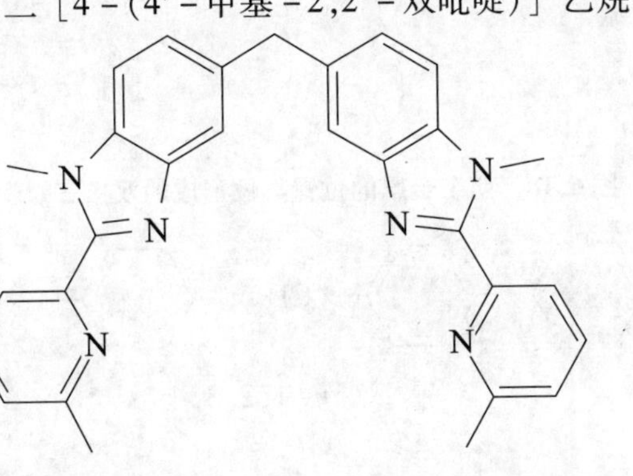

（6.3）

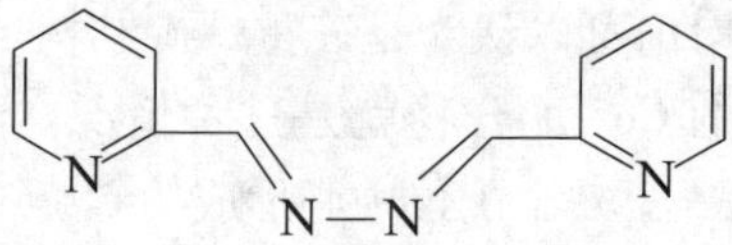

(6.4)

Libman 等[51]报道了一个三螺旋双核 Fe^{II} 配合物（图 6.18），该配合物中 Fe^{II} 的两个位置是不等价的。

双吡啶配体通过 5,5'－位置桥联的双核 Fe^{II} 配合物（6.5）[20]表现出有趣的性质。$n=1$ 的配体与 Fe^{II} 以 3∶2 形成一种单一的异构体，经 NMR 光谱测试这种配合物是异手性的。在同手性的双核螺旋配合物中，通过 C_2 轴观察 CH_2 桥联的两个质子是对称等效的（图 6.19），而为异手性时，配合物具有 C_{3h} 对称性，两个 CH_2 的质子出于一个镜像平面，但它们是不等价的。对这些质子的 AB 体系进行观察，结果清晰地表明，形成了异手性的配合物。如果桥很长，则可能形成两种异构体（同手性的和异手性的）。

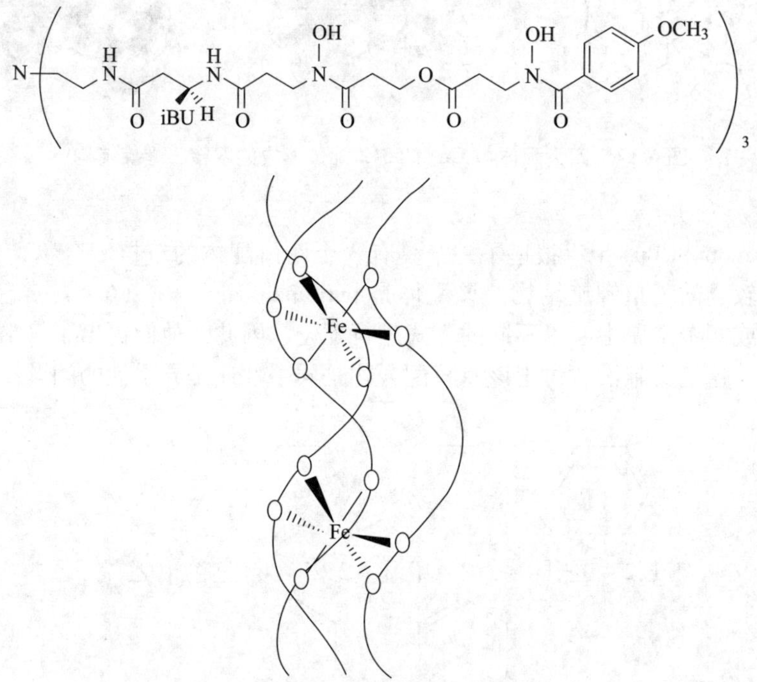

图 6.18　两个金属的位置异位形成的双核三螺旋结构

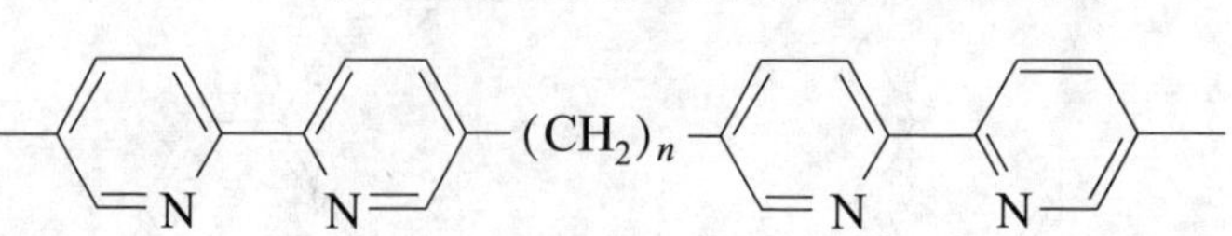

(6.5)

n=1, 2, 3, 4

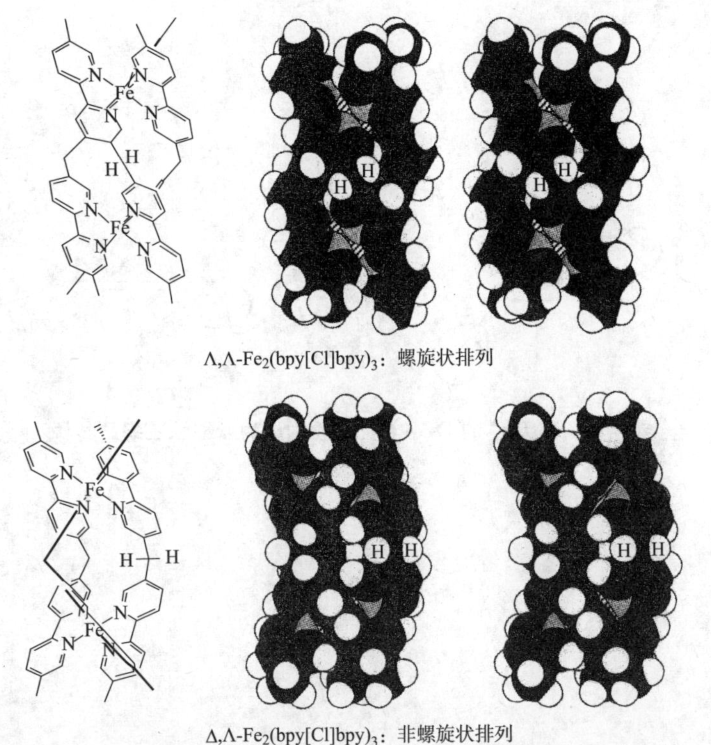

图6.19　Fe^{II}和双联吡啶（6.5，$n=1$）形成的同手性或异手性（反手性）的双核配合物的立体模型

（同手性物质具有D_3对称性且CH_2基团的两个质子是对称等效的。实验测得的配合物是C_{3h}对称且CH_2的两个质子是等价的）

通过聚集肽的双吡啶衍生物与金属配合物获得了蛋白质的三螺旋结构(6.6)[52]。如果配体以面式配位，则一个Ru^{II}与三个双吡啶型配体配位将产生三螺旋结构。然后肽链通过多重弱相互作用聚集在一起（图6.20）。如果肽的末端位置带有配位基团，则另一个金属原子就可以在三螺旋体的另一端进行配位（图6.21）[53]。

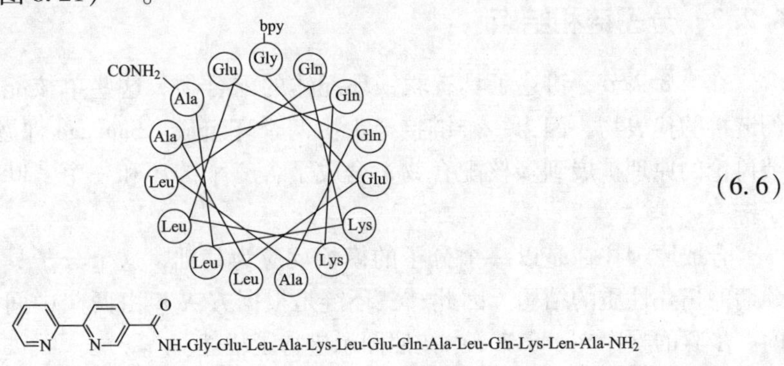

(6.6)

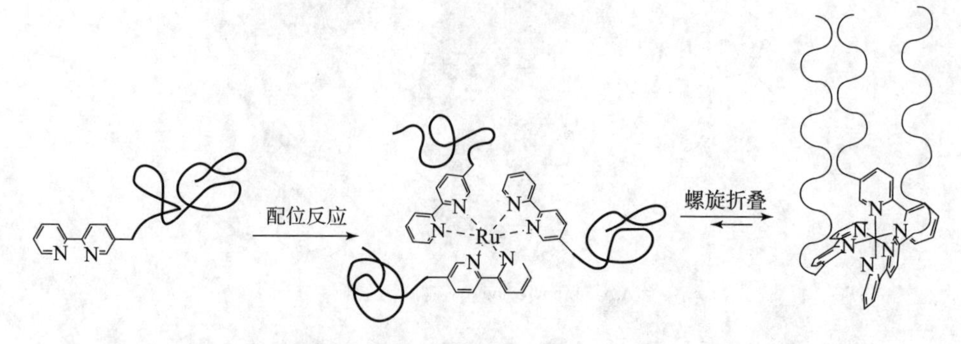

图 6.20　由 Ru^{II} 的 OC－6 配合物构成的肽链的三螺旋结构

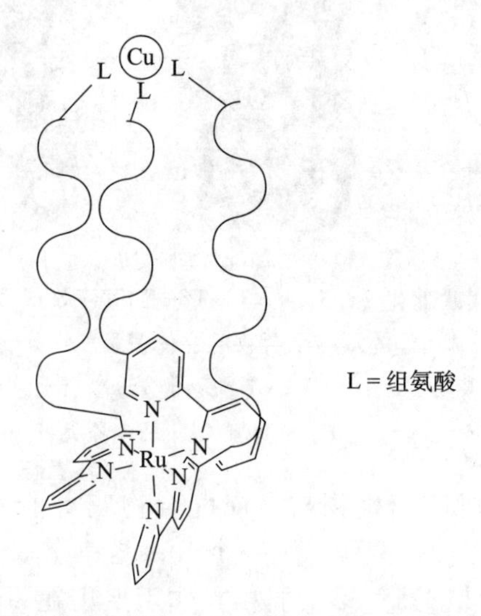

图 6.21　杂双金属配合物，其中两个金属中心由肽三螺旋连接

6.2.2　分子链和结点

在 5.8.2 节，讲述了具有联锁环配体的配合物。这些单核配合物是最小的链接的代表物，因为一个链接至少由两个环组成。Sauvage 课题组将 5.8.2 节讨论的原理扩展到多核配合物，合成了含三个链环和一个三叶型结点的分子链。

合成原理往往是以一个分子的模板反应为基础，这个分子具有能够产生预期的拓扑性质的结构。因此，三环链是根据方法 B 由两个中间体偶联合成的。步骤的顺序在（6.7）中按照图示进行了描述。

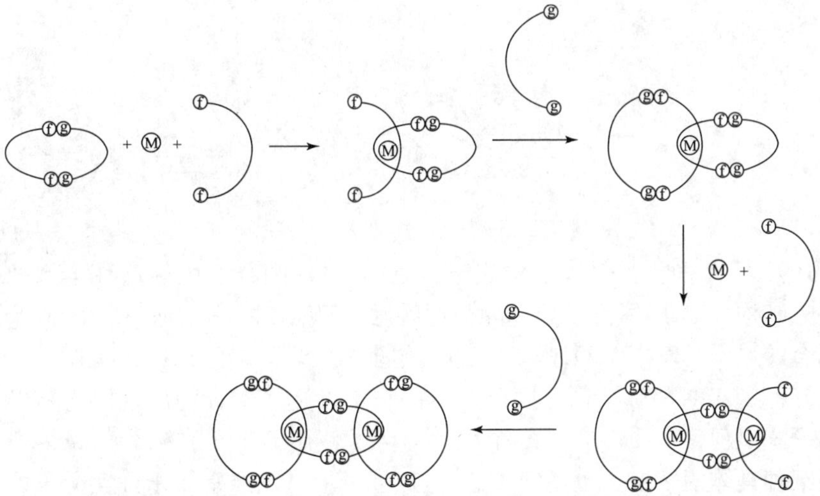

(6.7)

T-4 配位几何构型的 Cu^{I} 作为一种金属配位中心，能够满足下列条件：形成的配合物足以稳定地实现有机反应形成环，而一旦不再需要预先的定位，又能很容易地在温和的条件下分解（热力学稳定）脱去（一般使用 CN^{-} 作为配体）。合成路线如（6.8）所示。如果将相似的原理应用于双核螺旋体，甚至可以形成分子结（6.9）。

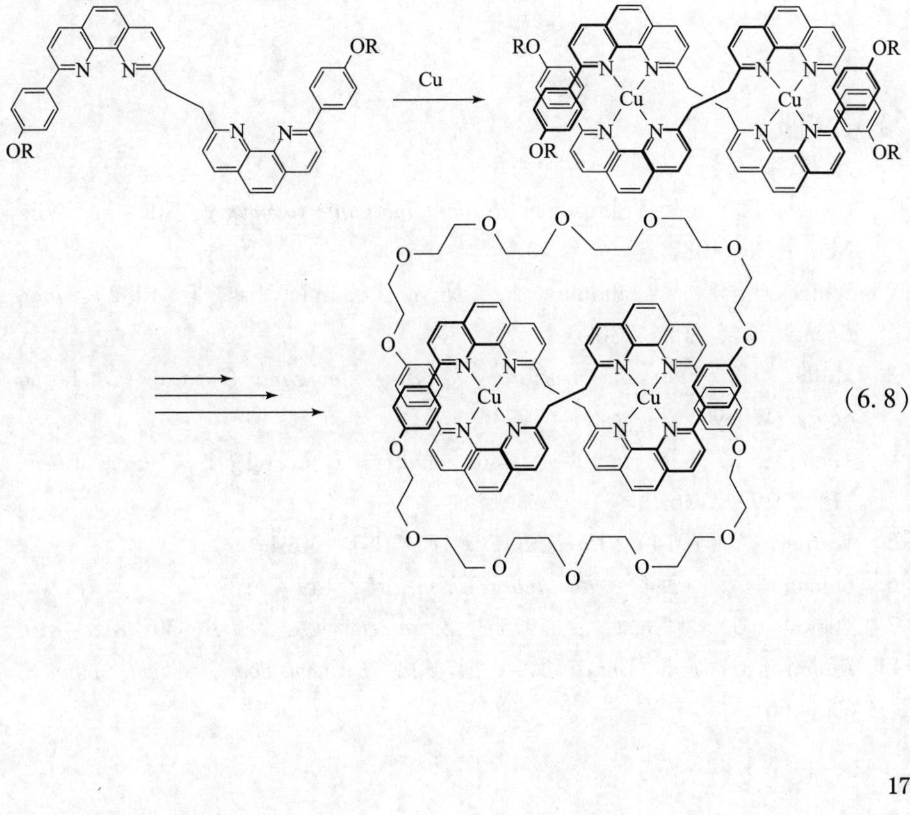

(6.8)

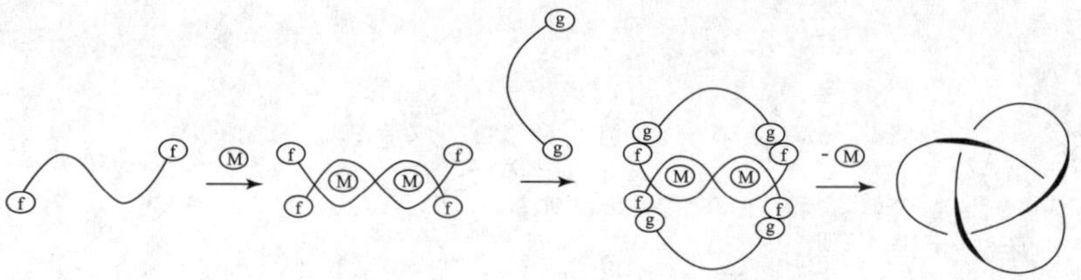

(6.9)

1990 年，通过 X 射线结构确定了双铜（I）配合物中的这种类型的第一个结点结构[54]。用氰离子处理配合物后得到的四齿配体，是一个由 86 个共价键结合的原子（8N，16O，64C）组成的多节大环。它的结构在拓扑上（和化学上）起源于双螺旋结构，因此，不论它是以金属配合物出现，还是以自由配体形式出现，本质上它是一个手性对象。使用 Prikle 试剂[55,56]观察到其发生了某种具体的转换，也证实了这一点。Prikle 试剂经常用于证实分子体系的手性。Prikle 试剂是一种对映异构纯的化合物（6.10），它可以通过立体专一的分子间相互作用相异地改变对映异构体的 NMR 信号。自从合成了第一个结点分子，许多原始分子的变化也陆续被发表。

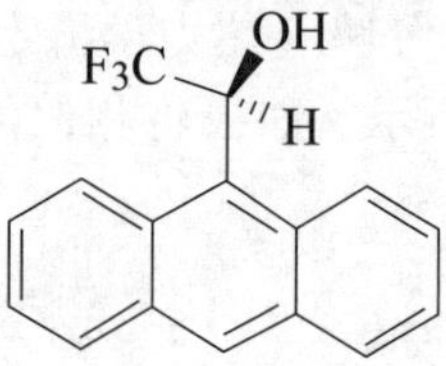

(6.10)

参考文献

[1] Cotton, F. A. and Wilkinson, *Advanced Inorganic Chemistry*, 5th edn, Wiley, New York, 1988.

[2] Wieghardt, K., Chaudhuri, P., Nuber, B. and Weiss, J. (1982), *Inorg. Chem.*, **21**, 3086 - 3090.

[3] Müller, U., *Inorganic Structural Chemistry*, *Inorganic Chemistry: A Textbook Series*, Wiley, Chichester, 1994.

[4] Thewalt, U., Jensen, K. A. and Schäffer, C. E. (1972), *Inorg. Chem.*, **11**, 2129 - 2136.

[5] Werner, A. (1914), *Chem. Ber.*, **47**, 3087 - 3094.

[6] Shimura, Y. (1984), *Rev. Inorg. Chem.*, **6**, 149 - 193.

[7] Thewalt, U. and Ernst, J. (1975), *Z. Naturforsch.*, *Teil B*, **30**, 818 - 819.

[8] Andersen, P. and Berg, T. (1974), *J. Chem. Soc.*, *Chem. Commun.*, 600 - 601.

[9] Thewalt, U. (1971), *Chem. Ber.*, **104**, 2657 – 2669.

[10] Pfeiffer, P., Voster, W. and Stern, R. (1908), *Z. Anorg. Chem.*, 272 – 296.

[11] Bang, E. (1968), *Acta Chem. Scand.*, 22, 2671 – 2684.

[12] Flood, M. T., Marsh, R. E. and Gray, H. B. (1969), *J. Am. Chem. Soc.*, **91**, 193 – 194.

[13] Bjerrum, J. (1964), *Quad. Chim.*, *Cons. Naz. Rec.* (*Italy*), 1, p. 47.

[14] Belser, P., Von Zelewsky, A., Frank, M., Seel, C., Voegtle, F., De Cola, L., Barigelletti, F. and Balzani, V. (1993), *J. Am. Chem. Soc.*, 115, 4076 – 4086.

[15] Denti, G., Serroni, C., Campagna, S., Juris, A., Ciano, M. and Balzani, V., in *Perspectives in Coordination Chemistry*, A. F. Williams, C. Floriani and A. E. Merbach (Eds), Verlag Helvetica Chimica Acta, Basle, 1992, pp. 153 – 164.

[16] Hunziker, M. and Ludi, A. (1977), *J. Am. Chem. Soc.*, **99**, 7370 – 7371.

[17] Hua, X., *Chiral Building Blocks Ru* $(L\hat{}L)_2$ *for Coordination Compounds*, Diss. No. 1047, University of Fribourg, Fribourg, 1993.

[18] Hua, X. and Von Zelewsky, A. (1995), *Inorg. Chem.*, **34**, 5791 – 5794.

[19] Jandrasics, E., *Synthesen chiraler Ru* (Ⅱ) *– und Os* (Ⅱ) *– Diimin – Komplexe unter Anwendung eines Mikrowellenofens*, Diss. No. 1085, University of Fribourg, Fribourg, 1995.

[20] Nachbaur, J. A., *Metallkomplexe einer neuen Ligandfamilie mit zwei Bipyridinfunktionen*, Diss. No. 1042, University of Fribourg, Fribourg, 1993.

[21] Newkome, G. R., Cardullo, F., Constable, E. C., Moorefield, C. N. and Thompson, A. W. C. (1993), *J. Chem. Soc.*, *Chem. Commun.*, 925 – 927.

[22] Lippard, S. J. (1988), *Angew. Chem.*, *Int. Ed. Engl.*, **27**, 344 – 361.

[23] Murray, K. S. (1974), *Coord. Chem. Rev.*, 12, 1 – 35.

[24] Schugar, H. J., Rossman, G. R., Barraclough, C. G. and Gray, H. B. (1972), *J. Am. Chem. Soc.*, **94**, 2683 – 2690.

[25] Straugham, B. P. and Lam, O. M. (1985), *Inorg. Chim. Acta*, **98**, 7 – 10.

[26] Thich, J. A., Toby, B. H., Powers, D. A., Potenza, J. A. and Schugar, H. J. (1981), *Inorg. Chem.*, **20**, 3314 – 3317.

[27] Weinland, R., *Einführung in die Chemie*, *der Komplexverbindungen*, Ferdinand Enke Verlag, Stuttgart, 1919, pp. 345*ff*, and references cited

therein.

[28] Armstrong, W. H. and Lippard, S. J. (1983), *J. Am. Chem. Soc.*, **105**, 4837 – 4838.

[29] Armstrong, W. H., Spool, A., Papaefthymiou, C., Frankel, R. B. and Lippard, S. J. (1984), *J. Am. Chem. Soc.*, **106**, 3653 – 3667.

[30] Trofimenko, S. (1970), *Inorg. Synth.*, **12**, 99 – 109.

[31] Wieghardt, K., Pohl, K. and Gebert, W. (1983), *Angew. Chem., Int. Ed. Engl.*, **22**, 727.

[32] Graf, M. and Stoeckli – Evans, H. (1994), *Acta Crystallogr.*, **C50**, 1461 – 1464.

[33] Rehmann, J. P. and Barton, J. K. (1990), *Biochemistry*, **29**, 1701 – 1709.

[34] Struckmeier, G., Thewalt, U. and Furhop, J. H. (1976), *J. Am. Chem. Soc.*, **98**, 278 – 279.

[35] Sheldrick, W. S. and Engel, J. (1980), *J. Chem. Soc., Chem. Commun.*, 5 – 6.

[36] Sheldrick, W. S. and Engel, J. (1981), *Acta Crystallogr.*, *Sect. B*, **37**, 250 – 252.

[37] Bonfiglio, J. V., Bonnet, R., Buckley, D. G., Hamzetash, D., Hursthouse, M. B., Malik, K. M. A., McDonagh, A. F. and Trotter, J. (1983), *Tetrahedron*, **39**, 1865 – 1871.

[38] Van Stein, G. C., Van der Poel, H., Van Koten, G., Spek, A. L., Duisenberg, A. J. M. and Pregosin, P. S. (1980), *J. Chem. Soc., Chem. Commun.*, 1016 – 1018.

[39] Van Stein, G. C., Van Koten, G., Vrieze, K., Brévard, C. and Spek, A. L. (1984), *J. Am. Chem. Soc.*, **106**, 4486 – 4492.

[40] Constable, E. C., Drew, M. G. B. and Ward, M. D. (1987), *J. Chem. Soc., Chem. Commun.*, 1600 – 1601.

[41] Constable, E. C. (1990), *Nature (London)*, **346**, 314 – 315.

[42] Constable, E. C. (1992), *Tetrahedron*, **48**, 10013 – 10059.

[43] Constable, E. C., Elder, S. M., Raithby, P. R. and Ward, M. D. (1991), *Polyhedron*, **10**, 1395 – 1400.

[44] Constable, E. C. and Ward, M. D. (1990), *J. Am. Chem. Soc.*, **112**, 1256 – 1259.

[45] Lehn, J. – M. and Rigault, A. (1988), *Angew. Chem., Int. Ed. Engl.*, **27**, 1095 – 1097.

[46] Lehn, J. – M., Rigault, A., Siegel, J., Harrowfield, J., Chevrier, B. and Moras, D. (1987), *Proc. Natl. Acad. Sci. USA*, **84**, 2565 – 2569.

[47] Glaser, R. (1993), *Chirality*, **5**, 272 – 276.

[48] Serr, B. R., Andersen, K. A., Elliot, C. M. and Anderson, O. P. (1988), *Inorg. Chem.*, **27**, 4499 – 4504.

[49] Williams, A. F., Piguet, C. and Bernadinelli, G. (1991), *Angew. Chem., Int. Ed. Engl.*, **30**, 1490.

[50] Stratton, W. J. and Busch, D. H. (1958), *J. Am. Chem. Soc.*, **80**, 3191 – 3195.

[51] Libman, J., Tor, Y. and Shanzer, A. (1987), *J. Am. Chem. Soc.*, **109**, 5880 – 5881.

[52] Gbadiri, M. R., Soares, C. and Choi, C. (1992), *J. Am. Chem. Soc.*, **114**, 825 – 831.

[53] Ghadiri, M. R. and Case, M. A. (1993), *Angew. Chem., Int. Ed. Engl.*, **31**, 1594.

[54] Dietrich – Buchecker, C. O., Guilhem, J., Pascard, C. and Sauvage, J. – P. (1990), *Angew. Chem., Int. Ed. Engl.*, **29**, 1154 – 1156.

[55] Pirkle, W. and Hoekstra, M. S. (1976), *J. Am. Chem. Soc.*, **98**, 1832 – 1839.

[56] Pirkle, W. H. and Hoover, D. J. (1982), *Top. Stereochem.*, **13**, 263 – 331.

第7章

金属配合物反应的立体化学过程

本章将讨论有金属配合物参与的化学反应中，反应物和产物的拓扑立体化学性质之间的关系。尽管文中的例子中提到了一些机理观点，但本章并不打算详细解释这类反应的机理。对于配位化学中立体化学反应过程的反应机理的探讨，读者可以参考 Wilkins[1]的专著（特别是第7章）。我们将遵循一个相对描述性的方法，去介绍最相关的事实和一些基本规则。必须指出在1995年，基于轨道相互作用的半定量理论的认识，即使对纯有机化合物的立体化学的发展起了很大作用，但对于大多数配位化学来说，仍处在雏形阶段。因此，我们不会试图基于轨道相互作用的一般理论进行讨论。

7.1 异构化和取代反应

异构化和取代这两种类型的反应在很多情况下都密切相关，因此将它们放在一起讨论。主要讨论 SP－4 和 OC－6 构型的配合物，以及少量特殊的T－4 和五配位类型，因为人们所掌握的拓扑立体化学的大多知识来源于这些配位几何构型。

7.1.1 T－4 到 SP－4 的多面体异构化

如前所述，Ni^{II}配合物在 T－4 和 SP－4 几何构型具有相似的能量，因此最有可能发生异构化反应。对具有 bis(aminotroponeimato) 配合物（7.1）的这类分子体系进行了详细的研究[2]。

由于在 T－4($S=1$) 到 SP－4($S=0$) 的异构化过程中，配合物的自旋态发生了改变，所以核磁共振光谱非常适合于此过程的研究。在一篇主要涉及二螯合金属（Ⅱ）配合物的立体化学的文章中[3]，对这些以及一些相似的异构化过程进行了综述。热力学平衡状态下这类四面体结构的摩尔分数从 ~0 ($R=H$) 变化到 ~0.98($R=n-Pr$)，这主要取决于 R 基团的大小，熵的概念支持这种四面体类型（高简并度），但焓的概念不会。

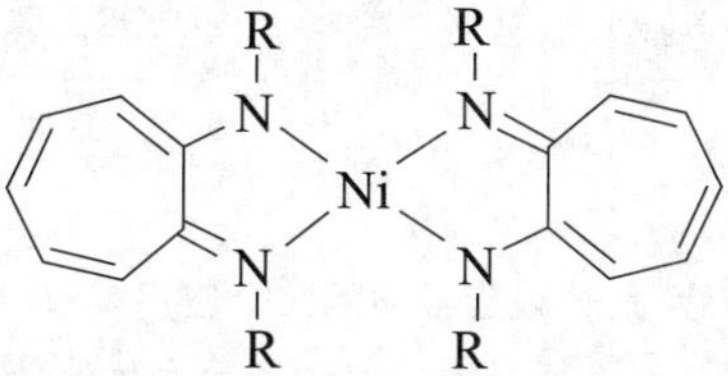

(7.1)

7.1.2　SP－4配合物的取代反应

关于配位化学中任何一类反应的立体化学过程最早的系统研究，是Chernyaev[4]对SP－4 Pt^{II}配合物取代反应的立体化学过程的研究。为了合成SP－4［Mabcd］配合物的所有三种非对映异构体（与对应的T－4配合物的两种对映异构体做对比），Chernyaev对Pt^{II}配合物做了大量的取代反应。他观察到配位的配体对反应配体的取代影响具有明显的规律性。原文收录在俄罗斯期刊中，原始文献很难查到，读者可以参阅Kauffman[5]关于历史细节的报告。

Chernyaev提出了一系列对在反位引入配体影响更大的配体（后来又得到扩展）。这就是所谓的反位效应序列（7.2）。

$$CH^- = CO = NO = H^- > CH_3^- = SC(NH_2)_2 = PR_3 > SO_3H^- >$$
$$NO_2^- = I^- = SCN^- > Br^- > Cl^- > py > RNH_2 = NH_3 > OH^- > H_2O \quad (7.2)$$

一个官能团与一个金属配位（主要是d^8，SP－4）的反位效应或反位影响，是该官能团在反位引入配体的倾向。因此，取代反应的结果是此类配合物中所有配体竞争的结果。引入反位效应和反位影响的概念是为了区别在这些取代反应中对立体控制具有影响的热力学和动力学因素[6]。关于反位效应有一个处理实验结果和理论模型的扩展的文献。有趣的是，一个简单的经验规则如这个所谓的反位效应，它能使化学家很好地预测不同步骤（如果有不同的配体被取代）经常发生的反应结果，似乎也经得起简单的理论解释[7]。

反位效应规则的应用很简单，图7.1中列举了它的实践结果。

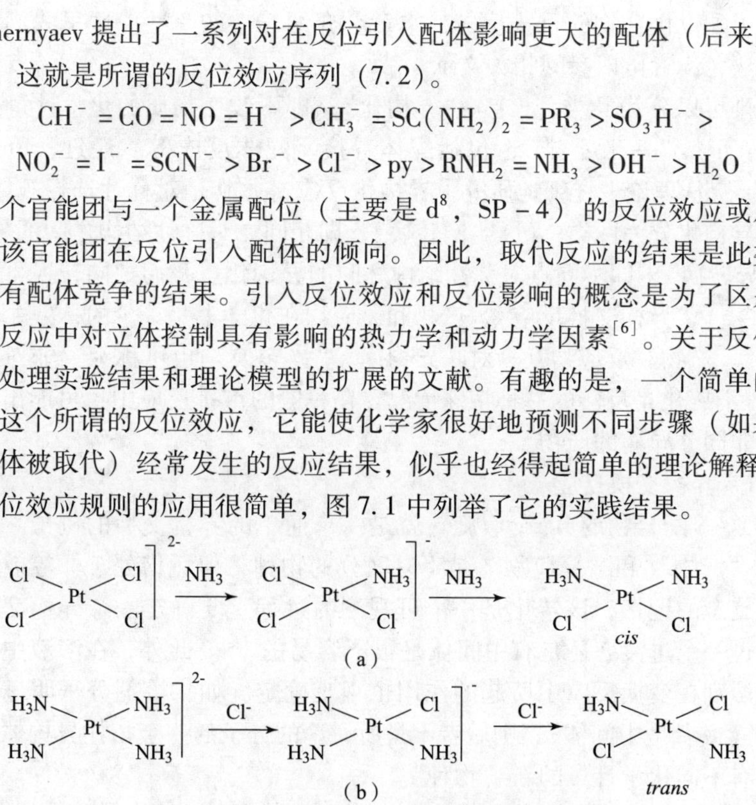

$$[PtCl_4]^{2-} \xrightarrow{NH_3} [PtCl_3(NH_3)]^- \xrightarrow{NH_3} cis\text{-}[PtCl_2(NH_3)_2]$$

(a)

$$[Pt(NH_3)_4]^{2+} \xrightarrow{Cl^-} [PtCl(NH_3)_3]^+ \xrightarrow{Cl^-} trans\text{-}[PtCl_2(NH_3)_2]$$

(b)

图7.1　反位效应系列的三个应用实例

（在每一种情况下，合成非对映异构体的立体选择性接近100%）

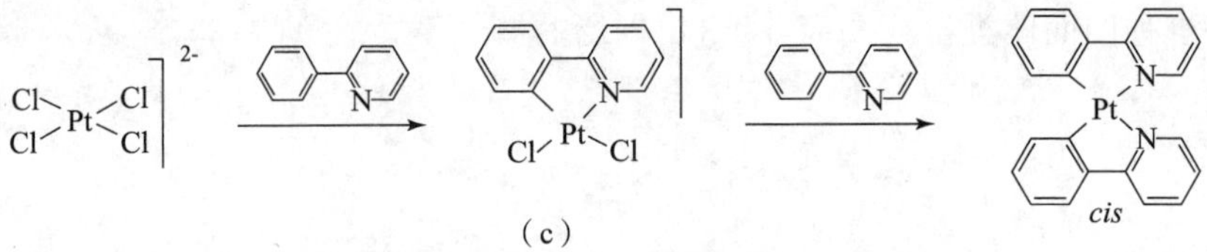

(c)

图 7.1　反位效应系列的三个应用实例（续）

（在每一种情况下，合成非对映异构体的立体选择性接近 100%）

7.1.3　金属配合物的重排

上面所讨论的反位效应或反位影响可能是唯一适用于直接取代反应的简单的一般规则（取代反应机理中的多数情况，特别是溶剂交换过程，最近通过 NMR 技术进行了研究，尤其是压力相关的 NMR 技术[8]）。因此，这里我们讨论另一种普遍的酸碱反应，标题“金属配合物的重排”借鉴了 Jackson 和 Sargeson[9] 的一篇综述，其中也给出了许多这类反应的详细机理。Jackson[10] 在另外一篇综述中主要讨论了配体取代过程中的构型反转。人们从不同的角度讨论了配位化合物的重排反应，本章会介绍其中的一些。这里我们不讨论拓扑方法，读者可以参阅相关文献[11-13]。

重排可以分为几类：（Ⅰ）“异构化”，即不改变物质的化学计量式、分子量；（Ⅱ）“一般重排”，包括配体置换、配体反应等。最近，Rodger 和 Schipper[14] 从理论上详细地研究了异构化反应，尤其是对称性选择规律方面。他们把异构化分为两类：(i)“同转换”，即相同点对称性结构之间的异构化；(ii)“异转换”，即不同点对称性结构之间的异构化。我们把同转换再分为两类：(i-a)“异构交换反应”，产物和反应物在化学上是等价的；(i-b)“外消旋化”，产物和反应物互为对映异构体。“异转换”也可称为“非对映异构化”。外消旋化是反转的一种特殊情况，在一般的重排反应中也可能出现，从而产生非同分异构的产物。

7.1.3.1　异构交换反应

TPY-5 配合物的 Berry 假旋转就是一个简单的异构交换的例子。尽管该过程的“产物”和“反应物”是不易区分的物种，但凭借处于非等效位置中心的自旋态的记忆，该转化是一个可观测的过程。要确定一个异构交换过程是只经过一个过渡态还是有中间体是很不容易的[14]。此外，在溶液中发生的反应，溶剂在变换反应中所起的作用也很难确定。如果溶剂分子明显参与了过渡态（或者是中间体），则后者不是所讨论的分子的一个拓扑异构体，而是一个具有不同化学计量的新“物种”。

发生快速异构交换重排的分子，一般称为“非刚性结构”。有趣的是，大部分异构交换反应要么是一个非常快的过程，要么是一个非常慢的过程，这主要取决于配位数。一般来说，快速的异构交换常发生在五配位的物种中，在一些配位数大于6的配合物中也可能发生，但在T-4、SP-4和OC-6配合物中似乎很罕见[16]。

在变齿配体的配合物中，可能发生有些不同但在现象上又相似的异构交换。根据定义[17]，一个变齿配体具有两个或多个等效的配位位置。这些配位点任意两点之间的交换对应于一个异构交换过程。例如，考虑水合茚三酮阴离子和四氧嘧啶阴离子两个配体（图7.2）。

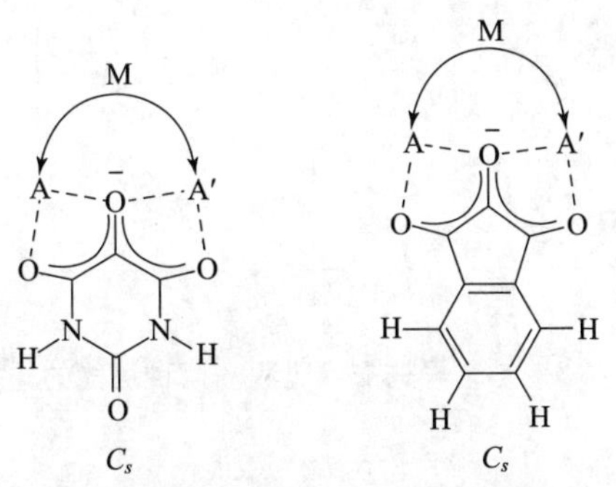

图7.2 变齿配体的异构交换（和同质交换）过程

（重排前后物种是相同的）

图7.2中的两个配体都是具有高分辨率电子顺磁共振光谱（EPR）的自由基[18,19]。两个例子中的自由配体都具有C_{2v}对称性，中心是成对等效的。配位时在对称等效位置A和A′（此处配体为双齿螯合配位），对称性降低为C_s。变齿配体上的原子所构成的平面即为镜像平面。此时，配体的中心全是不等效的，因而磁性中心的超精细耦合常数也不同。由于配合物溶解在配位溶剂中，溶剂分子会占据金属的另外的配位点。金属从点A到A′的异构交换（图7.2）（这与二维空间中的外消旋化相对应），交换了相应成对的中心，并用占有数和未占有数来指示。中心的自旋态的记忆使交换过程能够被观测到。详细的电子顺磁共振光谱研究（Von Zelewsly A.，Moser E. M. 和 Wolny J. 未出版的工作）表明，交换过程经过了一个具有C_s对称性的中间体（图7.3），只是此时镜面垂直于配体分子。但是，包括溶剂分子配体的中间体的配位几何构型是不知道的。在这种情况下，溶剂很可能在过渡态和/或中间体中起着重要作用。

最近报道了一系列Pt^{IV}、Re^{I}、Ru^{II}金属中心的配合物中，三吡啶作为一个变齿配体[20-23]。这三个实例中，都发生了流运动，当三吡啶作为双齿配体时，金属在它的等价位置间发生位置交换。其中对配合物［$PtI(CH_3)_3$terpy］进行了详细的研究。在这类配合物中，三个甲基配体为面式构型（图7.4），用核磁共振光谱可观察到三种分子内动力学过程，即：

- 下端吡啶旋转，即纯构型转变；

• 金属从配位点 A 到等效的配位点 B 的互换，即异构交换过程；

• 三个甲基置乱，由于三个 CH_3 配体处于不等效的位置，因此是一个异质交换。

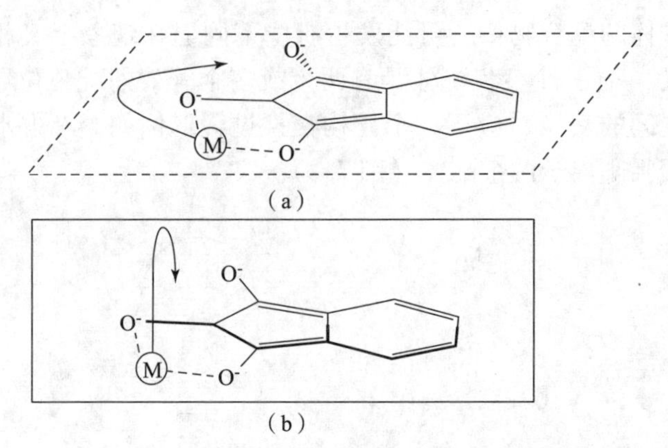

图 7.3　一个异构交换过程的两种可能的途径

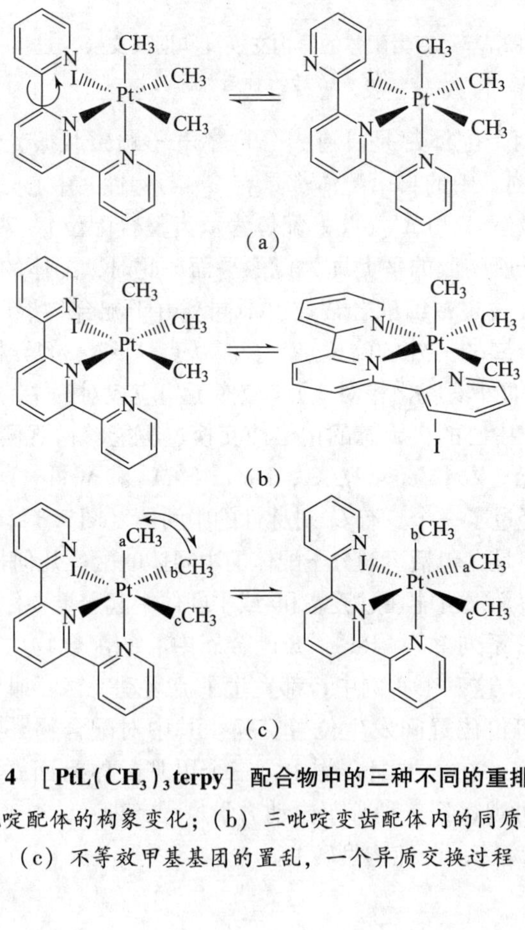

(a)

(b)

(c)

图 7.4　[$PtL(CH_3)_3terpy$] 配合物中的三种不同的重排过程

(a) 三吡啶配体的构象变化；(b) 三吡啶变齿配体内的同质交换过程；

(c) 不等效甲基基团的置乱，一个异质交换过程

7.1.3.2　外消旋化

分子内的外消旋化　外消旋化是一类重要的异构化反应，虽然外消旋化也涉及反转，但它仍有别于真正的反转反应。在外消旋反应中，参与反应的化合物的总 ee 值开始不为零，在反应中接近零值。然而在反转反应中，如果恰当地选取手性描述符，ee 值的符号将发生改变。外消旋化、反转反应和取代反应往往是紧密相关的过程。为了便于理解不同的现象，我们将讨论分为这三个主题。取代和反转反应将在下一节论述。

通常，如果能跃过足够低的活化能垒得到手性化合物的对映体使过程可观测，外消旋化会发生。在反应坐标上可能只有一个变化状态，也可能有一个或几个中间体。从热力学角度看，外消旋化往往是一个自发的反应。在非手性环境中，外消旋的焓变为 $\Delta H^\circ=0$，相应的熵变的纯统计值为 $\Delta S^\circ=R\ln2$，在外消旋体和一个纯对映体之间产生的吉布斯自由能差值为 $\Delta G^\circ=-1.72\ \mathrm{kJ\cdot mol^{-1}}$。外消旋化所用的时间变化范围很宽。反应时间可能极短，阻碍了一个对映体发生异构化，如三级胺 NRR′R″，或反应时间极长，无法观测纯对映体的外消旋化过程。

分子体系在反应坐标上什么位置变为非手性，是很重要的。例如，一个 OC－6［Mabcdef］配合物能通过分子内两个配体的交换改变它的构型（例如：从 *C* 到 *A*），而没有非手性结构出现。从 Bailar 表（表 5.2）中很容易看出，只有一对反式配体互相交换才能形成对映体，而一对顺式配体交换形成的是非对映体（图 7.5）。

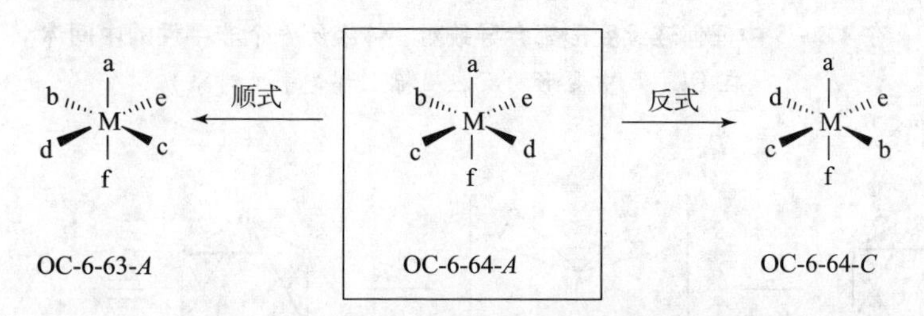

图 7.5　OC－6 配合物的内部交换过程

可以根据手性分子从一种对映体转变到另一种对映体时的表现对其进行分类[24]。第一类骨架［图 7.6（a）］必定经历了一个非手性中间体，而第二类骨架［图 7.6（b）］在转变过程中不必经过非手性态。只有 T－4 和 TB－5 属于第一种类型，而其他所有的高配位多面体属于第二种类型（参考文献［13］，第 45 页）。

到目前为止，对过渡金属的手性配合物研究数量最多的是那些具有螯合配体的配合物，多数情形下，它们可以由手性符号 Δ/Λ 明确地描述。最简单的情况是 D_3 对称的 OC－6 配合物［$\mathrm{M(A\hat{\ }A)_3}$］，它可以通过四种不同的分子内重排外消旋化，其中双齿配体仍以对称的方式与中心原子配位[25]。但是有两种重排方式（分别为贯通和交叉）由于能量过高的原因不太可能发生。另外两种都会通过一个 TP－6 过渡态或中间体（还是很难判断它是对应于势能面的极小值点还是鞍点）。Ray－Dutt 扭曲，也称为菱形扭曲（rhombic twist）[26]（图 7.7（a）），与 $\Delta-OC-6(D_3)\rightarrow TP-6(C_{2v})\rightarrow\Lambda-OC-6(D_3)$ 变化相对应。Bailar 扭曲，也称为三角扭曲（trigonal twist）[27]（图 7.7（b）），具有一个高对称性的过渡态/中间体：$\Delta-OC-6(D_3)TP-6(D_{3h})\rightarrow\Lambda-OC-6(D_3)$。

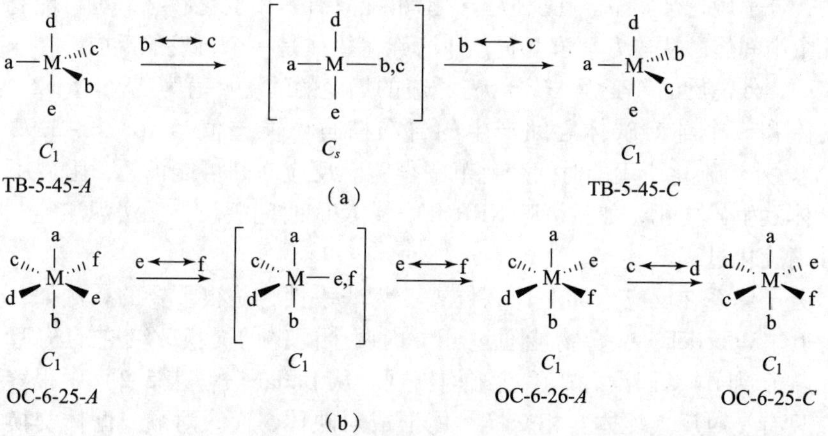

图 7.6　第一类（TB－5）和第二类（OC－6）手性分子的例子

在 TB－5 中任何连续变形都会导致对映体经历一个非手性的中间体

（在 OC－6 中变形的反应坐标上都是手性对象）

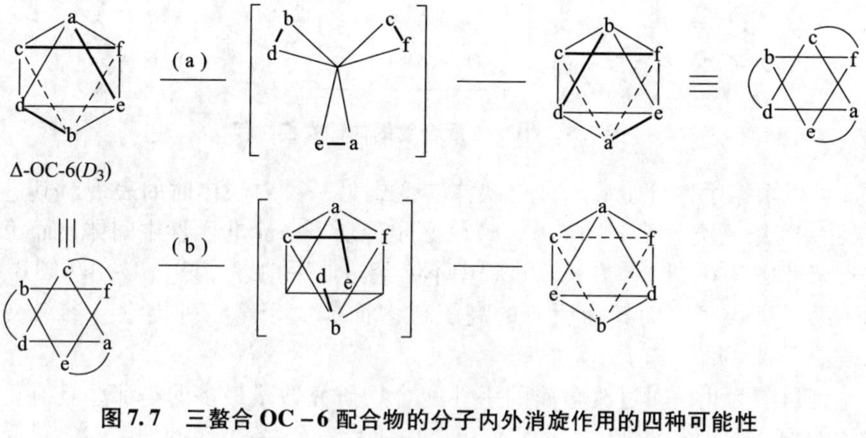

图 7.7　三螯合 OC－6 配合物的分子内外消旋作用的四种可能性

（a）贯通；（b）交叉

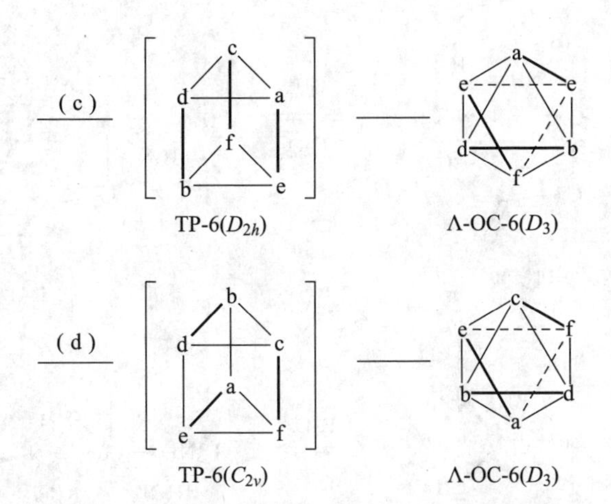

图7.7　三螯合 OC－6 配合物的分子内外消旋作用的四种可能性（续）

（c）Bailar 扭曲；（d）Ray－Dutt 扭曲

在 Bailar 扭曲中，所有三个螯合配体在外消旋化过程中保持等价，而在 Ray－Dutt 扭曲中，双齿配体变得不等价（2＋1）。因此，对于后者，由于对称性的原因（对双齿配体的三均配 OC－6 配合物）将出现三种能量降低的反应途径。如果一个 OC－6 配合物发生分子内的外消旋化，其反应机理主要取决于螯合度。较小螯合度时发生 Bailar 扭曲，而较大螯合度时发生 Ray－Dutt 扭曲[25]。研究表明，大多数情况下，尤其在固相反应中，Ray－Dutt 扭曲更容易发生。

分子间外消旋化　OC－6 配合物的许多外消旋化反应明显是通过分子间的反应机理进行的，其中有的反应有一个配体被取代，有的没有被取代。$[(NH_3)_4Co(肌氨酸)]^{2+}$就是一个后者的例子，仅因为肌氨酸阴离子的配位氮原子是手性配位的，这个配合物也是手性的。它在弱酸溶液中不发生外消旋，当增大 pH 值时外消旋反应就会发生，这清楚地表明酸碱平衡对这个反应来说很重要（参考文献［9］和其中的引用文献）。氮配位中心发生去质子化时，其从 T－4 到 TPY－3 的构型反转过程会变得很快（图 7.8）。

光学活性的配合物 $[Co(dien)_2]^{3+}$，构型 32[28]也可以通过去质子化加速外消旋作用。虽然进行了仔细的分析，但是对于去质子化和外消旋化是否真的是同步过程这一问题还有待进一步考证。对磷化氢、胂－、硫代和 tellurio 配体，也研究了它们的类似的外消旋化[9]。

在两篇综述[29,30]中详细描述了关于六配位螯合配合物的一些异构化过程的机理，也讨论了 NMR 光谱研究的快速反应过程。后者在其他一些刊物中也有详细的描述[31,32]。

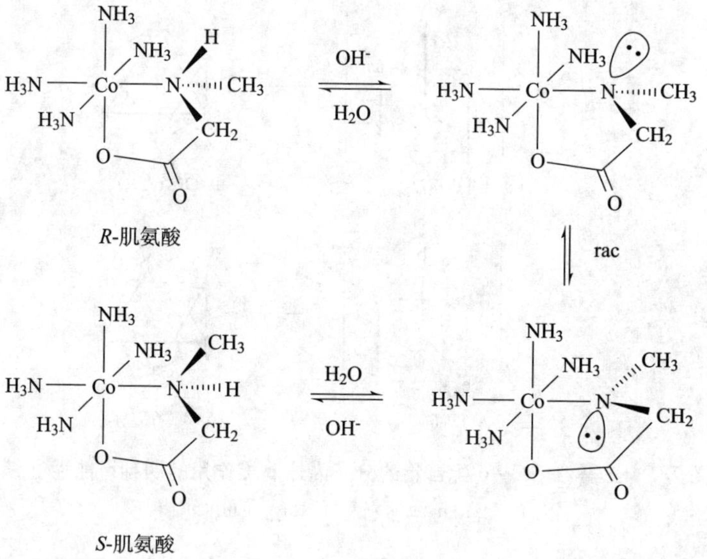

R-肌氨酸

S-肌氨酸

图 7.8　$[Co(NH_3)_4(肌氨酸)]^{2+}$ 配合物通过去质子化发生的分子间外消旋作用

7.1.3.3　OC－6 中的取代和重排反应

人们对惰性金属离子 $Cr^{Ⅲ}$、$Rh^{Ⅲ}$、$Ir^{Ⅲ}$、$Pt^{Ⅳ}$、$Ru^{Ⅲ}$、$Ru^{Ⅱ}$ 和 $Co^{Ⅲ}$ 的溶剂分解反应，尤其是水合作用反应进行了大量研究。化学文献中积累了大量关于 $Co^{Ⅲ}$ 离子取代反应的数据。关于这个课题有几篇综述[30,33-43]，Sargeson 和 Jackson[9] 又在一定深度上对这几篇综述进行了评论。大部分这类研究的重点是机理问题，对立体化学方面没有详细的考察。我们对这些 OC－6 配合物取代反应的立体化学过程的研究仍在进一步进行中，目前似乎不太可能给出能够归结成一些基本规律的描述。可以阐述一些一般规律，但它们应该有所保留：(a) 上面提到的惰性金属中心，除了 $Co^{Ⅲ}$，大多数配合物的重排反应相对于水合反应是非常慢的。(b) $Co^{Ⅲ}$ 配合物常在水合反应时发生重排。(c) 在很多情况下，水合反应的立体控制主要取决于实验条件，如温度。例如，*cis*－$[Co(en)_2Br_2]^+$ 的水合反应会因温度不同而生成顺式或反式的产物。

Werner 对光学活性的钴配合物做了大量的取代和配体转化反应研究（参考文献 [45]，第 368 页）。在一些情况下，他观测到（特定波长的）偏振光的旋光度会发生反转。这些反应如下所示（7.3）：

(a) $(-)[Co(en)_2Cl_2]^+ \xrightarrow{K_2CO_3} (-)[Co(en)_2CO_3]^+$

(b) $(-)[Co(en)_2ClSCN]^+ \xrightarrow{NaNO_2} (-)[Co(en)_2NO_2SCN]^+$

(c) $(-)[Co(en)_2NH_2O_2Co(en)_2]^{4+} \xrightarrow{还原} (+)[Co(en)_2NH_2OHCo(en)_2]^{4+}$

(d) $(-)[Co(en)_2NH_2O_2Co(en)_2]^{4+} \xrightarrow{HNO_2(\text{水溶液})}$

$$(+)[Co(en)_2NH_2NO_2Co(en)_2]^{4+} \qquad (7.3)$$

基本正确地假设，在这些反应中，绝对构型不会发生改变，Werner 得出结论：在特定波长的旋光度和配合物的绝对构型并不直接相关。Werner 的结论也表明了一个事实：在 Co 配合物的取代反应中构型保持不变。Jackson 和 Sargeson [9] 总结了 $[Co(en)_2Cl_2]^+$ 中的两个氯离子配体发生逐步取代反应时的立体化学过程。

在各种不同的条件下完成的实验表明：这些取代反应总是产生同分异构体的混合物，说明部分保持不变，部分外消旋化，还有一些发生重排（顺式－反式）。但是占主导地位的还是构型的保持[46,47]。$[Co(en)_2(a)(NO_2)]^{n+}$ 经酸催化水合生成 $[Co(en)_2(a)(H_2O)]^{(n+1)+}$ 时构型保持不变[48]。一般来讲，在一定条件下构型保持不变再加上少量重排是 Co^{III} 配合物取代反应的主要过程。其他金属的一些取代反应也是这样的。最近的研究表明，在 Ru^{II} 配合物中，如果两个吡啶配体被任意双齿螯合配体所取代，其分子构型在取代反应过程中将保持不变。这个结论已经运用到了纯异构体的多核配合物的合成中[49,50]。

在早期的文献[51]中报道了一个有趣的产生非外消旋组成的手性配合物物种的对映选择性取代反应，见反应（7.4）。

$$\Delta,\Lambda-[Co(en)_2(d-(-)-\text{酒石酸})]^+ + en \longrightarrow$$
$$\Lambda-[Co(en)_3]^{2+} + [d-(-)-\text{酒石酸}]^-$$
$$\Delta,\Lambda-[Co(en)_2(d-(-)\text{酒石酸})]^+ + 2NO_3^- \longrightarrow$$
$$\Lambda-[Co(en)_2(NO_3)_2] + [d-(-)-\text{酒石酸}]^- \qquad (7.4)$$

含有外消旋配体的纯对映异构金属配合物的立体选择性取代反应被用于分离手性配体的对映异构体[52]（7.5）。在同一篇文献中，实验表明具有外消旋的金属配合物，能够通过与纯对映异构的配体发生立体化学反应而被部分分解（7.6）。

$$\Lambda-[Co(edta)]^- + rac-pn \longrightarrow \Lambda-[Co(S-(-)-pn)_3]^{3+} + R-(+)-pn \qquad (7.5)$$

Bailar 及其合作者[53]研究发现，在酒石酸盐或蔗糖的存在下，高氧化态的钌和锇的配合物与联吡啶反应能够对映选择性合成 $[Ru^{II}(bpy)_3]^{2+}$ 和 $[Os^{II}(bpy)_3]^{2+}$，产生相对适中的 ee 值。Burstall 等[54,55] 首次将 $[Ru^{II}(bpy)_3]^{2+}$ 和 $[Os^{II}(bpy)_3]^{2+}$ 分解为它们的对映异构体。人们认为手性助剂能够指导反应的立体化学，同时还会还原中心金属离子。

$$rac-[Co(edta)]^- + 3R-(+)-pn \longrightarrow$$
$$\Delta-[Co(R-(+)-pn)_3]^{3+} + \Lambda-[Co(edta)]^- \qquad (7.6)$$

OC－6 中心的反转　在描述带有反转的反应过程的实验结果前，先进行一个简短的理论探讨。反转作为一个对映异构体到它的镜像形式的单步变换，在热力学上是不允许的（至少在非手性的环境中），只有外消旋作用是允许的。然而反转在异构化中是不限制的。反转项往往指分子中一个单一的手性中心。这样的手性中心可以用 *R/S*，*C/A* 和 Δ/Λ（或 λ/δ）符号中的任意一对来描述。如果一个手性中心在化学反应中能够保持手性，那么它在反应物或产物中的手性名称要么是相同的，要么是相反的。手性描述符改变并不一定意味着反转，它仅仅对 Δ/Λ（或 $\vec{\Delta}/\vec{\Lambda}$）符号对来说是一定的，而对 *R/S*，*C/A* 符号对来说是不一定的。对于后者，为了搞清楚在一个反应过程中构型发生了反转还是保持不变，必须选择合适的陈述。图 7.9 给出了各种可能性的例子。

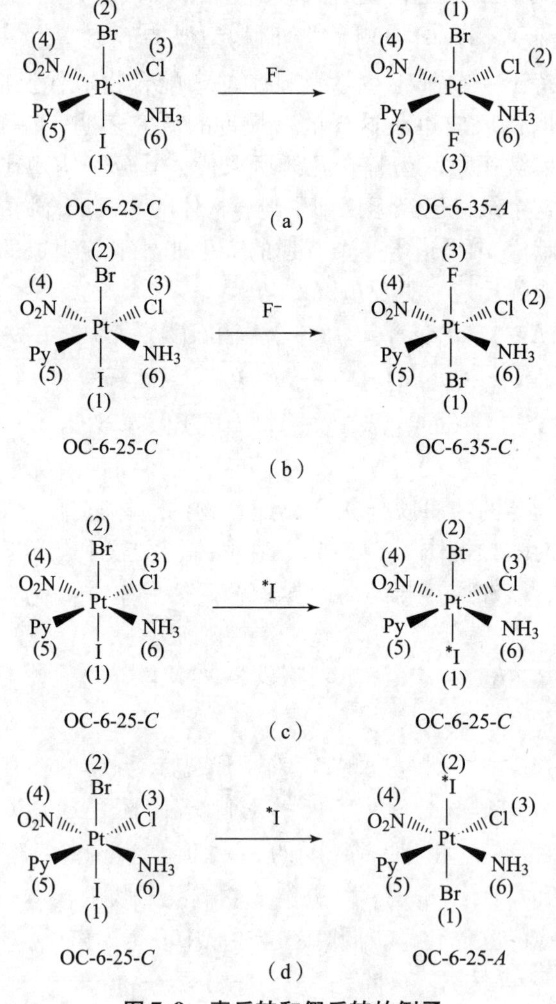

图 7.9　真反转和假反转的例子

T－4 中心的反转属于典型的有机取代反应，这类反应通常被称为“瓦尔登反转”。Bailar 和 Auten[56] 在 1934 年发现了一个八面体配合物的反转反应，这样的反应称为 Bailar 反转，Jackson[10] 在 1986 年对这类反应做了详细的阐述。没有多少反应经过验证是纯粹的瓦尔登反转，Bailar 和 Auten 原来研究的反应是通过在强碱性均相溶液中发生反转进行的（7.7）。

关于这个反应的直接机理究竟是一个两步过程，还是一个一步过程？观察到 $[Co(en)_2Cl(OH)]^+$ 中间体的存在解决了这个问题。尽管原来认为第一步发生了反转[57]，但后来的详细研究表明，Cl^- 被 OH^- 取代的过程是一个部分的外消旋化作用和轻微的重排，而不是反转[10]（7.8）。

因此，反转反应必须是一个一步反应。对于这个反应的中间体/过渡态有一些推测，Jackson 提出了配位数为 4 的物种（实验结果的直接解释是假定两个氯离子被一个氢氧根离子的二聚体 $(O_2H_2)^{2-}$ 所取代，在一个双分子反应中，通过一个增加配位数的过渡态来实现。反转更有可能通过一个增加配位数的过渡态而发生，就像在 T－4 构型中表现出的众所周知的 Walden 反转。在 Cl^- 的水溶液中发现了阴离子二聚体[58－60]。由于其氢键作用，OH^- 甚至比 Cl^- 更容易形成二聚体。这些二聚体浓度的数值估计表明这种可能性值得充分认真考虑）。Bailar 和他的同事[61－64]也研究了含有多齿配体，如三亚乙基四胺的 Co^{III} 配合物在特定条件下的反转反应。

如果可以合成热力学不稳定的形式，两可配体（Ambidentate）可以从一种键合异构重排为另外一种。例如，$[M(NH_3)_5(ONO)]$，其中 $M = Co^{III}$、Rh^{III}、Ir^{III} 和 Pt^{IV} 就是这种情况，它们都会异构化成热力学更稳定的硝基形式 $[M(NH_3)_5(NO_2)]$[7]。

$$\Delta\text{-}cis\ [Co(en)_2Cl_2]^+ \xrightarrow{2OH^-} \Lambda\text{-}cis\ [Co(en)_2(OH)_2]^+ \qquad (7.7)$$

Δ-*cis*　　　　Λ-*cis*

$$\Delta - cis[Co(en)_2Cl_2]^+ \xrightarrow{OH^-} [Co(en)_2ClOH]^+ \xrightarrow{OH^-}$$
$$\Delta,\Lambda - cis[Co(en)_2OH_2]^+ + trans[Co(en)_2OH_2]^+ \qquad (7.8)$$

7.2　加成或消除反应

配位化学中的加成或消除反应可定义为一个给定的金属中心的配位数

增加或减少的过程。最著名的例子就是氧化加成（OA）和还原消除（RE）(7.9)。

氧化加成
+AB
-AB
还原消除
trans
cis
(7.9)

大多数情况下，在加成反应之前或消除反应之后，两个配体“L”共价结合，形成一个 L_2 分子（可以是 A_2 或 AB），在金属配合物中它们变为阴离子配体。因此，金属的氧化价态在加成反应中增加两个单位，而在消除反应中减少两个单位。所以这些反应分别叫作氧化加成或还原消除。多数情况下，SP－4 化合物含有 d^8 金属中心（Pd^{II}，Pt^{II}，Rh^{I}，Ir^{I}），生成更高氧化价的 d^6 OC－6 配合物。

许多含有各种金属和不同配体的配合物，它们的这类反应的立体化学已经被进行了研究。对含有三种不同单齿配体的 Ir^{I} 配合物，即所谓的 Vaska 配合物进行了全面的研究。

Vaska 型配合物 $[Ma_2bc]$ 与一个分子（de）发生加成反应，生成了 $[Ma_2bcde]$，它是一种加成产物。(de) 可以是 H_2、Cl_2 或 RX。原则上，加成产物可出现 15 种立体异构形式，其中有 3 种非手性形式和 6 对对映异构体对。事实上，氧化加成通常是完全立体定向的，只形成少量的异构形式。研究了两种加成方式：非极性分子的顺式加成（如 H_2）和卤代烃的反式加成。在这两种方式中，都观察到了最初出现在 SP－4 d^8 配合物中的配体的最小化重排。

加成反应得到的反式产物（7.10），能够热异构化为顺式产物，说明在这种情况下，加成反应产生的是热力学不稳定的化合物。对 $[Pd(CO)(PPh_3)_3]$ 作为 SP－4 d^8 配合物与 $(S)-[CHBr(CH_3)(Ph)]$ 作为加成分子的氧化加成反应的机理开展了较详细的研究[65,66]。这个反应通过氧化加成、还原消除和烷基转移等反应生成 $[PdBr(PPh_3)_2(CO)CH(CH_3)(Ph)]$ 配合物，而且手性碳原子中心的绝对构型被完全反转（图 7.10）。

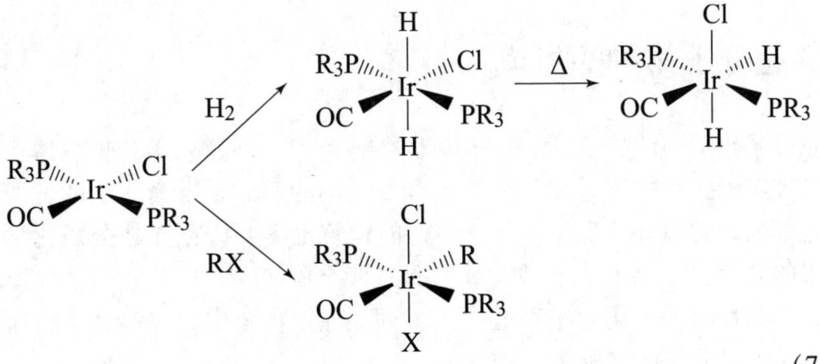

(7.10)

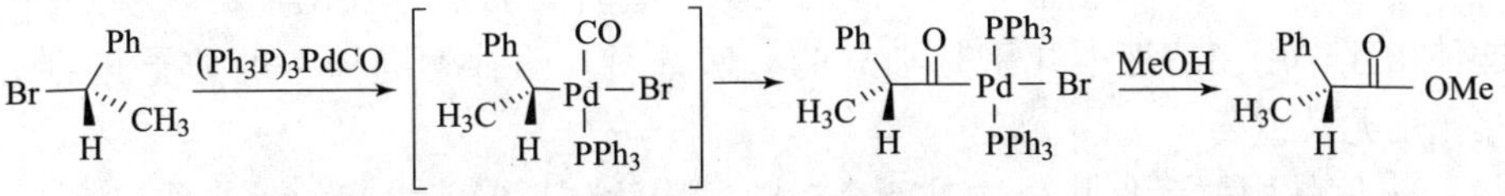

图 7.10 Pd 配合物的氧化加成、还原消除和烷基转移反应顺序

Cl_2 与$[Pt(en)_2]^{2+}$的氧化加成反应，反式的$[Pt(en)_2Cl_2]^{2+}$配合物是唯一的产物[67]。顺式的$[Pt(en)_2Cl_2]^{2+}$要通过另一系列的反应来制备[68]。

最近，详细研究了带有环金属配体的 SP－4 配合物的氧化加成反应[69－71]。研究表明，一些环金属配体发生氧化反应仅仅是由于光化学氧化加成（POA），而其他的十分迅速的反应也与热化学氧化加成（TOA）有关（图 7.11）。另外，大量可能的异构体中，只有少量能在反应中形成。

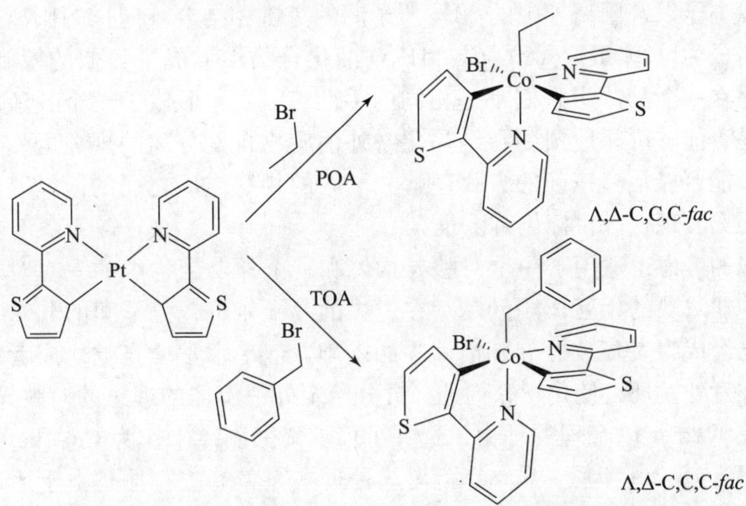

图 7.11 在环金属化的 SP－4 Pt^{II}/OC－6 Pt^{IV}配合物中发生的热氧化加成（TOA）和光化学氧化加成（POA）的例子

（反应以一个高度立体定向的方式进行[71]）

7.3 超分子物种的形成

超分子化学，即超越分子和共价键的化学[72]，在这一学科里立体化学的思考是理解天然产物体系和创造人工合成结构的基础。生命化学的发展越来越多地朝向理解超分子现象，分子器件的构筑也需要应用在超分子化学中发展起来的概念[73]。配位化合物，尤其是过渡金属离子，由于它们能完成很多功能，因此在超分子化学中引起了极大的关注。本节中，将对这个快速发展领域的某些方面作简要概述。

固体超分子的相互作用是已被研究了一些时间的超分子化学的一个方面，这种相互作用在溶液中几乎是独立的。这方面有两种不同种类的分子间的相互作用尤其重要：

- 固体中的手性化合物其两个对映异构的分子形式之间的相互作用；
- 通常情况下，不同的对映异构体之间的非对映的相互作用。

以上两点中的第一点对一个外消旋结晶成为一个外消旋的化合物还是一个外消旋的混合物（混合结晶）的问题是至关重要的。虽然它们看似密切相关，在某些化合物种类中似乎能够理解为什么一些化合物形成混合物，而另一些则形成化合物。例如，对于$(H_3O^+)[Co(en)_2(ox)]Cl_2 \cdot H_2O$，它形成的中心对称晶体中包含了两种对映体，它们是无数的氢键作用的同手性$[Co(en)_2(ox)]^+$阳离子的螺旋状物[74]。相邻的具有相反手性的螺旋通过水分子和氯离子以及阳离子中的 NH_2 质子间的氢键相结合。同样的阳离子在化学计量组成为$[Co(en)_2(ox)]Cl \cdot 4H_2O$ 的化合物中形成了类似的螺旋状物，不同的是在一个晶体中它们都是相同的手性，因此，形成了一个外消旋的混合物。是否能够可靠地预测在结晶化时外消旋物自发分离的现象的发生，通常取决于能否以足够精确的方式理解分子间的相互作用之间的微妙差异，目前似乎距离实现这一目标仍有困难。

类似的考虑也适用于一个对映异构体和一个外消旋物中的一对对映异构体之间的非对映的相互作用问题。在过去的几十年里，分子间的非对映的相互作用已经成为大多数拆分外消旋物的基础。似乎常常凭直觉，或者也许只是勤奋或意外发现，使化学家们选择拆分给定外消旋体的理想的对映异构体。很难想象 Werner 以合理的理由，选择了樟脑磺酸阴离子作为 Co – hexol 配合物的分解溶剂。80 年后，Bernal 指出这种近乎完美的溶解性是由于通过氢原子与手性阴离子的 SO_3 基团桥联，在纯手性的氢氧桥之间产生了空间高度特异性的相互作用。但是，很难理解为什么$[Ru(1,10-phen)_2(py)_2]^{2+}$能被甲基砷酸二钠酒石酸盐轻易溶解，而非常相似的$[Ru(2,2'-bpy)_2(py)_2]^{2+}$在同样的溶剂中无论怎样都无法分离[50]。Yoneda 和 Miyoshi[75]研究了许多非对映异构体的结晶化合物，得出了一些有关它们的堆积结构的有趣结果。

配位化合物与 DNA 之间的超分子相互作用被进行了非常引人关注的研究[76,77]。这些研究成果表明将来有可能将配位化学应用于与立体化学准则高度相关的生物学中。

7.4　配位配体的反应

在上述简要讨论的真正的超分子物种中，配位单元和其他分子实体间的弱相互作用是其重要的特点。在配位化学中，配体内共价键的生成或断裂是另一个重要的现象。这里仅对这一极为重要的领域作简单的概述，即在配位单元周围，也就是在配位的配体自身发生的反应。

在配位的配体上发生的最简单的反应是质子化/去质子化。它将产生立体化学的结果，如之前讨论的$[Co(NH_3)_4(sarcos)]^{2+}$，在去质子化时配位的手性氮原子发生了外消旋化。在螯合氨基酸的情况中，手性碳原子中心的去质子化导致了变旋现象[78]。

质子化/去质子化是一个重要的反应，影响着有机金属化学中许多的立体化学过程。关于此类反应的讨论超出了本书的研究范围。

从立体化学的变化角度研究了脱氢作用/氢化作用（图 7.12）。在具有两个手性的非对映异构体 $\Lambda S/\Delta R$ 和 $\Delta S/\Lambda R$ 的$[Ru(bpy)_2(Meampy)]^{2+}$中，配位的 2 -（1 - 氨乙基）吡啶（Meampy）的氧化反应表明：（a）非对映异构体($\Lambda S/\Delta R$)的其中一个氧化得更快；（b）中心金属的构型在氧化时保持不变[79]。经证实，$\Delta-[Ru(bpy)_2(S,S-dach)]^{2+}$氧化为二亚胺时中心金属的构型也保持不变（Jandrasics E.，Wolny J. 和 Von Zelewsky A. 的工作）。

接下来与氢化试剂$[BH_4]^-$的反应，可能完全保留金属中心的构型，它相对于配体的手性中心的结构是部分的立体选择性，生成$\Delta-[Ru(bpy)_2(S,S-dach)]^{2+}$和$\Delta-[Ru(bpy)_2(R,R-dach)]^{2+}$，且 $\Delta-S,S$ 非对映异构体的 de（非对映体过量）为 60%。

本书之前讨论过，应用于所谓的模板合成中的反应是一大类变换[80,81]。许多大环配体、笼状化合物、链状化合物和结状化合物的形成都是由于模板效应。可以预测这类化学将来对高度复杂的分子组装体的构建有着极其重要的作用。

总之，配位配体的立体化学反应在生物无机化学中极为重要。许多酶反应发生在金属配位中心，通常此类反应有高度的立体取向性。在过去的 20 年中，关于此类过程的研究大大增加，不过还有许多细节有待发现。

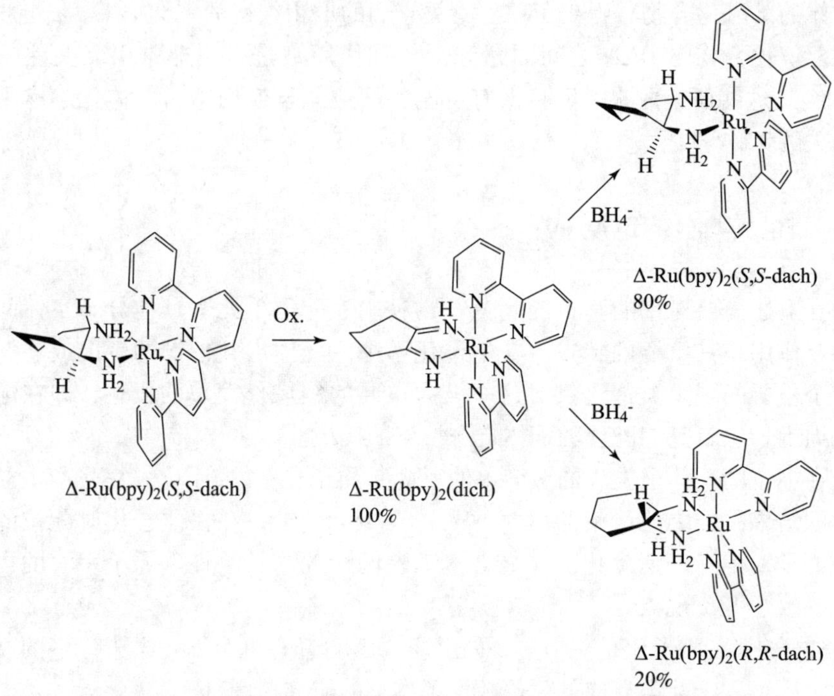

Ox.

BH_4^-

BH_4^-

Δ-Ru(bpy)$_2$(*S*,*S*-dach)

Δ-Ru(bpy)$_2$(dich)
100%

Δ-Ru(bpy)$_2$(*S*,*S*-dach)
80%

Δ-Ru(bpy)$_2$(*R*,*R*-dach)
20%

图 7.12　配位的二胺配体（dach）的氢化/脱氢反应的顺序

（脱氢作用过程构型完全保留；氢化作用是部分的非对映选择性过程）

7.5　电子的转移反应

在过去的40年间，溶液中配合物之间的电子转移反应得到了广泛的研究。对下列反应：

$$[A^{red}] + [B^{ox}] \rightarrow [A^{ox}] + [B^{red}]$$

其中$[A^{red}]$、$[B^{ox}]$、$[A^{ox}]$、$[B^{red}]$代表金属配合物的两个还原/氧化电对（大多数研究的是转移一个电子的反应），建立了两类基本的反应机理[82]。在外层反应中，参与反应的物质其配位层在电子转移的过程中均保持完整，而内层反应中，在两个金属中心之间建立了一个配体桥。因此内层反应往往会涉及，至少有一种参与反应的配合物其配位层发生了重排。桥联的配体可能在反应中被交换，也可能没有。在过去的几十年里已经从理论上对电子转移反应中的热力学问题作了广泛的研究[83,84]。

在电子转移反应的立体化学方面，近几年也有进一步的研究，特别是对电子转移反应的立体选择性问题产生了浓厚的兴趣。最近对目前掌握的这一领域的知识做了综述[85-87]，而且在机理方面做了详细的论述，感兴趣的读者可以参阅这些文章。

大多数对电子转移反应的立体选择性研究使用的是（7.11）类型的外层反应机理。

反应物之一使用对映体纯的或富集的形式，另一个使用外消旋物。通过如圆二色谱学对最初表现为外消旋体的配合物的产物进行分析，结果表明反应可能是立体取向的（ee≠0），也可能是非立体取向的（ee=0）。如果非对映异构体遇到的是{Λ-[OC-6, ML]$^{red/ox}$/Λ-[OC-6, ML']$^{red/ox}$} 类型的配合物，能量具有明显的差异使得产生可观测的结果，则反应是立体取向的。配合物的正确选择是非常重要的，因为参与反应的配合物必须满足一定的准则。值得注意的是，如果产物通过自交换电子转移过程发生快速的外消旋化，那么将观测不到立体选择性[86]。

可以确定（7.12）中所示的第一个例子具有立体选择性。

由于Co^{2+}配位中心的高不稳定性，Co^{2+}和en形成了一个外消旋的平衡混合物。有许多关于其他类似的外层电子转移反应的报道[85]，表明分子间的相互作用（离子配对、氢键、堆积作用）之间有微小的差异，对外层电子转移反应的立体选择性的迹象和大小也有决定性的影响。

在某些情况下，内层电子转移反应也显示出立体选择性。一项关于手性OC-6配合物的简单研究利用了5.5节提到的多齿配体[85]。例如，通过各种具有类似配体的Fe^{II}配合物还原$[Co(bamp)(H_2O)]^+$，在某些情况下显示出立体选择性[89,90]。这种反应是生物化学体系中的电子转移反应的典型类型。

Λ-[OC-6, ML]$^{red/ox}$ + Δ,Λ-[OC-6, ML']$^{ox/red}$ → Λ-[OC-6, ML]$^{ox/red}$ + Δ,Λ-[OC-6, ML']$^{red/ox}$ 立体定向的

Λ-[OC-6, ML]$^{red/ox}$ + Δ,Λ-[OC-6, ML']$^{ox/red}$ → Δ,Λ-[OC-6, ML]$^{red/ox}$ + Δ,Λ-[OC-6, ML']$^{ox/red}$ 非立体定向的

（7.11）

Δ-$[Os(bpy)_3]^{3+}$ + Δ,Λ-$[Co(EDTA)]^{2-}$ ⟶ Δ-$[Os(bpy)_3]^{2+}$ + Δ-$[Co(EDTA)]^-$ (52.5 %) + Λ-$[Co(EDTA)]^-$ (47.5 %)

（$S_2O_8^{2-}$ → SO_4^{2-}，再生 Δ-$[Os(bpy)_3]^{3+}$）

（a）

Δ-$[CoEDTA]^-$ + Δ,Λ-$[Co(en)_3]^{2+}$ ⟶ Δ-$[CoEDTA]^{2-}$ + Δ-$[Co(en)_3]^{3+}$ (73 %) + Λ-$[Co(en)_3]^{3+}$ (27 %)

（b）

（7.12）

7.6　金属配合物的对映选择催化作用

如果一本关于配合物的配位化学中的立体化学方面的新书没有提及一点对映选择催化的话，它是非常不完整的，因为这些反应的基本步骤常常发生在金属配合物的配位层内。另外，这一有趣的领域内有许多方面，尤其是机制方面的讨论，超出了目前对立体化学的研究范围。

对映选择催化，通常也称为不对称催化，在过去的30年间已经成为化学中引起极大关注的领域之一。约在1966年以前，人们认为对映选择催化属于生物领域的范畴，其中酶自数十亿年前，就已经产生了高纯度的对映体手性分子。

后来，特别是金属配合物类的均相催化剂的发展和化学工业对对映体纯的化合物的大量需求刺激了这一领域的快速进展。

估计每年占约180亿美元的大部分医药品[91]和不断增长的农用化学品，都使用手性分子作为活性成分。因为所有的生物化学都是在手性体系中进行，必须尽可能使用对映体纯的化合物。最近大量关于对映选择催化的重要文献反映出对该领域的浓厚兴趣[92-94]。对更多的详细内容，尤其是应用方面感兴趣的读者可以参阅这些文献。这里仅仅对其原理作简要的讨论。

根据定义，催化是一种纯动力学现象[95]。因此，对映选择性只能从一个对映体由手性前驱体到手性产物的首选反应路径中获得。金属配合物的催化反应经常是遵循复杂的反应机理的多步过程。为了实现对映选择性，至少在从底物到手性产物的过渡态时两个对映体在能量上完全不同，这里我们仅考虑这一步。当然，还需要满足很多其他条件。例如，没有其他的反应导致对映体富集形式下产生的中间体发生外消旋化（图7.13）。

图7.13给出了催化反应中对映选择步骤的图式反应剖面图。不仅活化能的差异ΔG决定着催化过程的对映选择效率，反应条件对反应结果也有强烈的影响。例如，很明显得到的对映体过量（ee）是包括时间在内的数个参数的函数。在一个密闭体系中，当$t \to \infty$时，ee(t)一定接近于0，即如果有充足的时间使体系达到平衡，将不能得到对映选择性。因此，在任何实际情况下，都必须对反应条件进行仔细优化。必须介绍最常见的一些不可逆步骤，如从反应体系中除去动力学上有利的产物。

对映选择催化是一个跨学科领域，配位化学通过新配体的设计和金属的正确选择有力地促进了该领域的发展。然而，由于催化物种在原位形成，它们的确切性质是未知的。除了关于对映选择多相催化及聚合反应一些较早的报道外，通过金属配合物进行对映选择催化的第一个反应是图7.14所示的反应[96]。催化剂是Cu^{II}与手性配体形成的简单配合物。

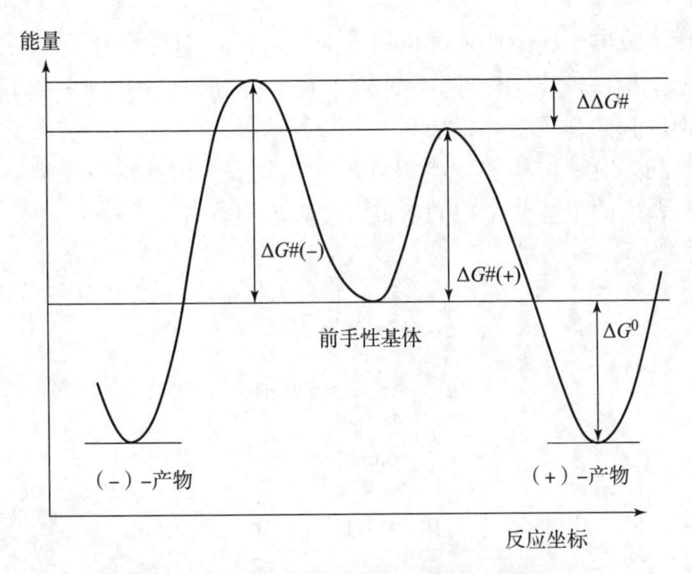

图 7.13　简化的选择性催化反应的势能面图
对映异构体(+)和(−)的命名是任意的

据报道，该反应中 ee 值达到 6%。自从这一观测报道以来，对映选择催化已经发展了很长一段时间。合理设计和意外发现对这一领域的进步来说都非常重要。随着关于机理的认识的逐渐深入，前者正越来越多地代替后者。然而，复杂的分子体系，如对映选择催化中涉及的那些，将永远给人类的创造力留出足够的空间。Brunner 在对映选择催化上做出了重要贡献，他预测该领域未来可能有如下理论：“任何一个会产生新的手性中心的反应，都存在仅能产生一个对映体的过渡金属催化剂。它只是需要被发现。”

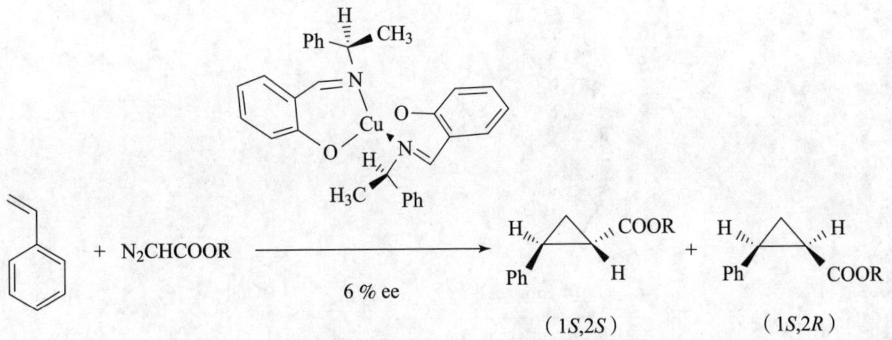

+ $N_2CHCOOR$ → (6 % ee) (1*S*,2*S*) + (1*S*,2*R*)

图 7.14　文献中报道的第一个对映选择催化反应

对映选择催化的重要必备条件之一是配位层的手性位置，在该手性位置上，前手性前驱体可在有机分子内产生新的手性中心。到目前为止，似乎只有因手性配体而显示手性的催化剂能够提供这种手性诱导。最常见的这些配体是含有两个吸电子的磷或氮配位原子的双齿、C_2 对称的分子。

图 7.15 中给出了已报道的一些反应[97－101]。所有这些例子的共同特征是催化反应中用到的金属配合物都具有 C_2 对称性。

毫无疑问，对映选择催化将得到进一步发展，因此可以预测，在不久的将来，工业合成的手性化合物的数量将显著增加。

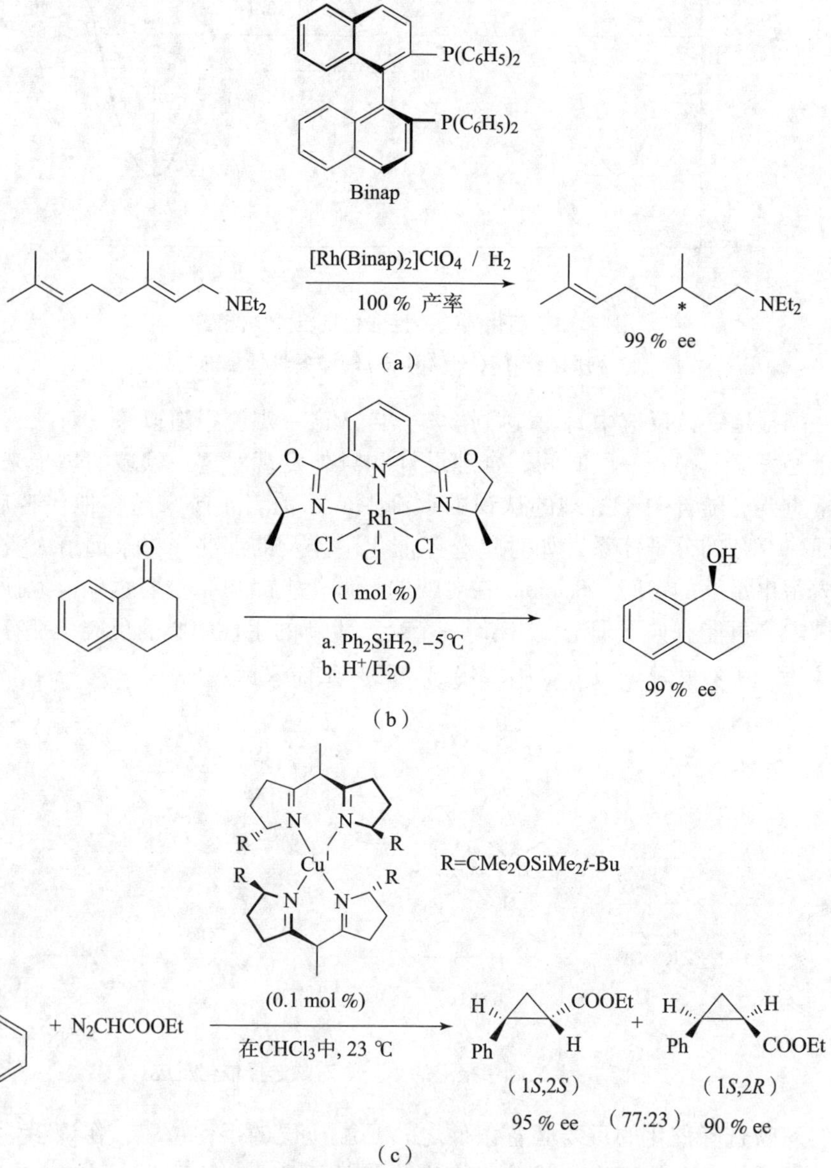

$P(C_6H_5)_2$

$P(C_6H_5)_2$

Binap

NEt_2 —— $[Rh(Binap)_2]ClO_4$ / H_2，100 % 产率 → * NEt_2

99 % ee

（a）

O N N Rh Cl Cl Cl N O

(1 mol %)

O —— a. Ph_2SiH_2, −5℃；b. H^+/H_2O → OH

99 % ee

（b）

N N R R Cu R R N N

R=CMe_2OSiMe_2t-Bu

+ $N_2CHCOOEt$ —— (0.1 mol %)，在$CHCl_3$中, 23 ℃ → H COOEt Ph H + H H Ph COOEt

（1*S*,2*S*） （1*S*,2*R*）

95 % ee （77:23） 90 % ee

（c）

图 7.15 高对映选择性催化反应的五个代表性的例子

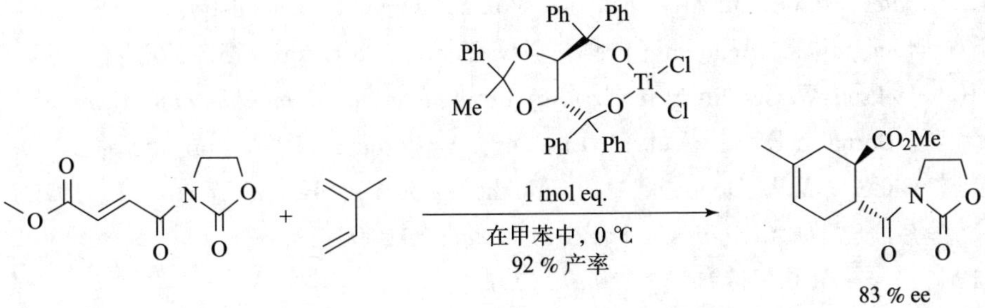

1 mol eq.
在甲苯中，0 ℃
92 % 产率

83 % ee

（d）

(S,S), 3 mol %
NaOCl(aq) (在CH_2Cl_2中)
96 % 产率

（1S, 2R）
97 % ee

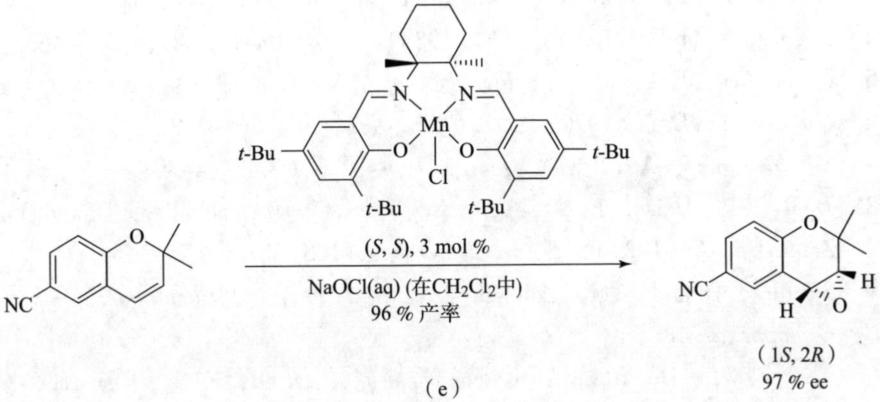

（e）

图 7.15　高对映选择性催化反应的五个代表性的例子（续）

参考文献

［1］Wilkins，R. G.，*Kinetics and Mechanism of Reactions of Transition Metal Complexes*，2nd edn，VCH，Weinheim，1991.

［2］Eaton，D. R.，Phillips，W. D. and Caldwell，D. J.（1963），*J. Am. Chem. Soc.*，**85**，397 – 406.

［3］Holm，R. H. and O'Connor，M. J.（1971），*Prog. Inorg. Chem.*，**14**，241 – 401.

［4］Chernyaev，I. I.（1926），*Izv. Inst. Izuch. Plat. Drugikh Blagorodn. Metal*，**4**，243 – 275.

［5］Kauffman，G.（1977），*J. Chem. Educ.*，**54**，86 – 89.

［6］Basolo，F. and Pearson，R. G.（1962），*Prog. Inorg. Chem.*，**4**，381 – 453.

［7］Basolo，F. and Hammaker，G. S.（1962），*Inorg. Chem.*，**1**，1 – 5.

［8］Merbach，A. E.（1987），*Pure Appl. Chem.*，**59**，161 – 172.

［9］Jackson，W. G. and Sargeson，A. M.，in *Rearrangements in Ground and Excited*

States, P. de Mayo (Ed.), Vol. 2, Organic Chemistry: A Series of Monographs, Academic Press, New York, 1980, pp. 273 - 378.

[10] Jackson, W. G., in *Stereochemistry of Organometallic and Inorganic Compounds*, I. Bernal (Ed.), Vol. 1, Elsevier, Amsterdam, 1986, pp. 255 - 357.

[11] Gielen, M., Dehouck, C., Mokhtan - Jamai, H. and Topart, J. (1972), *Rev. Silicon Germanium Tin Lead Compd*, **1**, 9 - 33.

[12] King, R. B. (1991), *J. Math. Chem.*, **7**, 51 - 68.

[13] Sokolov, V. I., *Introduction to Theoretical Stereochemistry* (translated from Russian by N. F. Stauden), Gordon and Breach, New York, 1991.

[14] Rodger, A. and Schipper, P. E. (1988), *Inorg. Chem.*, **27**, 458 - 466.

[15] Muetterties, E. L. (1972), *Inorg. Chem.*, *Ser. One*, **9**, 37 - 85.

[16] Muetterties, E. L. (1970), *Acc. Chem. Res.*, **3**, 266 - 273.

[17] Von Zelewsky, A. (1981), *Inorg. Chem.*, **20**, 4448 - 4449.

[18] Daul, C., Deiss, E., Gex, J. N., Perret, D., Schaller, D. and Von Zelewsky, A. (1983), *J. Am. Chem. Soc.*, **105**, 7556 - 7563.

[19] Schaller, D. and Von Zelewsky, A. (1979), *J. Chem. Soc.*, *Chem. Commun.*, 948.

[20] Abel, E. W., Dimitrov, V. S., Long, N. J., Orrell, K. G., Osborne, A. G., Pain, H. M., Sik, V., Hursthouse, M. B. and Mazid, M. A. (1993), *J. Chem. Soc.*, *Dalton Trans.*, 597 - 603.

[21] Abel, E. W., Dimitrov, V. S, Long, N. J., Orrell, K. G., Osborne, A. G., Sik, V., Hursthouse, M. B. and Mazid, M. A. (1993), *J. Chem. Soc.*, *Dalton Trans.*, 291 - 298.

[22] Abel, E. W., Orrell, K. G., Osborne, A. G., Pain, H. M. and Sik, V. (1994), *J. Chem. Soc.*, *Dalton Trans.*, 111 - 116.

[23] Anderson, P. A., Keene, F. R., Horn, E. and Tiekink, E. R. T. (1990), *Appl. Organomet. Chem.*, **4**, 523 - 533.

[24] Ruch, E. (1977), *Angew. Chem.*, *Int. Ed. Engl.*, **16**, 65 - 72.

[25] Rodger, A. and Johnson, B. F. G. (1988), *Inorg. Chem.*, **27**, 3061 - 3062.

[26] Ray, P. and Dutt, N. K. (1943), *J. Indian Chem. Soc.*, **20**, 81 - 92.

[27] Bailar, J. C., Jr (1958), *Chem. Coard. Compds.*, *Symp.*, *Rome*, **1957**, 165 - 175.

[28] Searle, G. H. and Keene, F. R. (1972), *Inorg. Chem.*, **11**, 1006 - 1111.

[29] Fortman, J. J. and Sievers, R. E. (1971), *Coard. Chem. Rev.*, **6**, 331 - 375.

[30] Serpone, N. and Bickley, D. G. (1972), *Prag. Inorg. Chem.*, **17**, 391 – 566.
[31] Gordon, J. G. and Holm, R. H. (1970), *J. Am. Chem. Soc.*, **92**, 5319 – 5332.
[32] Gordon, J. G., O'Connor, M. J. and Holm, R. H. (1971), *Inorg. Chim. Acta*, **5**, 381 – 388.
[33] Archer, R. D. (1969), *Coord. Chem. Rev.*, **4**, 243 – 272.
[34] Basolo, F. (1967), *Adv. Chem. Ser.*, **62**, 408 – 429.
[35] Basolo, F. and Pearson, R. G., *Mechanisms of Inorganic Reaction—A Study of Metal Complexes in Solution*, 2nd edn, Wiley, New York, 1967, p. 273.
[36] Dasgupta, T. P. (1974), *Inorg. Chem.*, *Ser. Two*, **9**, 63 – 91.
[37] Langford, C. H. and Gray, H. B., *Ligand Substitution Processes*, Benjamin, New York, 1965, Chapter 2.
[38] Langford, C. H. and Parris, M. (1972), *Comp. Chem. Kinet.*, 7, 1 – 55.
[39] Langford, C. H. and Sastri, V. S. (1972), *Inorg. Chem.*, *Ser. One*, 203 – 207.
[40] Langford, C. H. and Stengle, T. R. (1968), *Annu. Rev. Phys. Chem.*, **19**, 193 – 214.
[41] Poon, C. K. (1970), *Inorg. Chim. Acta*, *Rev.*, **4**, 123 – 144.
[42] Tobe, M. L., in *Studies on Chemical Structure and Reactivity*, J. H. Ridd (Ed.), Methuen, London, 1966, p. 215.
[43] Tobe, M. L., *Inorganic Reaction Mechanism—Studies in Modern Chemistry*, Nelson, London, 1972.
[44] Barraclough, C. G., Boschem, R. W., Fee, W. W., Jackson, W. G. and McTigue, P. T. (1971), *Inorg. Chem.*, **10**, 1994 – 1997.
[45] Werner, A., *Neuere Anschauungen auf dem Gebiete der Anorganischen Chemie*, 3. Auflage, Vieweg, Braunschweig, 1913.
[46] Garbett, K. and Gillard, R. D. (1965), *J. Chem. Soc.*, 6084 – 6100.
[47] Garbett, K. and Gillard, R. D. (1966), *J. Chem. Soc. A*, 204 – 206.
[48] Garbett, R. D., Gillard, R. D. and Staples, P. J. (1966), *J. Chem. Soc. A*, 201 – 204.
[49] Hua, X., *Chiral Building Blocks Ru* $(L^\wedge L)_2$ *for Coordination Compounds*, Diss, No. 1047, University of Fribourg, Fribourg, 1993.
[50] Hua, X. and Von Zelewsky, A. (1991), *Inorg. Chem.*, **30**, 3796 – 3798.
[51] Jonassen, H. B., Bailar, J. C., Jr and Huffman, E. H. (1948), *J. Am.*

Chem. Soc., **70**, 756 - 758.
[52] Kirschner, S., Wei, Y. - K. and Bailar, J. C., Jr (1957), *J. Am. Chem. Soc.*, **79**, 5877 - 5880.
[53] Liu, C. F., Liu, N. C. and Bailar, J. C., Jr (1964), *Inorg. Chem.*, **3**, 1085 - 1087.
[54] Burstall, F. H. (1936), *J. Chem. Soc.*, 173 - 175.
[55] Burstall, F. H., Dwyer, F. B. and Gyarfas, E. C. (1950), *J. Chem. Soc.*, 953 - 955.
[56] Bailar, J. C., Jr, and Auten, R. W. (1934), *J. Am. Chem. Soc.*, **56**, 774 - 776.
[57] Boucher, L. J., Kyuno, E. S. and Bailar, J. C., Jr (1964), *J. Am. Chem. Soc.*, **86**, 3656 - 3660.
[58] Dang, L. X. and Pettitt, B. M. (1987), *J. Chem. Phys.*, **86**, 6560 - 6561.
[59] Pettitt, B. M. and Rossky, P. J. (1986), *J. Chem. Phys.*, **84**, 5836 - 5844.
[60] Zhong, E. C. and Friedman, H. L. (1988), *J. Phys. Chem.*, **92**, 1685 - 1692.
[61] Kyuno, E. and Bailar, J. C., Jr (1966), *J. Am. Chem. Soc.*, **88**, 5447 - 5451.
[62] Kyuno, E. and Bailar, J. C., Jr (1966), *J. Am. Chem. Soc.*, **88**, 1120 - 1124.
[63] Kyuno, E. and Bailar, J. C., Jr (1966), *J. Am. Chem. Soc.*, **88**, 1125 - 1128.
[64] Kyuno, E., Boucher, L. J. and Bailar, J. C., Jr (1965), *J. Am. Chem. Soc.*, **87**, 4458 - 4462.
[65] Forster, D. (1979), *J. Chem. Soc.*, *Dalton Trans.*, 1639 - 1645.
[66] Stille, J. K. and Lau, K. S. Y. (1977), *Acc. Chem. Res.*, **10**, 434 - 442.
[67] Basolo, F., Ballar, J. C., Jr, and Tarr, R. B. (1950), *J. Am. Chem. Soc.*, **72**, 2433 - 2438.
[68] Heneghan, L. F. and Bailar, J. C., Jr (1953), *J. Am. Chem. Soc.*, **75**, 1840 - 1841.
[69] Chassot, L. and Von Zelewsky, A. (1986), *Helv. Chim. Acta*, **69**, 1855 - 1857.
[70] Sandrini, D., Maestri, M., Balzani, V., Chassot, L. and Von Zelewsky, A. (1987), *J. Am. Chem. Soc.*, **109**, 7720 - 7724.
[71] Von Zelewsky, A., Suckling, A. P. and Stoeckli - Evans, H. (1993), *Inorg. Chem.*, **32**, 4585 - 4593.
[72] Lehn, J. - M. (1988), *Angew. Chem.*, *Int. Ed. Engl.*, **27**, 89 - 112.
[73] Balzani, V. and De Cola, L. (Eds), *Supramolecular Chemistry*, *NATO ASI*

Series, Kluwer, Dordrecht, 1992.

[74] Bernal, I., Cai, J. and Myrczek, J. (1993), *Polyhedron*, **12**, 1157 – 1162.

[75] Yoneda, H. and Miyoshi, K., in *Coordination Chemistry. A Century of Progress*, G. B. Kauffman (Ed.), ACS Symposium Series, No. 565, 1994, pp. 308 – 317.

[76] Barton, J. K. (1986), *Science*, **233**, 727 – 734.

[77] Hiort, C., Lincoln, P. and Nordén, B. (1993), *J. Am. Chem. Soc.*, **115**, 3448 – 3454.

[78] Buckingham, D. A., Marzilli, L G. and Sargeson, A. M. (1967), *J. Am. Chem. Soc.*, **89**, 825 – 830.

[79] Keene, F. R., Ridd, M. J. and Snow, M. R. (1983), *J. Am. Chem. Soc.*, **105**, 7075 – 7081.

[80] Lindoy, L. F. and Bush, D. H. (1974), *Inorg. Chem.*, **13**, 2494 – 2498.

[81] McMurry, T. J., Raymond, K. N. and Smith, P. H. (1989), *Science*, **244**, 938 – 943.

[82] Taube, H., *Electron Transfer Reactions of Complex Ions in Solutions*, *Current Chemical Concepts—A Series of Monographs*, Academic Press, New York, 1970.

[83] Marcus, R. A. (1964), *Annu. Rev. Phys. Chem.*, **15**, 155 – 196.

[84] Sutin, N. (1982), *Acc. Chem. Res.*, **15**, 275 – 282.

[85] Bernauer, K. (1991), *Met. Ions Biol. Syst.*, 27, 265 – 289.

[86] Lappin, A. G. and Marusak, R. A. (1991), *Coord. Chem. Rev.*, **109**, 125 – 180.

[87] Lappin, A. G, *Redox Mechanisms in Inorganic Chemistry*, Ellis Horwood, Chichester, 1994.

[88] Geselowitz, D. A. and Taube, H. (1980), *J. Am. Chem. Soc.*, **102**, 4525 – 4526.

[89] Bemauer, K., Fuchs, E. and Hugi – Cleary, D. (1994), *Inorg. Chim. Acta*, **218**, 73 – 79.

[90] Bernauer, K., Pousaz, P., Porret, J. and Jeanguenat, A. (1988), *Helv Chim. Acta*, **71**, 1339 – 1348.

[91] Stinson, S. C. (1992), *Chem. Eng. News*, **70**, 46 – 76.

[92] Brunner, H. and Zettlmeier, W., *Handbook of Enantioselective Catalysis with Transition Metal Complexes-Ligands-Rerferences*, Vol. Ⅱ, VCH, Weinheim, 1993.

[93] Brunner, H. and Zettlmeier, W., *Handbook of Enantioselective Catalysis with Transition Metal Complexes-Products and Catalysts*, Vol. Ⅰ, VCH,

Weinheim, 1993.

[94] Noyori, R., *Asymmetric Catalysis in Organic Synthesis*, Wiley, New York, 1994.

[95] Gold, V., Loening, K. L., McNaught, A. D. and Sehmi, P., *Compendium of Chemical Terminology—IUPAC Recommendations*, Blackwell, Oxford, 1987.

[96] Nozaki, H., Takaya, H., Moriuti, S. and Noyori, R. (1968), *Tetrahedron*, **24**, 3655 – 3669.

[97] Jacobsen, E. N., Zhang, W., Muci, A. R., Ecker, J. R. and Li, D. (1991), *J. Am. Chem. Soc.*, **113**, 7063 – 7064.

[98] Müller, D., Umbricht, G., Weber, B. and Pfaltz, A. (1991), *Helv. Chim. Acta*, **74**, 232 – 240.

[99] Nishiyama, H., Itoh, Y., Matsumoto, H., Park, S. B. and Itoh, K. (1994), *J. Am. Chem. Soc.*, **116**, 2223 – 2224.

[100] Noyori, R. (1990), *Science*, **248**, 1194 – 1199.

[101] Noyori, R. (1990), *Science*, **249**, 844.

附录 I
点群概述

Groups：点群

1 The Groups C_1，$C_s = C_h$，$C_i = C_2$

C_1	E	
C_s	E	σ_h
C_i	E	i

2 The Groups C_n（$n = 2, 3, \cdots, 8$）

C_2	E	C_2						
C_3	E	C_3	C_3^2					
C_4	E	C_4	C_2	C_4^3				
C_5	E	C_5	C_5^2	C_5^3	C_5^4			
C_6	E	C_6	C_3	C_2	C_3^2	C_6^5		
C_7	E	C_7	C_7^2	C_7^3	C_7^4	C_7^5	C_7^6	
C_8	E	C_8	C_4	C_2	C_4^3	C_8^3	C_8^5	C_8^7

3 The Groups D_n（$n = 2, 3, 4, 5, 6$）

D_2	E	$C_2(z)$	$C_2(y)$	$C_2(x)$		
D_3	E	$2C_3$	$3C_2$			
D_4	E	$2C_4$	C_2	$2C_2'$	$2C_2''$	
D_5	E	$2C_5$	$2C_5^2$	$5C_2$		
D_6	E	$2C_6$	$2C_3$	C_2	$3C_2'$	$3C_2''$

4 The Groups C_{nv} ($n=2, 3, 4, 5, 6$)

C_{2v}	E	C_2	$\sigma_v(xz)$	$\sigma_v'(yz)$		
C_{3v}	E	$2C_3$	$3\sigma_v$			
C_{4v}	E	$2C_4$	C_2	$2\sigma_v$	$2\sigma_d$	
C_{5v}	E	$2C_5$	$2C_5^2$	$5\sigma_v$		
C_{6v}	E	$2C_6$	$2C_3$	C_2	$3\sigma_v$	$3\sigma_d$

5 The Groups C_{nh} ($n=2, 3, 4, 5, 6$)

C_{2h}	E	C_2	i	σ_h								
C_{3h}	E	C_3	C_3^2	σ_h	S_3	S_3^5						
C_{4h}	E	C_4	C_2	C_4^3	i	S_4^3	σ_h	S_4				
C_{5h}	E	C_5	C_5^3	C_5^4	σ_h	S_5	S_5^7	S_5^3	S_5^9			
C_{6h}	E	C_6	C_3	C_2	C_3^2	C_6^5	i	S_3^5	S_6^5	σ_h	S_6	S_3

6 The Groups D_{nh} ($n=2, 3, 4, 5, 6$)

D_{2h}	E	$C_2(z)$	$C_2(y)$	$C_2(x)$	i	$\sigma(xy)$	$\sigma(xz)$	$\sigma(yz)$				
D_{3h}	E	$2C_3$	$3C_2$	σ_h	$2S_3$	$3\sigma_v$						
D_{4h}	E	$2C_4$	C_2	$2C_2'$	$2C_2''$	i	$2S_4$	σ_h	$2\sigma_v$	$2\sigma_d$		
D_{5h}	E	$2C_5$	$2C_5^2$	$5C_2$	σ_h	$2S_5$	$2S_5^3$	$5\sigma_v$				
D_{6h}	E	$2C_6$	$2C_3$	C_2	$3C_2'$	$3C_2''$	i	$2S_3$	$2S_6$	σ_h	$3\sigma_d$	$3\sigma_v$

7 The Groups D_{nd} ($n=2, 3, 4, 5, 6$)

D_{2d}	E	$2S_4$	C_2	$2C_2'$	$2\sigma_d$				
D_{3d}	E	$2C_3$	$3C_2$	i	$2S_6$	$3\sigma_d$			
D_{4d}	E	$2C_8$	$2C_4$	$2S_8^3$	C_2	$4C_2'$	$4\sigma_e$		
D_{5d}	E	$2C_5$	$2C_5^2$	$5C_2$	i	$2S_{10}^3$	$2S_{10}$	$5\sigma_d$	
D_{6d}	E	$2C_{12}$	$2C_6$	$2S_4$	$2C_3$	$2S_{12}^5$	C_2	$6C_2'$	$6\sigma_d$

8 The Groups S_n（$n=4$，6，8）

S_4	E	S_4	C_2	S_4^3				
S_6	E	C_3	C_3^2	i	S_6^5	S_6		
S_8	E	S_8	C_4	S_8^3	C_2	S_8^5	C_4^3	S_8^7

9 The Cubic Groups

T	E	$4C_3$	$4C_3^2$	$3C_2$						
T_d	E	$8C_3$	$3C_2$	$6S_4$	$6\sigma_d$					
T_h	E	$4C_3$	$4C_3^2$	$3C_2$	i	$4S_6$	$4S_6^2$	$3\sigma_d$		
O	E	$8C_3$	$3C_2$	$6C_4$	$6C_2'$					
O_h	E	$8C_3$	$6C_2$	$6C_4$	$3C_2$	i	$6S_4$	$8S_6$	$3\sigma_h$	$6\sigma_d$

10 The Groups I，I_h

I	E	$12C_5$	$12C_5^2$	$20C_3$	$15C_2$					
I_h	E	$12C_5$	$12C_5^2$	$20C_3$	$15C_2$	i	$12S_{10}$	$12S_{10}^3$	$20S_6$	15σ

11 The Groups $C_{\infty v}$，$D_{\infty h}$

$C_{\infty v}$	E	C_2	$2C_{\infty}\phi\cdots$		$\infty\sigma_v$		
$D_{\infty h}$	E	$2C_{\infty}\phi\cdots$		$\infty\sigma_v$	i	$2S_{\infty}\phi\cdots$	∞C_2

附录Ⅱ
专业术语英中文对照及释义

Absolute Configuration（绝对构型）：在一对互为对映异构体的构型中的一种原子排列，并通过手性符号来描述。

Achirotopic（非手性位的）：分子中一个手性对称位置（点），一般情况下，会是一个原子中心，但不是必需的。

Allogon（多面体异构体）：具有相同的分子式但配位几何构型不同的配合物。

Alterdentate ligand（变齿配体）：可以为金属提供两种及两种以上的对称、等价的配位位置的配体。

Ambidemtate ligand（两可配体）：可以为金属提供两种以上不同的不等价形式配位位置的配体。

Antihelical（抗螺旋性）：一个分子处在螺旋体中，但交换整个螺旋体后，分子变为手性分子。

Asymmetric center（atom）（不对称中心（原子））：用得最多的是 T－4 中心，这个中心有四个不同的配体（取代基）。在配位化学中可用手性中心 OC－6，不提倡使用“不对称中心”这个概念，提倡使用“手性中心”。

Asymmetric synthesis（catalysis）（不对称合成（催化））：一种合成或催化方法，产生两种不等量的手性中心的对映异构体，它们来自前手性物，常常也可说是选择性对映异构合成法。

Asymmetric（不对称性）：没有任何对称性。

Bailar inversion（Bailar 转置）：发生在 OC－6 中心的取代反应的转换。

Bailar twist（Bailar 扭曲）：通过无手性的 TP－6 中间体使手性 OC－6 分子重排成其对映异构体，这个对映异构体有 D_{3h}对称性。

Cage ligands（笼状配体）：所有配位位置都被配位原子占据，而且它们联成封闭的环。

Catopromer：对映异构体（enantiomer）的别称。目前较少使用。

Chelate ligands（螯合配体）：至少有两个配位原子与一个中心原子配位，并形成螯合环。

Chiral axis（手性轴）：在手性结构中的一个轴，手性结构中用来表示手性的配体则与几个原子连成一条线。

Chiral center（手性中心）：在手性对结构中的一个中心，连接代表手性的配体的中心。

Chiral plane（手性平面）：在二维空间表现出手性的手性分子的平面部分。

Chiral shift reagent（手性转变试剂）：对映异构的单一手性分子可通过非对映体相互作用引起两种不同对映体的化学转换。

Chiral，chirality（手性）：物体的一种性质，特别是指化学分子。通过镜面可以反映出分子本身，但不等同。

Chirality descriptors（手性描述符）：一个同分异构体的绝对构型的表示符号。这里有三种符号可以用：*R/S* 或 *C/A*，它们是基于优先原则，用于描述手性中心，Δ/Λ 或 δ/λ 用来定义交叉线型体系，$\vec{\Delta}/\vec{\Lambda}$用来定义定向线型体系。

Chiroptical methods（手性光学法）：用平面或圆偏振光来区分手性化合物的光学方法。

Chirotopic（手性点）：分子中的一个点，这个点具有手性的位置对称性。

CIP system（CIP 体系）：即“Cahn－Ingold－Prelog”体系，这个体系按优先排列原则排列分子中的原子或基团，它由空间构型决定。

Configuration index（构型参数）：用来描述非对映异构体的一组数，这些非对映异构体的配体在中心原子周围有不同的排列，按照所规定的原则确定配体的优先顺序。

Configuration number（构型数）：同构型参数。

Configuration（构型）：原子的空间排列，由分子中的化学键连接方式所决定。并不能随意改变，除非破坏其化学键。

Configuration isomers（构型异构体）：空间构型不同的异构体。

Configuration inert（构型惯性）：通过化学方法研究分子物种，不改变它的构型。

Conformation（构象）：通过化学键的（快速）旋转而改变原子空间排列。

Conglomerate crystals（外消旋晶体）：两种对映异构体晶体（具有同样的空间群）的宏观混合物，通过外消旋混合物共结晶获得。

Conarirurionl isomers（构造异构体）：原子之间连接顺序不同。

Coordination geometry（配位几何）：一个配位中心的理想多面体，最接近于配位单元的真实排列。

Coordination isomers（配位异构体）：一种特殊的构造异构体，金属与本体的键连方式不同。

Coordination number（配位数）：与配位中心相配位的配位原子的数目。

Coordination symmetry（配位对称性）：配位中心的位置对称性。通常将配位几何误认为配位对称性。

Desymmetrization（对称性的降低）：由如取代过程或 Jahn - Teller 效应引起的配合物的对称性的降低。

Diastereomers（Diastereoisomers）（非对映异构体，非立体异构体）：不具有对映异构的立体异构体。

Diastereotopic ligands（非对映异构体配体）：同态配体在本质上等价的位置，与对称操作无关。一对非对映异构配体中的一种或另一种被新的配体所取代，将产生非对映体。

Dissymmetric（不对称的）：缺少反映旋转元素，它等价于更常用的手性。

Enantiomer（对映异构体）：一对互为镜像的分子物种中的两个中的一个。

Enantiomeric excess（ee）（对映体过量）：用来表示考虑到相反手性的分子物种的对映异构体的纯度。常常只表示主要成分，$0 < ee < 1$，如用来表示整个分子时，$-1 < ee < 1$。

Enantiomerically pure（单对映异构体）：一种只含有一种手性对的对映体的物质的极限情况。

Enantiomorph（宏观对映异构体）：等价于对映异构体，但用宏观状态。

Enantitopic（对映异构的）：有反映旋转对称操作关联的同态配体，但不是由真转动产生的。取代一对对映异构配体中的一种或另一种，会产生两个对映体。

Geometric isomers（几何异构体）：非对映异构体的不当名称。

Helix，Helical（螺旋形）：三维空间中具有给定手性的几何结构，可与螺旋轴相关。最起码的要求是在空间中有两条斜交的线。

Heterotopic ligands（异位配体）：同态配体，它们或是对映异构体或是非对映异构体。

Heteroconversion（异转换）：产生非对映异构体的异构化过程。

Hetereltopic center（异构中心）：与两种或两种以上配体相配位的配位中心。

Heteromorphic ligands（异构配体）：与配位中心分离时，形成的不同配体。

Homochiral（同手性位置）：在一个分子构型物种中，有两个以上的等价的手性元素位置。

Homoconversion（同转换）：异构化（重排），它可以产生一对对映体中的另一个或具有相同构型的物种。

Homotopic coordination center（同位配位中心）：所有配体都同态的配位中心。

Homomorpic ligands（同态配体）：与配位中心分离时，形成的相同的配体。

Homotopic ligands（同位配体）：一对同态配体，与旋转对称元素相关。同态配体在它们被新配体取代时产生相同的产物。

Hydrate isomers（水合异构体）：具有相同化学计量成分的含有水分子的配位化合物，其水分子可以作为配位水存在，与其中心金属离子相配位，也可以所谓的结晶水分子形式存在。

Improper rotation（非真转动，像转）：一种对称操作，它先转动然后反映构成，镜面和旋转中心为它的对称元素。

Inversion of configuration（构型反转）：改变分子绝对构型的一种重排。它通常是一个真转动，它可由斜线参照系或定向线参照系来描述。而这些描述可以用 *R/S* 或 *C/A* 的中心手性符号来表示。

Ionization isomers（电离异构体）：由一种离子物种位置引起的配合物的异构现象。此离子（一般为阴离子）既可作为中心金属的配体出现，又可作为外界离子出现于晶格中。

Isoexchange（异构交换）：发生于分子内的过程，如伪翻转，得到一个立体化学完全相同的重排。

Isomers（异构体）：结构不同但化学计量学组成相同的化合物或物质。互为同分异构体（包括金属配合物离子）的分子种类必须具有相同的分子量。

Jahn - Teller instability（姜 - 泰勒不稳定性）：由于这种对称性导致这种基态兼并的事实，分子中原子的高对称性重排的固有不稳定性。这通常导致静态或动态的去对称化。

Ligand（配体）：一个离子或电中性的单原子或多原子物种，均可与配位中心相连。在配位化学中，中心原子是一给定氧化态的金属元素，配体是路易斯碱。

Ligating atom（配位原子）：和配位中心成键、相连的原子。

Linkage isomers（键合异构体）：在同分异构体中配体通过两个不同的键合方式与中心离子相配位。

Microcyclic ligands（大环配体）：配体的原子数多于 6 个，且至少含有 3 个配位原子的环状配体。

Metric stereochemistry（度量立体化学）：是立体化学的一部分，主要是指定量化学方面，如分子内坐标的值。

Monodentate（单齿配体）：只有一个配位原子和中心离子相连的配体。

Octopus ligand（螯合配体）：多齿配体与中心原子相联形成开口的笼状配合物。

Optical activity（光学活性）：能使偏振光的平面旋转的物质的溶液性质。

Optical isomers（光学异构体）：对映异构体的别名。

Optical rotatory dispersion（旋光色散作用，ORD）：由波函数确定的光学活性。

Oriented - line reference system（定向线参照系统）：在三维空间中由两个非相交向量定义的手性物体的参照系。

Oxidative addition（氧化加成）：使中心原子的氧化数和配位数均增加的一种反应类型。通常是外层电子为 SP - 4 d^8 变化到 OC - 6 d^6的构型。

Phantom ligand（虚构配体）：立体化学中的一对孤对电子，相对于配体来说可认为是无质量的，但是可以决定配体的优先级别。

Polarimetry（偏振测定，旋光法）：通过平面偏振光测定其光学活性。

Polyhedral symbol（多面体符号）：根据 IUPAC 所规定的传统符号，将配体原子按照理想的多面体结构，排列在配位中心周围。

Polytopal isomerism（多面体异构现象）：配位数相同但组成的多面体结构不同的异构现象。

Priority number（优先次序）：在 CIP 优先级规则下，配体原子的相对等级。

Prochirality（前手性）：是指一种分子的性质，它拥有对映异构体配体，可以产生一种手性分子，以取代一对对映体配体中的一种。

Proper rotation（真转动，固有转动）：一种对称的操作，它通过一个简单的旋转，使得分子中原子（或一个物体的所有元素）完全等价排列。

Prostereoisomeric（前驱立体异构的）：指具有异位配体的物种。如果一对这样的配体中的其中一个被取代，这样的异位配体可以由对映异构体（在对映异构配体的情况下）给出，也可以由非对映异构体（在非对映异构配体的情况下）给出。

Pseudo - asymmetric center（假不对称中心）：具有四个不同配体的 T - 4 中心，不是手性中心。假不对称在其他配位数的配合物中也存在，如在OC - 6 构型中。

Pseudo - inversion（假反转）：从 R 到 S，或从 C 到 A，反之亦然。通过 CIP 优先级的改变，仅仅通过一个单原子配体的取代来实现。

Racemate（外消旋体）：对映异构体按 1∶1 组成的手性物质的混合物。

Racemic compound（外消旋化合物）：纯外消旋体的吉布斯自由能要比纯

对映体组分低的一种外消旋体。

Racemic mixture（外消旋混合物）：纯外消旋体的吉布斯自由能要比纯对映体组分高的一种外消旋体。

Racemic modification（外消旋变体）：外消旋化合物的代称。

Racemic solid solution（外消旋固溶体）：一种由外消旋体组成的晶体有序的固体，它显示了两个对映体成分的统计分布。

Racemization（外消旋作用）：从一个对映异构体得到一个外消旋体的热力学可行的过程（非手性环境）。

Ray - Dutt twist（Ray - Dutt 扭曲）：OC - 6 配合物通过具有 C_{2v} 对称性的非手性 TP - 6 中间体变成对映体的重排过程。

Reductive elimination（还原消除）：在反应过程中配位数和中心原子的氧化态同时减少的反应。通常为 OC - 6 d^6 到 SP - 4 d^8。

Seniority numbers（高级数）：优先数的另一称谓。

Site symmetry symbols（位置对称符号）：多面体符号的代称。

Site symmetry（位置对称性）：由位置的对称元素确定的对称性。

Skew - line reference system（交叉线参照系统）：在三维空间中，由两条斜线组成的螺旋手性的参照系。参见方向线参照系。

Steering wheel reference system（操向轮参照系统）：为描述中心手性体而设计的坐标系。

Stereo centers（立体中心）：代表配位多面体的图形符号，可以表示中心原子与配体的空间连接关系。

Stereo pair（立体对）：一个物体的三维图像经过重构可以得到两个二维图像。

Stereo vision（立体视觉）：通过一对透镜或直接地从两个二维图像中对三维物体进行的心理重构。

Stereochemicalyy active electron pair（立体化学活性电子对）：通过占据配位“原子”位置来表示其存在的电子对。

Stereogenic center（立体中心）：两个异构配体相交换得到的立体异构体的中心。如果中心是手性体的，则立体异构体是对映异构体。

Stereognostic（实体觉的）：一种配体的性质，用来识别含氧离子的特殊的配位性能，特别是在形成高稳定性的配合物方面。

Stereoisomerism（立体异构现象）：原子仅在空间排列上不同的异构体（对映异构体和非对映体）。

Structural isomers（结构异构体）：构造异构体的代称。这种说法不常用。

Substitutionally inert（取代惰性）：配位中心发生取代反应一般足够的慢，

以至于可实现热力学上不稳定的配合物的分离。

Symmetry element（对称元素）：在给定的对称操作下不变的几何体（点、轴、面）。有两种最典型的对称元素：旋转和像转。一重像转轴等同于对称面，二重像转轴等同于反演中心。

Symmetry operation（对称操作）：对物体进行操作得到一个全等的物体的操作。

Topographic Stereochemistry（拓扑立体化学）：立体化学中的大量的研究内容。例如，异构体的数量及种类和重排的拓扑性质。与度量立体化学相反。

Topological isomers（拓扑异构）：异构体通过临时的重新组合和相互转换。一个三重结的两种对映异构体是拓扑异构体。

Trans influence series（反位效应序列）：按照对 SP－4 中心体的取代反应影响大小的顺序建立的级数。

Vicinal elements（相邻元素）：（非常见用法）对于配体本身而言，它们本身是手性的。

附录Ⅲ

不同配位原子的典型配体

1. 含N配体

quin 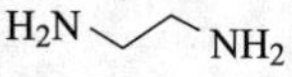 en 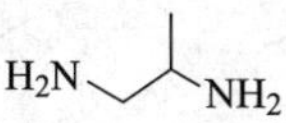 pn 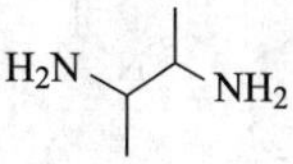 bn 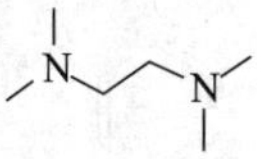 tmen

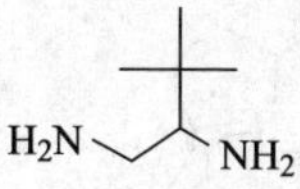

dmbo 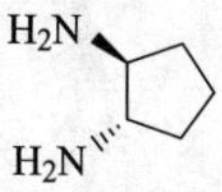 cptn 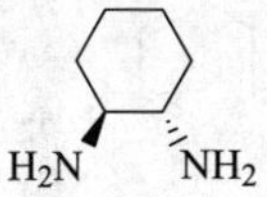 dach 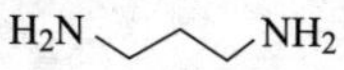 tn 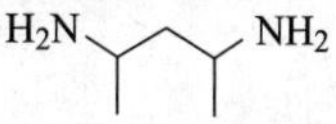 ptn

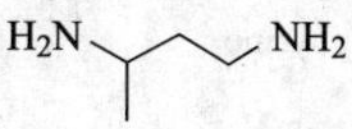

1,3-bn 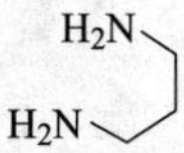 1,3-pn 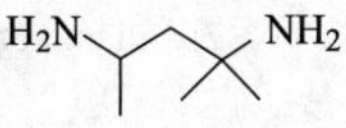 mptn 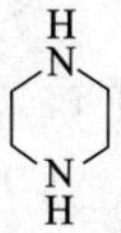 pip  daco

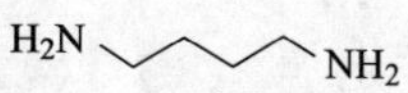

tmd 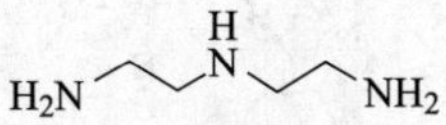 dien 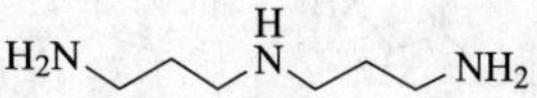 dptn

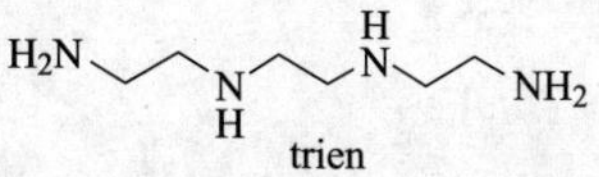

trien 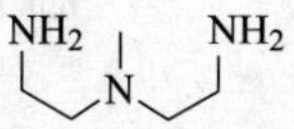 dema 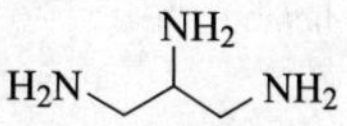 1,2,3-pn 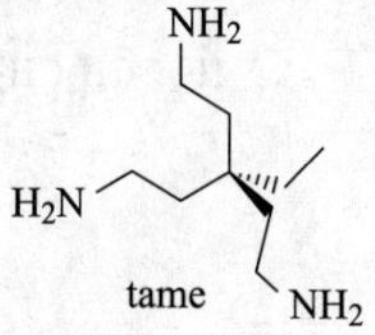 tame

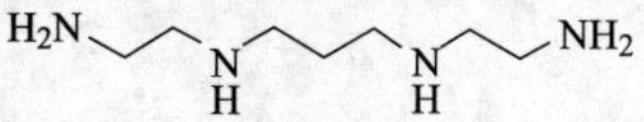

2,3,2-tet 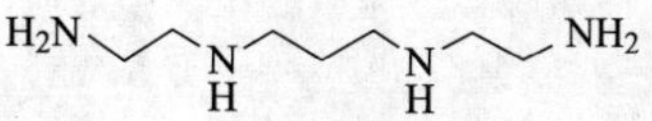 2,2,3-tet 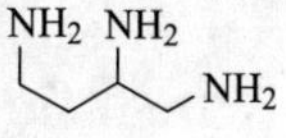 trab

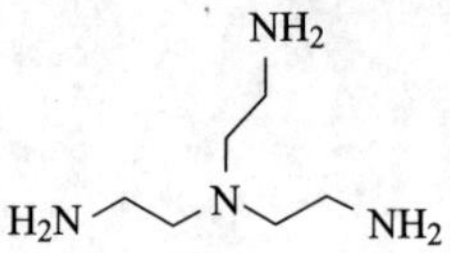

tren 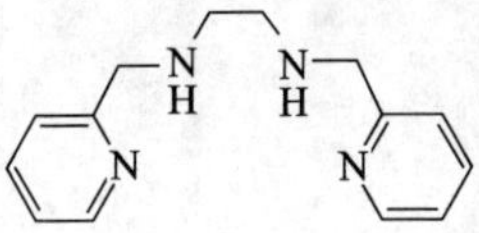　picpn 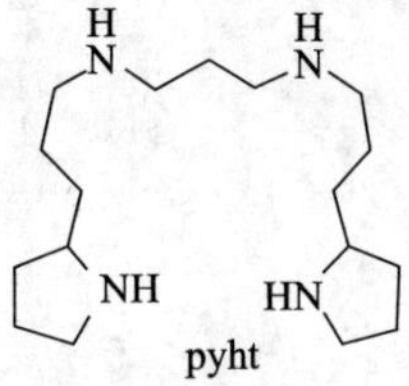　pyht

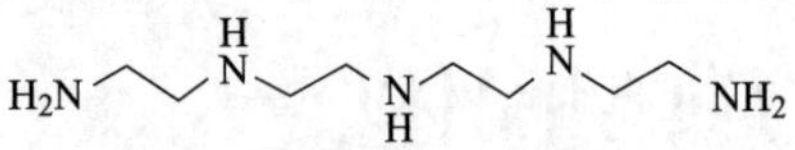

tetraen 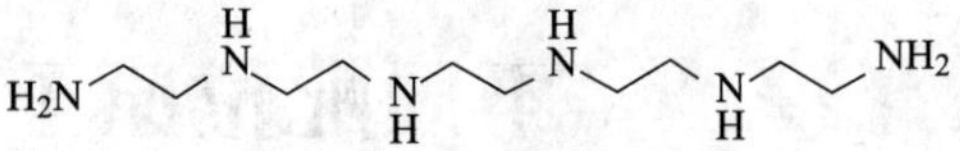　linpen pentaen

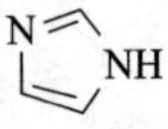

tmd 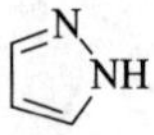　pyz 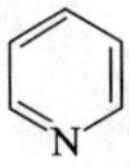　py 　pydz 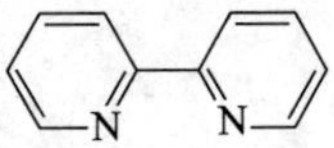　bpy

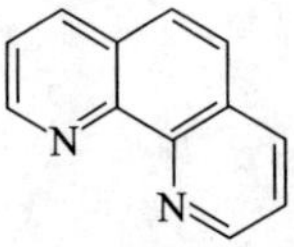

phen 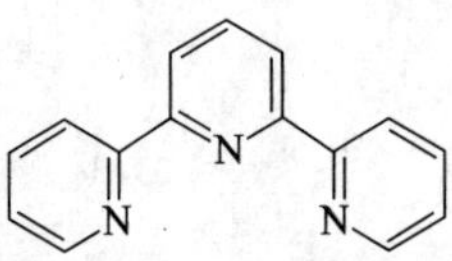　terpy 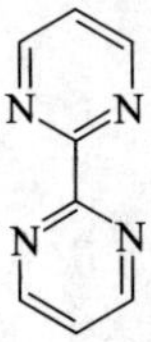　bpym 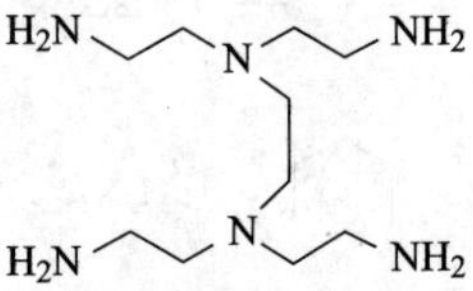　penten

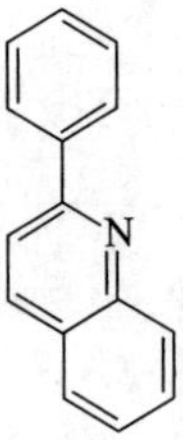

thq 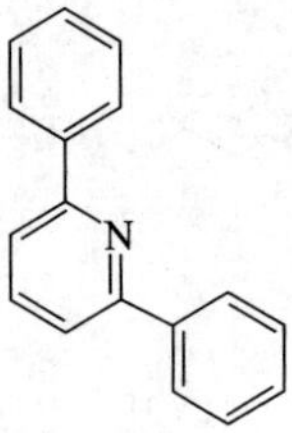　diphpy 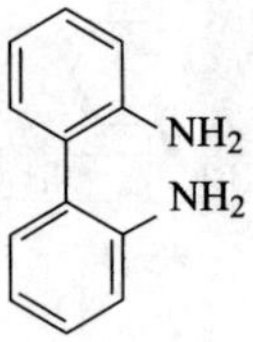　2,2 -diaminobiphenyl 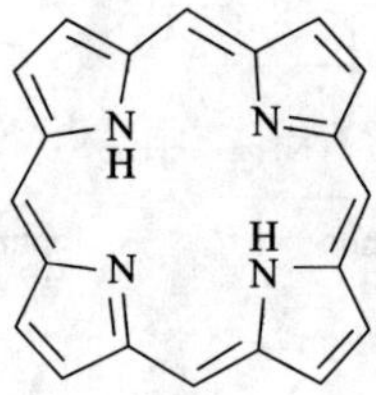　porphyrine

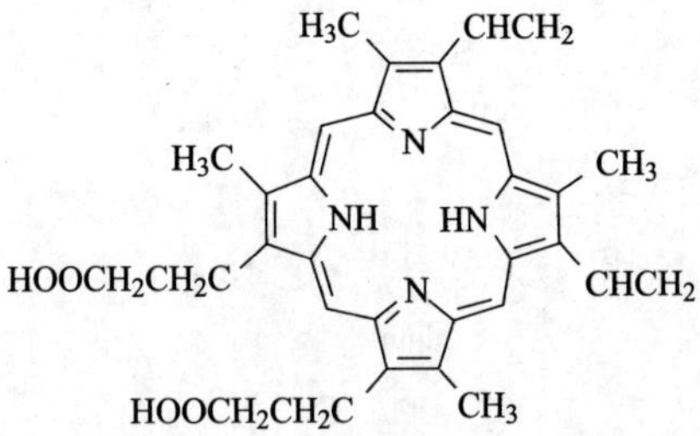

heme 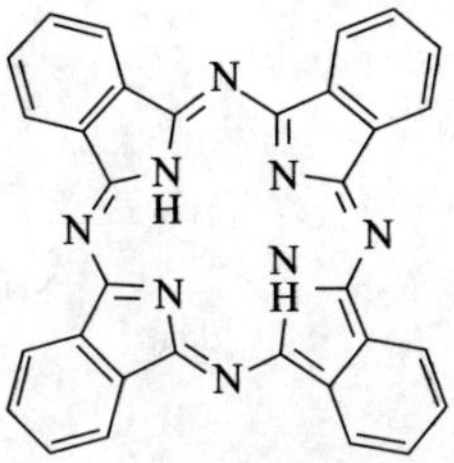　phtalocyanine

2. 含N/O配体

alaO　thrO　proO　ileuO　sarcosinato

glyO

edta　dbta

dtpa　AMAC　PMG

nta

BPAAP-valO　NPAAP-valO　depa

3. 含 O/S 配体

carboxylate　carbonat　dithiocarbamate　carbamate　xanthate

dmto

ox　acae　dmp　sal

Me_2sal_2tn

mecam

ur　tu　dmg　mnt　nin　all

BCT　BCTPT　dbp

4. 含 P/As 配体

dmpe　　dppm diphos　　ph-dmpe

ph_3p　　binap　　chphos　　dppb

dipamp　　cycphos　　bdpbp　　diars

5. π 配体

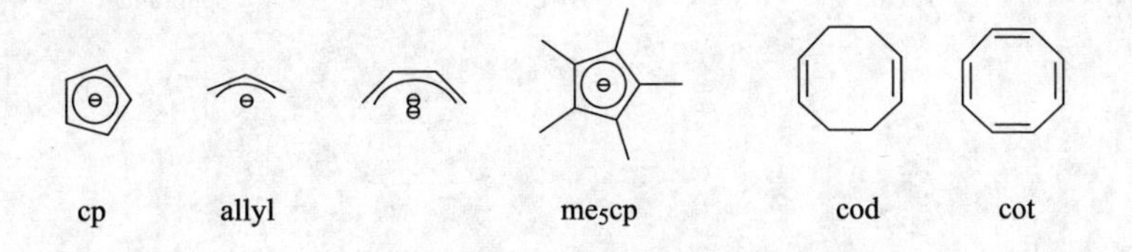

6. 大环和笼状配体

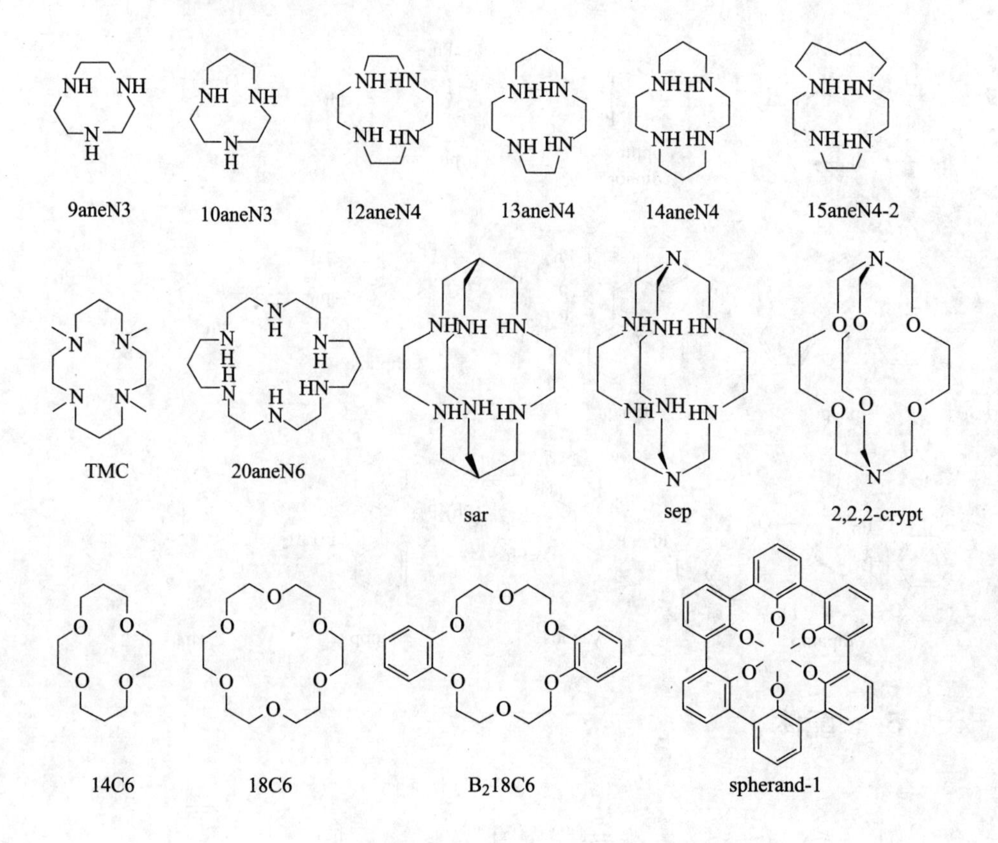
NH
HN
H
O
N
9aneN3
10aneN3
12aneN4
13aneN4
14aneN4
15aneN4-2
TMC
20aneN6
sar
sep
2,2,2-crypt
14C6
18C6
$B_2$18C6
spherand-1

附录Ⅳ

关键词中英文对照表

英文	中文
A	
A（anti－lockwise）	逆时针
a（anti－parallel）	非平行
ab initio methods	从头算法
Absolute configuration	绝对构型
Achiral ligands	非手性配体
Achirotopicity	非手性位置
Acid－atalyzed aquation	酸催化水合作用
Actinides	锕系元素
Addition reactions	加成反应
Alkali	碱，碱性的
Alkaline earth elements	碱土金属元素
Alloxane	四氧嘧啶
Alterdentate ligands	变齿配体
Ambidentate ligands	两可配体
α-amino acids	α-氨基酸
Ammonium platinum sulfides	铵铂硫化物

ane	大环配体
Angular overlap model	角重叠模型
Anomalous diffraction of X – rays	反常 X 射线衍射
Aquation	水合作用
Asymmetric carbon atom	不对称碳原子
Asymmetric atom	不对称原子
Asymmetry	不对称性
Atrop – isomerism	Atrop 异构化
Autostereograms	三维立体图

B

Bailar inversions	Bailar 反转
Bailar 表	Bailar 表格
Bailar twist	Bailar 扭曲
Bidentate ligands	双齿配体
Bioinorganic chemistry	生物无机化学
Bioinorganic systems	生物无机体系
Biological systems	生物体系
Biosphere	生物球
Bipyridine	双吡啶
2,2'-Bipyridine	2,2-联吡啶
Bis-cyclometalated complexes	双-环金属配合物
Bis-hetroleptic	双混配合物
Bridging ligands	桥连配体
Bridging oxygen atoms	桥连氧原子
Bromocamphorsulfonic acid	溴代樟脑磺酸

C

C（clockwise）	顺时针
C/A descriptors	*C/A* 描述符
Cage ligands	笼状配体
Catechols	邻苯二酚
Catenands	索烃
Catenates	链状配体
Catoptromer	镜面异构体
Center of chirality	手性中心
Central atom	中心原子
Centrosymmetric space group	中心对称空间群
Chair	椅式
Chelate bite	螯合齿
Chelate effect	螯合效应
Chelate ligands	螯合配体
Chelate ring	螯合环
Chelates	螯合物
Chemical reactions	化学反应
Chemical reactivity	化学反应活性
Chiragens	手性试剂
Chiral amplification	手性放大
Chiral axes	手性轴
Chiral center	手性中心
Chiral complex compounds	手性配位化合物
Chiral crown ethers	手性冠醚

Chiral environment	手性环境
Chiral gas chromatographic columns	手性气相色谱柱
Chiral ligands	手性配体
Chiral molecules	手性分子
Chiral planes	手性平面
Chiral seeds	手性种子
Chirality	手性
Chirality descriptors	手性描述符
Chirality symbols	手性符号
Chiroptical methods	手性旋光方法
Chirotopicity	手性拓扑
Chlorophyll	叶绿素
CIP rules	Cahn-Ingold-Prelog 规则
Circularly polarized light	圆偏振光
cis	顺式
α-*cis*	α-顺式
β-*cis*	β-顺式
cis-addition	顺式加成
Closed cage	闭笼
Closed-shell molecules	闭壳分子
Cluster chemistry	簇化学
Cluster compounds	簇化合物
Computational methods	计算方法
Configuration indices	构型符号
Configuration number	构型数
Configurational isomers	构型异构体

Conformational analysis	构象分析
Conformational helical chiralities	构象螺旋手性
Conformers	构象异构体
Conglomerate crystals	聚集晶体
Conglomerates	聚集体
Connectivity of atoms	原子连接性
Constitutional isomers	结构异构体
Coordinated ligand	配位体
Coordination center	配位中心
Coordination geometry	配位几何
Coordination isomers	配位异构体
Coordination number	配位数
Coordination polyhedra	配位多面体
Coordination symmetry	配位对称性
Coordination theory	配位理论
Corrin	咕啉
Cross over	交叉
Crown ethers	冠醚
15-Crown-5	15-冠-5
Cryptands	穴状配体
Cyclam	1,4,8,11-四-吖环四癸烷
Cyclic ligands	环状配体
Cyclic polynuclear complex	环状多核配合物
Cyclometalating ligands	环状金属化配体

D

Dehydrogenation/hydrogenation	脱氢/氢化

descriptors	描述符
Denticity	齿数
Deprotonation	脱质子化作用
Desymmetrization	不对称作用
Deviations from planarity	平面偏差
2,2'-Diaminobiphenyl	2,2-二氨基联苯
1,2-Diaminocyclohexane	1,2-二氨基环己烷
1,2-Diaminoethane	1,2-二氨基乙烷
Diastereoisomers	非对映异构体
Diastereomerism	非对映现象
Diastereomerizations	非对映化
Diastereomers	非对映体
Diastereoselectivity	非对映选择性
Diastereotopic ligands	非对映配体
Didentate ligands	双齿配体
Dien	二亚乙基三胺
Diffraction methods	衍射方法
Dipole moment	偶极矩
Distorted octahedron	畸变八面体
DNA	脱氧核糖核酸
Double helix	双螺旋
Doubly bridged species	双桥连物种

E

EDTA	乙二胺四乙酸

Electron transfer reactions	电子转移反应
Elements of chirality	手性元素
Elimination reactions	消除反应
Enantiomeric excess	对映体过量
Enantiomeric pair	对映体对
Enantiomeric purity	对映体纯度
Enantiomerically pure building blocks	对映体纯构建单元
Enantiomers	对映体
Enantiomorphic space group	对映异构体空间群
Enantioselective	对映选择性
Enantioselective catalysis	对映选择性催化剂
Enantiotopic faces	对映异构平面
Enantiotopic ligands	对映异构配体
Encapsulated metals	封装金属
Enterobactin	肠杆菌素
Enthalpic factors	焓因子
Enthalpic term	焓条件
Enthalpy for racemization	外消旋焓
Entropic factors	熵因子
Entropic term	熵条件
Enumerational properties	枚举特性
EPC（enantiomerically pure compounds）	对映的纯化合物
EPR（electron spin resonance）spectroscopy	顺磁共振谱
Equatorial disposition	平伏取向
Ethylenediamine	乙烯二胺
Evolution	演变

Excited state 激发态

F

fac- 面式

Ferrioxamine 三价铁氧矿

Ferritin 铁蛋白

Five-coordinate atoms 五配位的原子

Five-coordinated complexes 五配位的配合物

Five-membered chelate rings 五元螯合环

Flexidentate 变齿

Fluxional motions 流运动

Free ligand 自由配体

Fuzzy stereochemistry 模糊立体化学

G

General rearrangements 常规重排

Geneva Conference 日内瓦会议

Geometric topology 几何拓扑

Geometrical isomers 几何异构体

Gibbs free energy 吉布斯自由能

Gillespie-Nyholm theory Gillespie-Nyholm 理论

Glyphosate 草甘膦

Group theory 群论

H

Half-cage 半笼

Helical chiral molecule	螺旋手性分子
Helical chirality	螺旋手性
Helically chiral moiety	螺旋手性部分
Helicates	螺旋
Heme	血红素
Hemerithin	蚯蚓血红蛋白
Hemoglobin	血红蛋白
Herrmann-Mauguin nomenclature	Herrmann-Mauguin 命名法
Hetereotopic 1igands	异位配体
Hetero-bimetallic complex	异位双金属配合物
Heterochiral	异手性的
Heteroconformational complex	异位构象配合物
Heteroconversions	异转换
Heteroexchange	异位交换
Heteroleptic center	混配合物中心
Heterotopic metal sites	异位金属位置
hexakis-heteroleptic	六混配位的
Homochiral helicateds	同手性螺旋
Homochiral ligands	同手性配体
Homochiral molecules	同手性分子
Homochirality	同手性
Homoconformational complex	同构像配合物
Homoconversions	同转换
Homoleptic coordination center	单一配位中心
Homomorphic ligands	同态配体
Homotopic ligands	同位配体

Hydrate isomers	水合异构体
Hydrotris (1 -pyrazolyl) borate	氢化三（吡唑基-1-）硼酸
Hydroxamic acid	羟肟酸

I

Improper rotations	像转
Inner-sphere reactions	内界反应
Interchange operations	内置换操作
Interlocking ring ligands	内锁环配体
Intermolecular racemizations	分子内外消旋体
Intramolecular racemizations	分子间外消旋体
Intrinsically chiral object	内在手性物体
Inversion	反转
Ionization isomers	离子化异构体
Iron carboxylate	羧酸铁盐
Isoexchange reactions	同分异构交换反应
Isomer	同分异构体
Isomerism	同分异构现象
Isomerization	异构化
Isotopomers	同位素
IUPAC (International Union of Pure and Applied Chemistry)	国际纯粹与应用化学联合会

J

Jahn-Teller effect	姜-泰勒效应

K

Kelvin Lord	凯尔文·劳德

Kinetic lability	动力学不稳定性
Knots	结

L

Lability	不稳定性
Large-ring macrocycles	大环超环
Left-handed screw	左旋螺钉
lel (parallel)	平行
Lewis acids	路易斯酸
Ligand atoms	配体原子
Ligand bite angle	配体咬合角
Ligand conformations	配体构像
Ligand field stabilization	配体场稳定化
Ligand field theory	配体场理论
Ligand isomerism	配体异构现象
Ligands	配体
Ligating atoms	配位原子
linearly polarized light	线型偏振光
linkage isomers	连接异构体
local symmetries	局部对称

M

Macrocyclic coordination	大环配合物
Macrocyclic ligands	大环配体
Main Group elements	主族元素
Medium-ring macrocycles	中环大环

Melting points of enantiomer	对映体的熔点
Memory of the spin	自旋的记忆
mer-	经式-
meso form	内消旋形式
Metal complex	金属配合物
Metal complex as ligand	金属配合物作为配体
Metallocenes	金属茂
Metal-metal bonds	金属键
N-methyl-*N*-ethylglycine	甘氨酸
Methylpenten（mepenten）	甲基五亚乙基六胺
Metric stereochemistry	度量立体化学
Mixed conformations	混合构像
Molecular devices	分子器件
Molecular geometry	分子几何学
Molecular knot	分子结
Molecular mechanics	分子机理
Molecular symmetry	分子对称性
Molecules	分子
Monoatomic ligands	单原子配体
Monobridged dinuclear complex	单桥双核配合物
Monocentric ligands	单中心配体
Monocyclic ligands	单环配体
Monodentate ligands	单齿配体
Mössbauer-spectroscopy	Mössbauer 光谱
Multiple weak interactions	多弱相互作用
Myoglobin	肌红蛋白

N

Neutron diffraction	中子衍射
Ninhydrin	茚三酮
NMR spectroscopy	核磁共振光谱
Nomendature	命名法
Non-centrosymmetric space group	非中心对称空间群
Non-chiral environment	非手性环境
Non-racemic chiral environment	非外消旋手性环境
Non-rigid structures	非刚性结构
Normalized bite	正常化的齿数

O

ob （oblique）	斜的
Octaethyl formylbiliverdinate	八乙基甲酰胆汁氯酸盐
Octahedral edge configurations	八面体优势构相
Octahedron	八面体
Open cage	开笼
Optical activity	旋光活性
Optical isomers	旋光异构体
Optical rotatory dispersion	旋光色散
Optically active substance	光活性物质
Organic chemistry	有机化学
Organometallic chemistry	有机金属化学
Oriented-line reference system	定向线参照系统
Outer-sphere reactions	外界反应

Oxidative additions	氧化加成
l-oxo-22（1H）-pyridinethionate	1-氧-22-吡啶巯基盐

P

p（parallel）	平行的
PDTA（propylenediamine teraacetate）	丙二胺四乙酰亚胺
pendant chelating functions	侧螯合作用
Penta-coordination	五配位的
Pentakis-heteroleptic	五配位混配合物
Penten（pentaethylenehexamine）	五亚乙基六胺
Peptides	多肽
Phantom ligands	虚拟配体
1,10-Phenantroline	1,10-菲啰啉
Phosphatases	磷酸酯
POA（Photochemically induced oxidative addition）	光化学诱导氧化合成
Phthalocyanine	酞菁
Pinene	蒎烯
Polarimetry	旋光测定偏振测定
Polarized light	偏振光
Polycentric ligands	多中心配体
Polycyclic structure	多环结构
Polyhedral symbols	多面体符号
Polymer	聚合物
Polynuclear complexes	多核配合物
Polynuclear species	多核物种
Polytopal isomerism	多面体异构

Polytopal isomerization	多面体异构现象
Porphyrin	卟啉
Predetermined absolute configuration	预定的绝对构型
Predetermined chirality	预定的手性
Predetermined helicity	预定的螺旋性
Predisposition of molecules	分子的倾向
Preorganization	预组装
Preorientation	预定位
Priority	优先
Priority number	优先数
prochirality	前手性
Projection graphs	投影图
Propeller	螺旋桨
Proper rotations	真转动
1,2-Propylenediamine	1,2-二氨基丙烷
Prostereoisomerism	前立体异构体
Pseudo-asymmetric carbon atom	假不对称性碳原子
Pseudo-asymmetry	假不对称性
Pseudo-rotation	假旋转
Pure conformations	纯构象
Push through	推进

R

Racemate	外消旋体
Racemic chiral environment	外消旋手性环境
Racemic compounds	外消旋化合物

Racemic mixtures	外消旋混合物
Racemic modifications	外消旋变体
Racemic solid solutions	外消旋固溶体
Racemic solution	外消旋溶液
Racemizations	外消旋化
Random dot stereograms	随机原点立体图
Rare earth elements	稀土元素
Ray-Dutt twist	Ray-Dutt 扭曲
Rearrangement reactions	重排反应
Reductive eliminations	还原消除
Repulsion model	排斥模型
Retention of configuration	构型保持
Rhombic twist	正交扭转
Right-handed screw	右手螺旋
R/S descriptors	*R/S* 描述符

S

Sarcosine	肌氨酸
Schoenfliess nomenclature	Schoenfliess 命名法
Second-order Jahn-Teller distortion	二阶 Jahn-Teller 变形
Second-order Jahn-Teller effect	二阶 Jahn-Teller 效应
Single-stranded helix	单股螺旋
Site symmetry	位置对称
Six-membered chelate rings	六元螯合环
Skew-line convention	交叉线规则
Skew-line reference system	交叉线参照系统

Small-ring ligands	小环配体
Sodium ammonium tartrate	酒石酸铵钠
Solubilities in non-chira1 solvents	非手性溶剂中的溶解性
Spectroscopic methods	光谱方法
Spiro-compounds	螺环化合物
Square-planar complexes	正方形平面配合物
Square-planar coordination	正方形平面配位
Square-planar geometry	正方形平面几何
Statistical considerations	统计参考
Statistical weights	统计权重
Steering-wheel	操向轮
Stereo centers	立体中心
Stereo images	立体图像
Stereo pair	立体对
Stereo vision	立体视图
Stereochemical descriptors	立体化学描述符
Stereochemical language	立体化学语言
Stereochemica1 ly active pair	立体化学活性对
Stereogenic centers	立体化学中心
Stereogenic coordinated nitrogen	立体配位中的氮
Stereognostic coordination chemistry	立体配位化学
Stereographs	立体图
Stereoisomerism	立体异构化
Stereoselective	立体选择性
Stereoselective electron transfer reactions	立体选择的电子转移反应
Structural isomers	结构异构体

Structures	结构
Substitution	取代
Substitution insert molecules	取代插入分子
Supramolecular chemistry	超分子化学
Symmetry	对称性
Symmetry element	对称分子
Symmetry equivalent sites	对称等效位置
Symmetry operation	对称操作

T

T-4 coordination	T-4 配合物
Terdentate ligands	三齿配体
Terpyridyl	三联吡啶的
Tetradentate ligands	四齿配体
Tetrahedral coordination	四面体
Tetrakis-heteroleptic	四混配合物
Thermal oxidative addition（TOA）	热氧化加成反应
Thermal parameters	热参数
Thermodynamic stability	热动力学稳定性
Three-bladed propellers	三叶螺旋桨
Time-averaged structural information	时间平均结构信息
Topographic stereochemistry	拓扑立体化学
Topologica1 difference	拓扑区别
Topological isomers	拓扑异构体
Topologically chiral object	拓扑手性对象
Topology	拓扑

TP-6 transition state	TP-6 过渡态
trans-	反式
trans-addition	反式加成
trans-effect series	反式效应系列
trans-influence series	反式影响系列
trans-maximum principle	反式最大原则
*trans*positions	反式位置
trans-spanning ligands	反式贯穿配体
Transition elements	过渡元素
Tree graph	树图
Trigonal prismatic	三角菱形
Trigonal twist	三角扭转
Triplehelices	三螺旋
Triply bridged species	三桥联物种
Tris（dimethylglyoxamato）	三（二基乙醛酸）
Tris-heteroleptic	三螺旋
Twist-boat	扭转船式
Two-bladed propellers	双叶螺旋桨

U

UV visible spectrophotometry	紫外可见光谱学

V

Vaska's compounds	Vaska 化合物
Vibrational spectroscopy	振动光谱
Vicinal elements	相邻元素
Vitamin B_{12}	维生素 B_{12}

VSEPR	价层电子对推斥理论
W	
Walden inversion	Walden 反转
X	
X - ray diffraction	X 射线衍射